UDTP

都市まちづくりコンクール

JN055210

2021

CONTENTS

004 都市・まちづくりコンクールの開催および作品集発行にあたって

005 開催概要

006 審査員紹介

010 審査方式

Chapter 1 011 受賞＆10選作品紹介

012 最優秀賞
宮西夏里武（信州大学）

016 優秀賞
小野寺湧（長岡造形大学）

020 優秀賞
鎌田南穂（東京大学）

024 小林正美賞
山田康太（東海大学）

028 柴田久賞
井本圭亮（九州大学）

032 有賀隆賞
宮澤哲平（法政大学）

036 総合資格賞
横山達也（芝浦工業大学）

040 8選
福田凱乃祐（信州大学）

044 小林英嗣賞
冨田真央／志賀あゆみ／中原正隆／藤村稚夏／石村拓也／木村聡太／堀江きらら（崇城大学）

048 江川直樹賞
近重慧／友光俊介／村松大地（早稲田大学大学院）

052 角野幸博賞
平田颯彦（九州大学）

056 北川啓介賞
竹内勇真／前村真太郎／堀江僚太／奥田裕貴／笹川智哉（日本福祉大学）

060 中島直人賞
渡邉麻里（明治大学）

064 中野恒明賞
向井菜々（福井工業大学）

068 猪里孝司賞
櫻田留奈（立命館大学）

Chapter 2 075 公開審査

076 最終討議

088 受賞者インタビュー＆授賞式

Chapter 3 091 本選出展作品紹介

092 宮下幸大（金沢工業大学大学院）

094 甘利優（関東学院大学大学院）

096 佐古田晃朗（京都大学大学院）

098 鈴木徹（京都工芸繊維大学大学院）

100 戎谷貴仁（東北大学）

102 髙尾拓実／池田瑚子／時澤直輝（早稲田大学）

104 橋田卓実（工学院大学）

106 茅原風生（長岡造形大学）

108 松野泰己（立命館大学）

110 廣瀬憲吾（立命館大学）

112 橋本侑起（大阪工業大学）

114 勝満智子／竹内宏輔（名古屋大学）

116 木下惇（日本大学大学院）

118 井上玉貴／有信晴登／原和暉（愛知工業大学）

120 遠藤瑞帆（九州大学）

122 篠原敬佑（神戸大学）

124 酒向正都（信州大学）

126 都市・まちづくりコンクール作品集 Archives

Chapter 4 127 エントリー作品紹介

西那巳子、池田悠人、西入俊太朗（早稲田大学）／佐藤春樹（北海道芸術デザイン専門学校）／北村裕斗（明治大学）／中尾直暉（早稲田大学大学院）／後藤大志（広島工業大学）／林徹、水原優華、佐藤颯人（明治大学大学院）／堀切貴仁（法政大学）／平林慶悟（東京電機大学／村西凱（名古屋市立大学）／尾崎彬也（立命館大学大学院）／堂脇榛華（北九州市立大学）／堤昂太（日本大学大学院）／安間理子（北海道大学大学院）／園山遥穂、服部ほの花、星野希実（早稲田大学）／伊藤雄大（信州大学）／大渕光佑（東海大学）／葛西健介、天野稜（芝浦工業大学）／小林美穂（芝浦工業大学）／櫻井源（立命館大学大学院）／中野紗希（立命館大学）／山崎理子（大阪工業大学）／土屋洸介（大阪工業大学大学院）／中川遼（立命館大学）／樋口聡介（京都工芸繊維大学大学院）／饗庭優樹（立命館大学）／佐藤翔人、中尾太一、木地佑花（名古屋市立大学）／谷嵜音花（明治大学）／布施和樹（大阪市立大学）／劉丁源（多摩美術大学）／大原正義、吉田朱里（長崎総合科学大学）／川端知佳（東北大学）／高島田礼、桜井悠樹、佐々木廉（工学院大学）／樋口琴美（京都工芸繊維大学）／花房秀華、竹俣飛龍、竹内知宏（早稲田大学）／北條雅史（京都工芸繊維大学）／南拓海（横浜国立大学大学院）／荻智隆（立命館大学大学院）／谷口祐啓（立命館大学大学院）／林佑樹（愛知工業大学）／浦上龍兵（ものつくり大学）／藤原柊一（九州大学）／畑岡愛佳（東京大学）／宇佐美芽泉（福井工業大学）／角谷優太（芝浦工業大学）／上原のぞみ、田崎未空、中島慶樹（早稲田大学）／森風香（大阪市立大学）／塚本拓水（日本大学）／中畑佑真、林和輝、藤原裕子（千葉大学大学院）／安慶名駿太（芝浦工業大学）／中山結衣（京都工芸繊維大学）／徳畑菜々、福原ほのか、鈴木大河、山崎拓、檀崎心風、本田有紗（長岡造形大学）／赤木拓真（東京大学）／川本純平（慶應義塾大学大学院）／上野山波粋（芝浦工業大学）／旭智哉（神戸大学）／井川日生李（関東学院大学）／浅野愛莉（大阪工業大学）／笹原瑠生（早稲田大学）／上柿光平、高橋知希、赤間悠斗（早稲田大学）／永嶋太一（愛知工業大学）／野口航（関東学院大学）／丹野友紀子（島根大学）／八十川天音（京都府立大学）／門倉多郎、寺岡宗一郎（芝浦工業大学）／長岡杏佳（法政大学）／村井遥、吉田悠哉、田中大貴（早稲田大学）／森田修平（信州大学大学院）／篠山航大（神戸大学）／李一諾、畑板梢、淺井希光、熊谷勇輝（九州大学）／鈴木啓大（芝浦工業大学）／萩生田汐音（東京工業大学）／磯永涼香（東洋大学）／根岸大祐（秋田県立大学）／白鳥蘭子（長岡造形大学）／大野裕崇（浅野工学専門学校）／福村玲奈（東京理科大学）／鎌田栞（東京理科大学）／江馬良祐（京都工芸繊維大学大学院）／笹川莉桜菜（広島工業大学）／吉田彩華、吉崎柚帆、松村直哉（早稲田大学）／宮園侑門（東京大学）／久保田章斗（長岡造形大学）／坂本愛理（東京理科大学）／濱田有里（長岡造形大学）／中田貴也（日本大学）／戸松拓海（愛知工業大学）／柚木茉莉香、水元彩美、古澤雪菜（青山製図専門学校）／中村正基（日本大学）／奥羽未来（信州大学）／奥村拓実（信州大学大学院）／吉本美春（神戸大学）／陳鈞鴻（日本工業大学大学院）／佐藤椋太（北海道大学大学院）／杉山楓（武庫川女子大学）／山井駿（京都大学）／石原稜大（立命館大学大学院）／楊美鷲（足利大学）／山本拓、稲葉魁士（愛知工業大学）／児玉征士（法政大学）／相川文成（日本大学）／沼尾航平（東京都市大学）／池田怜（武庫川女子大学）／橋本侑果（芝浦工業大学）／寺嶋啓介（北海道大学大学院）／藤井海、上甲勇之介（早稲田大学）／山本康揮（大阪工業大学）／冨村郁斗（立命館大学）／藤田泰佑（日本大学）／山本裕也（愛知工業大学）／有薗真一（京都工芸繊維大学）／伊藤亜沙人（芝浦工業大学）／岩野郁也（長岡造形大学）／古澤太晟（島根大学）／伊賀屋幹太（九州大学）／小島健士朗（芝浦工業大学）／島崎耀、笠原彬永（明治大学大学院）／高山徹也（明治大学）／今野琢音（東北工業大学）／阿部杏華（日本大学）／飯塚達也（新潟工科大学）／須藤悠（信州大学大学院）／濱本遥奈（札幌市立大学）／遠山大輝（法政大学）／城井愛子（工学院大学）／青山剛士（立命館大学）／春口真由（京都工芸繊維大学）／肝付成美（京都府立大学）／山田日菜子（法政大学）／末田響己、加藤桜椰風、張啓帆（早稲田大学）／坂朋香（日本女子大学）／内藤楽、猪飼健、神作希（早稲田大学）／坂本慶太（大阪市立大学）／山崎一慧（芝浦工業大学）／結城和佳奈（東京理科大学）／奥山翔太（日本大学）／藤田大輝（日本大学）／菊地裕基、勝部直人、川上真由（明治大学大学院）／石井健成（工学院大学）／菅原陸（千葉工業大学）／瀬戸山優希（信州大学）／和田稀弥華（広島工業大学）／滝田兼也（神戸大学）／森下裕（九州大学）／上杉真子、松永真梨子、来新石（九州大学）／中田海央（東京工業大学）／岩崎海、米倉捺生、熊本亮斗、犬丸桃花、レードックタイン、原仁之丞、長谷洋祐（九州産業大学）／兵頭璃季、二上匠太郎、松尾和弥（早稲田大学）／渡邉拓也（名城大学）／長井香那、石川あずさ、小林なこ、茂野健太郎、関口香紀、三田直己、湯田坂透（新潟工科大学）／工藤徹（秋田県立大学大学院）／森谷宙来（芝浦工業大学）／猪股雅貴（早稲田大学）／米澤実紗、三村彩夏、片岡暁（早稲田大学）／原和奏（武庫川女子大学）／松浦彩華（名古屋市立大学）／杉山弘樹（東京理科大学）／芳田知紀（立命館大学）／陸楽晨、野尻紗絵香、伊藤舞花（椙山女学園大学）／坪井悠里子、堀松杏樹（東京都市大学）／中村幸介（神戸大学）／稲荷悠（東京藝術大学大学院）／小久保美波、樋口愛純、坂西悠太（早稲田大学）／野田夢乃（早稲田大学）

都市・まちづくりコンクールの開催
および作品集発行にあたって

日本で最も多くの1級建築士合格者を輩出し続ける教育機関として、No. 1の教育プログラムと合格システムを常に進化させ、ハイレベルなスキルと高い倫理観を持つ技術者の育成を通じ、建設業界そして社会に貢献する——、それを企業理念として、当学院は創業以来、建築関係を中心とした資格スクールを運営してきました。昨今、建設業界の技術者不足が深刻化していますが、当学院はそれを解消することを使命と考え、建築に関わる人々の育成に日々努めています。

その一環として、建築の世界を志す学生の方々が志望の進路に突き進むことができるよう、さまざまな支援を全国で行っています。設計コンクール・コンペティションの開催や卒業設計展への協賛、それらの作品集の発行、建設業界研究セミナーの実施などは代表的な例です。

本年、第8回目となる「都市・まちづくりコンクール」を主催し、本コンクールをまとめた作品集を発行いたしました。例年、出展者が一堂に会して、模型をズラリと並べた会場で公開審査を実施してきましたが、昨年度に引き続き、新型コロナウイルス感染症の予防のためオンラインでの開催となりました。そのような状況のなかでも、多数の力作の応募があり、例年にも増して大変内容の濃い、充実したコンクールを実施することができました。

“都市・まちづくり”をテーマとした設計展は非常に珍しく、本コンクールは都市計画や建築を学ぶ学生が取り組まれてきた成果を発表し、お互いの作品から刺激を受け、さらに視野を広げる貴重な機会となっています。その記録誌である本作品集が、社会に広く発信され読み継がれることで、本コンクールがより一層有意義な場として発展していくことを願っています。

現在、新型コロナウイルスの感染拡大により、私たちの生活様式や社会の在り方に大きな変革が求められています。「都市・まちづくりコンクール」に参加された皆様、また本書をご覧になった方々が、時代の変化を捉えて新しい建築の在り方を構築し、将来、国内だけに留まらず世界に羽ばたき、各国の家づくり、都市づくりに貢献されることを期待しています。

総合資格学院 学院長

岸 隆司

2021 第8回 都市・まちづくりコンクール 開催概要

都市・まちづくりは社会構造の変化、少子高齢化、災害対策などにより、常に改変を求められるものであります。また、その目的も成果も多種多様であり、単にそこに存在する人々の「活性化」や「賑わい」だけが求められるものではなく、環境改善への貢献、歴史的意義やサステナブル都市としての要求等も常に求められる非常に有機的で難解な研究領域であります。こうした領域に取り組む学生の育成を図る目的で、自ら問題意識を見出した課題において、真摯に向き合い、さまざまなアイディアと努力により創り上げげた力ある作品を募集します。学生たちが生み出した景観や創造価値と作品に込められた熱意を評価し、また、他学との交流を通じて、さらに視野を広げてもらうことを期待します。加えて一般の方にも公開し、都市・まちづくりに対する理解、関心を深めます。

[主催]
都市・まちづくりコンクール実行委員会／株式会社 総合資格

[本選出展作品]
32作品

[審査会日程]
2021年3月12日（金）10:00～18:00

[会場]
メイン会場：総合資格学院 新宿校　※出展者はZoomを使用してオンラインにて参加

[協賛]
大成建設 株式会社／日刊建設工業新聞社／日刊建設通信新聞社

[後援]
日本都市計画学会／日本建築家協会／都市環境デザイン会議／日本建築士会連合会／GSデザイン会議／東京都建築士事務所協会／日本建築学会

[審査員]
小林 英嗣（北海道大学 名誉教授／日本都市計画家協会 会長）
小林 正美（明治大学 教授／アルキメディア設計研究所 主宰）
江川 直樹（関西大学 名誉教授／現代計画研究所 顧問）
角野 幸博（関西学院大学 教授）
北川 啓介（名古屋工業大学 教授）
柴田 久（福岡大学 教授）
中島 直人（東京大学 准教授）
中野 恒明（芝浦工業大学 名誉教授／アプル総合計画事務所 代表取締役）
有賀 隆（早稲田大学大学院 教授、創造理工学部長・創造理工学研究科長）
猪里 孝司（大成建設 設計本部 設計企画部 企画推進室長）

課題：「響」

響
2021.3.12
2021年 第8回
都市・まちづくり
コンクール

意味
①音が長く鳴りわたる
②広い範囲にわたって音が伝わる
③他に反応・変化を生じさせること。影響
④評判が伝わる
⑤共鳴する
⑥関係を及ぼす

都市・まちづくりコンクールの課題提出にあたっては、この「響」の意味を幅広く捉え、形態や配置、仕組みなどを包含する都市デザイン、建築、ランドスケープデザインの提案を募集します。計画の範囲と規模は自由ですが、建築物および周辺の環境計画を含めた提案を原則とします。あなたの提案がどのような人たちに響くか、あるいはどのような空間や場所に、エリアに、まちに、もっと大きな何かに…響き渡る素晴らしい作品をお待ちしています。

審査員紹介

小林 英嗣
Hidetsugu Kobayashi

北海道大学 名誉教授／
日本都市計画家協会 会長

たくさんの作品のエントリーがあったけれど、非常に頭を悩ませられるほどレベルの整った提案が多く、我々もいろいろと勉強になるところがあった。いつも思うのは、細かく入っていく目線だけでなく、少し引いて、どう戦略的に進めていけばいいのか、誰を共感させるのか、どうやってそれを地域やまちに発信するのか、引いて考えるという目線も常に忘れずに持っていてほしい。そして皆さんが将来、地域を動かしていくプレーヤーの一人になってくれることを期待している。

1946年	北海道生まれ
1971年	北海道大学大学院修了
1995年	北海道大学教授
2005年	同済大学(中国)客員教授
2010年-	北海道大学名誉教授
2010年-	日本都市計画家協会会長
2010年-	都市・地域共創研究所代表理事
2011年-	日本建築学会東日本大震災 復旧・復興支援本部部会長
2011-13年	日本都市計画学会副会長

小林 正美
Masami Kobayashi

明治大学 教授／
アルキメディア設計研究所 主宰

製図室を使用できなかったり、人に会えないという状況下で「響」というテーマを考えるのは少し酷だったかもしれない。しかしそのなかでも、社会を変えたいという提案やかなり巨大な構築物のアイデアなど、学生の皆さんのバイタリティを感じることができたので嬉しく思った。いろいろな人たちを巻き込んで、どうやってそれを実現していくかというビジョンをいかに描けるか、そういった構想力がまちづくりの一番大事なところなので、今後も磨いていってもらいたい。

1954年	東京都生まれ
1977年	東京大学工学部建築学科卒業
1979年	東京大学大学院修士課程修了
1979年	丹下健三・都市・建築設計 研究所入所
1988年	ハーバード大学大学院 デザイン学部修士課程修了
1988年	アルキメディア設計研究所設立、 主宰
1989年	東京大学大学院博士課程修了
2003年-	明治大学理工学部教授
2016-20年	明治大学副学長

江川 直樹
Naoki Egawa

関西大学 名誉教授／現代計画研究所 顧問

復興に参加できない苛立ちや、なぜ多くの災害が起こるのかといった苛立ち、今という時代がなぜこうなのか、人生を変えたいといった苛立ちを話してくれた学生もいたが、常に社会に対する苛立ちを感じられるような人間であってほしい。もちろん良いことには感謝の気持ちを持つことが大事だが、社会への批評精神を常に感じられる人間になってもらいたい。「自分だったらこうする」という想いが強ければ強いほどメッセージ性の高い提案になり、新しい発想が生まれるのだと思う。

....

1951年	三重県生まれ
1974年	早稲田大学建築学科卒業
1976年	早稲田大学大学院修士課程修了
1977年	現代計画研究所入所
1982年	現代計画研究所大阪事務所開設
1997年	現代計画研究所代表取締役（大阪事務所長）
2004-21年	関西大学建築学科教授
2008年-	現代計画研究所顧問
2008-21年	関西大学先端科学技術推進機構地域再生センター長
2018年-	関西大学名誉教授

角野 幸博
Yukihiro Kadono

関西学院大学 教授

今回も力作揃いだったが、まちや都市とそれぞれのプロジェクトがどう関わっていくのかということを、長い時間の流れのなかで捉えてほしい。たとえば住民などの合意を得るためにはとても時間がかかる。また、つくっていく過程のなかで合意を得る相手も変わっていくかもしれない、住民の価値観も変わるかもしれない。そういうことも含めて、時間をいかに上手く使っていくかという視点がまちづくりには必要なので、それを忘れずに今後も頑張ってもらいたい。

....

1955年	京都府生まれ
1978年	京都大学工学部建築学科卒業
1980年	京都大学大学院修士課程修了
1984年	大阪大学大学院博士後期課程修了
1984年	福井工業大学非常勤講師
1987年	電通入社
1992年	武庫川女子大学助教授
2006-21年	関西学院大学総合政策学部教授
2021年-	関西学院大学建築学部教授・学部長

北川 啓介
Keisuke Kitagawa

名古屋工業大学 教授

まちづくりや都市計画というものはいろいろな人が関わるので、一筋縄ではいかないことがいろいろとある。そのときに、「仮にこういうことであればこうやろう」と考えてプランニングしていくことはとても大事だと思う。最近はそういうことをしない人が増えてきているように感じるので、今回出展された若い皆さんにはできるだけそういったことを考えて、より良いものを実現していってもらいたい。今回も力作揃いで審査していて本当に楽しかった。

....

1974年	愛知県生まれ
1996年	名古屋工業大学工学部卒業
1999年	ライザー＋ウメモト事務所入所
2001年	名古屋工業大学大学院工学研究科博士後期課程修了
2001-03年	名古屋工業大学大学院工学研究科助手
2003-05年	名古屋工業大学大学院工学研究科講師
2005-07年	名古屋工業大学大学院工学研究科助教授
2007-18年	名古屋工業大学大学院工学研究科准教授
2017-18年	プリンストン大学客員研究員
2018年-	名古屋工業大学大学院工学研究科教授
2019年-	日本建築学会理事
2019年-	LIFULL ArchiTech代表取締役社長

審査員紹介

柴田 久
Hisashi Shibata

福岡大学 教授

今年度の「響」というテーマは私が考えさせていただいたが、たとえばサイトが非常に小さくても、点から面へと広がっていく波及効果というものをいかに及ぼせるかというのがまちづくりにとって重要だと思う。今回、皆さんがどこまで「響」というテーマを捉えることができて、作品に取り組んだかはわからないけれど、今後もこういった考え方や、このコンクールに挑んでさまざまなことを考えたという経験を忘れずに頑張っていってもらいたい。

1970年	福岡県生まれ
2001年	東京工業大学大学院博士課程修了
2001年	筑波大学大学院講師
2005-14年	福岡大学工学部社会デザイン工学科准教授
2009-10年	カリフォルニア大学バークレー校客員研究員
2013年-	九州大学芸術工学府非常勤講師
2014年-	福岡大学工学部社会デザイン工学科教授

中島 直人
Naoto Nakajima

東京大学 准教授

今回は災害からの復興をテーマとした提案が多いように感じたけれど、復興に限らず、皆さんが今、大事だと思うことに対して問題意識を強く持った提案が高い評価を得たように思う。そのなかでも、応援したくなるような提案というものがある。一人の力ではできないし時間もとても掛かるけれど、「絶対にこれを実現させたいんだ」という強い想いのある提案は応援したくなり、そこが一番強かった作品が最優秀賞に選ばれたのではないだろうか。

1976年	東京都生まれ
1999年	東京大学工学部都市工学科卒業
2001年	東京大学大学院工学系研究科修士修了
2002-10年	東京大学大学院工学系研究科助手／助教
2009-10年	イェール大学マクミランセンター客員研究員
2010-13年	慶應義塾大学環境情報学部専任講師
2013-15年	慶應義塾大学環境情報学部准教授
2015年-	東京大学大学院工学系研究科准教授

中野 恒明
Tsuneaki Nakano

芝浦工業大学 名誉教授／
アプル総合計画事務所 代表取締役

今回は出展数も多く、選ぶのにとても苦労した。そのなかでも、優秀賞の小野寺君の提案には感銘を受けた。これまでの日本の震災復興は嵩上げしか考えていなかった気がするが、大地を海に戻すという提案があってもいいのではないだろうか。国土を海に戻すことには強い批判もあるが、これからの時代はそういう提案があっていいし、学生だからこそ提案してほしい。小野寺君の提案は、3.11から10年たったという意味でも評価されるものであり、このような提案が出てきたことを嬉しく思う。

……………

1951年	山口県生まれ
1974年	東京大学工学部都市工学科卒業
1974年	槇総合計画事務所入所
1984年-	アプル総合計画事務所設立、代表取締役
2005-17年	芝浦工業大学システム理工学部環境システム学科教授
2008-19年	東京藝術大学美術学部非常勤講師
2017年-	芝浦工業大学名誉教授

有賀 隆
Takashi Ariga

早稲田大学大学院 教授
創造理工学部長・創造理工学研究科長

社会的な課題や環境に関する課題など、形のない問題に取り組んだ提案が多かったが、そういった問題を空間や場所への提案にどう結びつけていくかというところでいろいろな工夫をし、表現も頑張ったのだと思う。しかし、評価を得た作品とそうでない作品の差はどこかというと、一つひとつの小さな提案の積み重ねと、それを最終的にどれだけ全体に反映できたかというところ。小さな部分の内容を詰めることが全体を高めていくということを、このコンクールを通じて学んでもらいたい。

……………

1963年	東京都生まれ
1985年	早稲田大学理工学部建築学科卒業
1987年	早稲田大学大学院修士課程修了
1987年	西洋環境開発入社
1997年	カリフォルニア大学バークレー校大学院修了
1998-2006年	名古屋大学大学院環境学研究科助教授
2006年-	早稲田大学大学院創造理工学研究科教授
2014-16年	日本建築学会理事
2020年-	日本建築学会監事
2020年-	早稲田大学創造理工学部長・同大学院創造理工学研究科長

猪里 孝司
Takashi Izato

大成建設 設計本部
設計企画部 企画推進室長

今回初めてこのコンクールに参加したけれど、他の審査員の皆さんもおっしゃるように力作ばかりで、学生の皆さんのパワーに圧倒された。どの作品も建築や都市に対する強い想いがとても出ていたように感じた。これから皆さんは社会に出ていろいろな形で活躍していくと思うが、今持っているその想いを忘れないでほしい。そして、日本だけでなく世界の都市や建築を少しでも良いものにできるように、今後もまちづくりや建築に取り組んでいってもらいたい。

……………

1961年	大阪府生まれ
1984年	大阪大学卒業
1986年	大阪大学大学院修了
1986年	大成建設入社
1993年	カリフォルニア大学バークレー校客員研究員
2010年-	大阪大学招へい教授
2015年-	設計本部設計企画部企画推進室長

事前審査

2021年3月1日（月）

エントリー
290作品

応募者が提出した「プレゼンボード」、「計画の要旨」、
「選定エリアと選定理由」の３つの資料をもとに、
本選に進む32作品を選出する事前審査。
審査員は総合資格学院新宿校もしくは
オンラインにて参加し、厳正なる審査を行う。

本　選

2021年3月12日（金）

本選出展
32作品

［一次審査］

本選進出32作品の全出展者が、ZOOMにてオンラインでの
プレゼンテーションに臨む。１作品の持ち時間は
プレゼンテーション４分＋質疑応答２分の計６分。

［非公開審査・投票］

32作品全てのプレゼンテーションを終えた後、非公開での
審査・投票により、最終審査に進む８作品を選出。

最終討議選出
8作品

［最終討議・投票］

非公開審査・投票にて選ばれた８選の出展者を対象に、
各審査員との質疑応答、議論が繰り広げられ、
最優秀賞と各賞が決定される。

都市まちづくりコンクール

Chapter 1

Urban Design & Town Planning Competition 2021 ／ 受賞&10選作品紹介

最優秀賞

[184]

半鐘響く街、よみがえれ児童館

― 千曲川水害後1年目の街の修復風景の集積による児童館再生 ―

宮西 夏里武 Karibu Miyanishi [B4]
信州大学 工学部 建築学科 寺内研究室

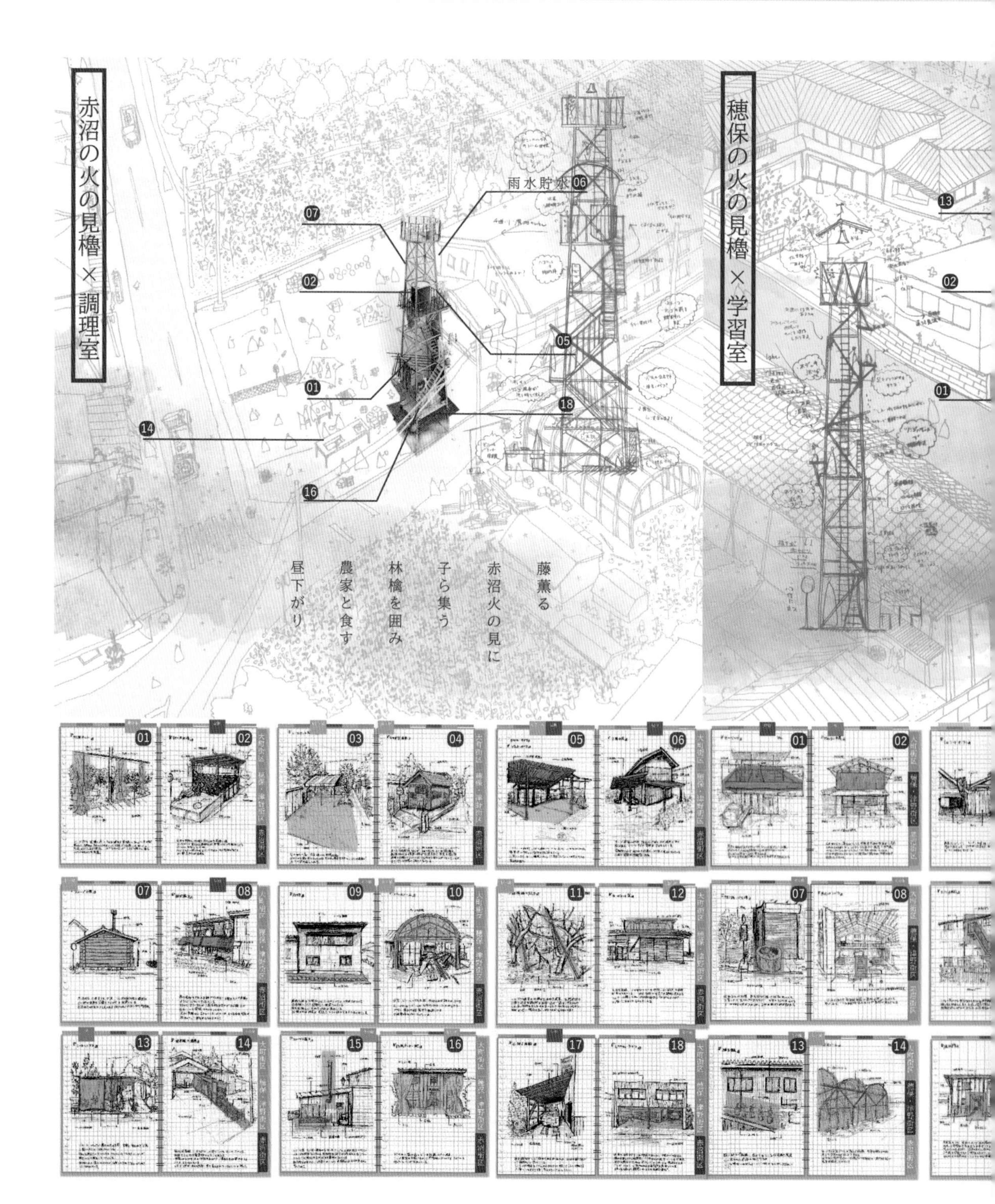
赤沼の火の見櫓×調理室
雨水貯水
穂保の火の見櫓×学習室
藤薫る
赤沼火の見に
子ら集う
林檎を囲み
農家と食す
昼下がり

選定エリア：
長野県長野市
長沼地区

2019／10.13千曲川堤防決壊により被災し、甚大な被害を受けた長野市長沼地区を対象敷地に、失われた児童館の再建プロセスを提案します。水害により地区唯一の児童館は浸水し、子どもたちの公園はごみ置場と化しました。被災一年目の今、まちには住民のささやかな『繕い』が溢れています。これらを集め、子どもたちの居場所を再生できないでしょうか。まちに点在する『本体』火の見櫓に、住民が個別の修復に用いた建材を集積させることで児童館の分館としての機能を与えます。この分館はまちに児童館が取り戻されるまでの中継ぎ的な役目を果たしつつ、再び災害が起きたときなどに住民が調達できる建材＝『繕い』のストックとして活用されることになります。繕うことでよみがえる児童館、これは私がボランティアだけでなく、建築家として住民と一歩ずつ児童館を建ちあげていく未来の記録です。

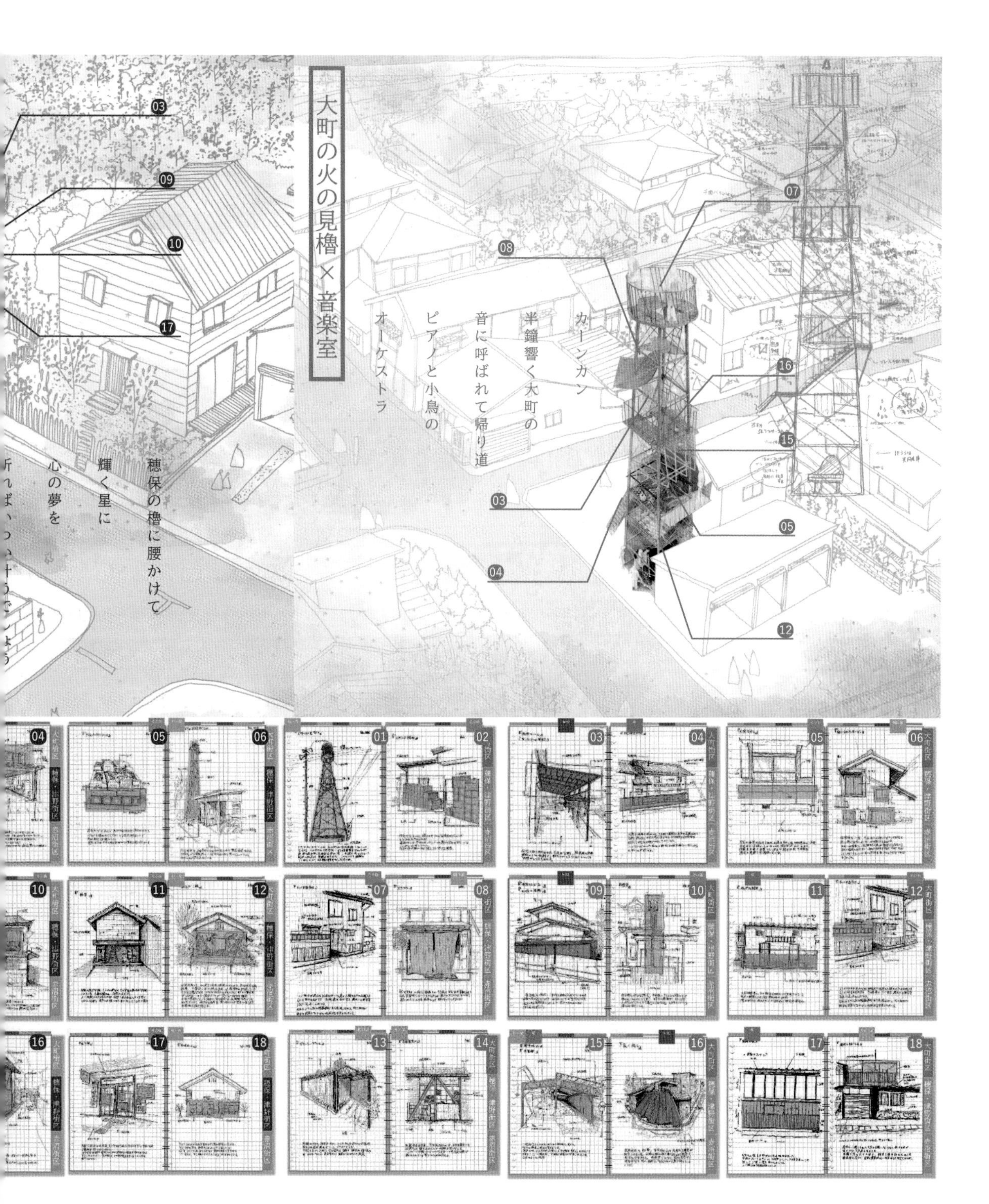

大町の火の見櫓×音楽室
カーンカン
半鐘響く大町の
音に呼ばれて帰り道
ピアノと小鳥の
オーケストラ
穂保の櫓に腰かけて
輝く星に
心の夢を

火の見櫓児童館 長沼の希望に

水害で失われた街に火の見櫓の児童館を。長野市長沼地区は2019年10月13日千曲川水害による甚大な被害を受けた地域だ。水害により地区内唯一の児童館も浸水被害に遭い、未だ再建のめどが立たない状況である。また、児童公園や近隣公園は災害ごみ置き場により汚染され、消毒作業が終わるまでの間、封鎖される状況が続いている。子どもたちは室内外の遊び場を絶たれ、行き場を失っている。

自身がボランティアとしてこの地を訪れる中で発見した火の見櫓は、水害に耐えた街のアイコンだ。本来使用が制限されているこの櫓だが、災害発生当初、地元消防分団員が櫓に登り半鐘連打したことにより住民の早期避難が成功したという事実が報告されている。

水害に耐えた火の見櫓

多くの災害に見舞われてきた日本では再生対象に優先順位を付けながら段階的な復興が行われてきた。児童館をはじめとする教育施設の再建は、自治体の財政状況の観点から後手に回ることが多く、東日本大震災の際においても公民館を利用した臨時託児所などが散見された。このような応急処置では多様な遊びへの対応がとりきれない。

本設計では復興の小さな象徴となる火の見櫓・子どもを対象とし街の中から段階的に児童館の姿を取り戻すことで、既存のトップダウン型復興に対する警鐘を鳴らす。

傷んだ街に、絆創膏を

2020: 復旧期	2021-: 再生期	2025-: 発展期
・実地調査 ・構想 ・材収集	・調理室 ・学習室 ・音楽室	・児童館再建
観察	本提案	将来

本提案の位置付け

設計に用いる建材は今街にある材料を使いたいと思ったのでスケッチによる街の観察を行った。被災から1年が経過した頃である。注意深く風景を観察する中で、水害に耐えた部分と、損傷により付け足された部分が混在していることに気づいた。私はこれらを『本体』と『繕い』という関係で定義することにした。『繕い』には人が生きる為の希望が反映される。また、リンゴ農家が住民の半数以上を占める長沼にとって軽トラはどの家庭にもある必需品だ。住民が修繕に用いた二次災害ごみや解体資材はトラックに積み、火の見櫓のもとへ集積させる。此処では遊びの空間をイメージしながら住民と建築家が児童館の姿を再構築していく。再びこの地で災害が起きた際は、取り付けられた繕いが再び街を巡り住民に還元されるのだ。

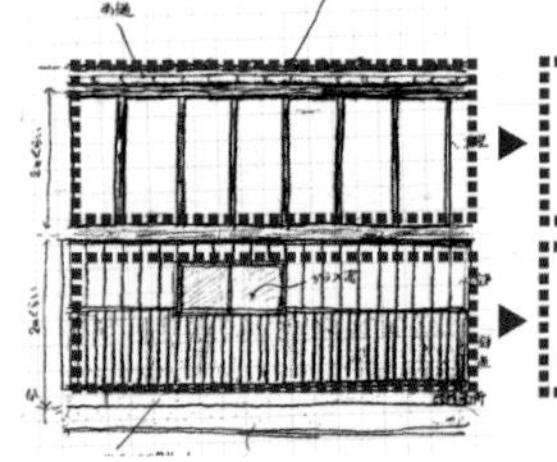

『本体』
水害に耐え残った箇所

『繕い』
水害を経て修復が行われている箇所

抽出して構成要素
5項目に分類

優秀賞

［065］

海と共に生きる

― 魅力資源と防災の活用におけるエコロジカルな街への復興計画 ―

小野寺 湧 Yu Onodera［B4］

長岡造形大学 造形学部 建築・環境デザイン学科 小川研究室

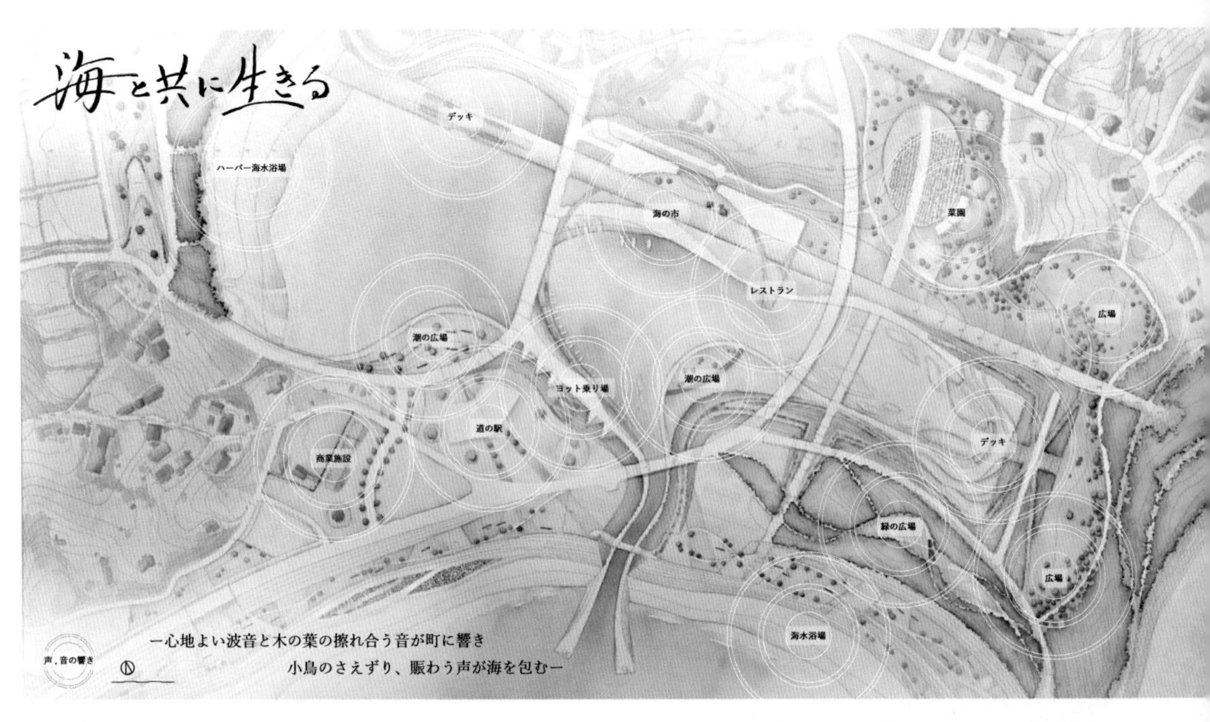

海と共に生きる
デッキ
ハーバー海水浴場
海の市
菜園
レストラン
広場
潮の広場
ヨット乗り場
潮の広場
道の駅
商業施設
デッキ
緑の広場
広場
海水浴場
声，音の響き
ー心地よい波音と木の葉の擦れ合う音が町に響き
小鳥のさえずり、賑わう声が海を包むー

01 SITE

宮城県気仙沼市本吉町
大谷地区

ー選定エリア情報ー

・人口：3498人

・計画面積：58.5ha

・主な産業：漁業、農業、観光

元号	年	出来事
昭和	30	大谷村を廃止し、その地区に本吉町を置く
	32	三陸鉄道気仙沼線（気仙沼～本吉間）開通
平成	10	大谷海水浴場が「日本の水浴場55選」に認定
	23	東日本大震災 14：46頃　マグニチュード9.0　震度5強 大津波発生　ライフライン停止 【大谷地区の被害状況】 ○死者数　75人 大谷地区の人口の約1.9％ ○被災家屋数　1,679棟 大谷地区の棟数の約44.67％
	28	JR気仙沼線の鉄路復旧を市が断念BRTによる復旧を受け入れ
	30	三陸自動車道　大谷海岸インターチェンジ併用開始

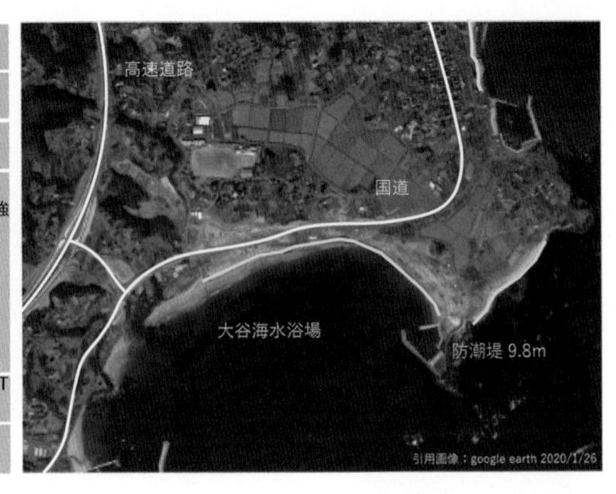

高速道路
国道
大谷海水浴場
防潮堤 9.8m
引用画像：google earth 2020/1/26

02 魅力と課題

街の魅力である海水浴場には毎年約 40 万人の海水浴客で賑わう。海を中心に学校や道の駅、住宅地など街が構成され「松並木」「砂浜」「海」の自然が住人の憩いの場である。

東日本大震災により被災し、海浜付近には津波対策で約 9.8m の防潮堤が建設された。津波への安全は確保されたが、魅力資源だった海が少しだけ遠い存在になってしまった。

選定エリア：
宮城県気仙沼市
本吉町大谷

2011年3月11日、東日本大震災が発生し、約20mの大津波がまちを破壊。松並木の海水浴場や住民から愛された施設や景観が奪われた。復興事業と共に海水浴場には9.8mの防潮堤が建設され、誇りとしていた海の存在が希薄になってしまった。さらに震災の影響でまちの賑わいや観光客の減少、自然環境の損失。住民からは美しい海を取り戻したい、活気が戻ってきてほしいなど、震災前のような自然と共生するまちを望んでいることがわかった。そこで本研究では住民の声をもとに計画を進め、エコロジカル・ランドスケープの手法を活用して「海と共に生きる街」の防災と新たな魅力創出の可能性の両立を探すことを目的とする。

03 選定理由

復興計画において「暮らしやすい街」「安心して暮らせる町」「魅力的な町」など街の活性と防災計画の両立が重要になる。
大谷地区ではこの目標の達成を目指せる場として適していると判断したため対象地とした。

・防潮堤を受け入れつつ、大谷特有の豊富な自然・社会環境を活用した新たな魅力創出の可能性が見通せる。
・高速道路も開通において観光客がアクセスしやすくなり、街の再構成を図ることでさらなる活性が期待できる。
・防災計画において防潮堤では防げない津波への対策や、ご高齢の住民、観光客における避難計画の検討など、防災計画をブラッシュアップする必要がある。

04 大谷住民にアンケート　(20～80歳代　計50人)

ー特別だった場所ー

・青い海、白い砂、緑の松並木の大谷海岸が素晴らしい
・夏になると数万人が海水浴場におとずれる
・海と森(自然)が共存している

ー今の大谷で思う事ー

・防潮堤が高く海が見えない
・震災前のような人とのつながりの場がない
・観光客が減り、賑わいある海水浴場がなくなった

ーどう生まれ変わってほしいかー

・夏の海に活気が戻ってきてほしい
・大人も子供も住みよい町
・子供の声が聞こえる町
・美しい自然、海を取り戻したい
・避難しやすいようにしてほしい

05 CONCEPT

町と海のつながりをつくり、
人々の暮らしに寄り添う海(町)を目指す ➡ 地歴と街の声を基に **「街の活性化」**

住民と観光客全ての人々が
安全にかつ安心に暮らせる町を目指す ➡ 多重防御を基に **「防災計画」**

両立

波音、賑声が町に広く鳴り渡る
海を中心とした街づくり
海　自然　商業施設
響
震災　ハザードエリア　がれき
避難経路の明確化　伝承施設
教訓を長く後世に伝えていく
目標方針
提案計画
街の産物

06 提案

街の活性化

海が魅力だった町に「海を取り戻す」➡ **インナーハーバーの創出**

大昔に海だった水田にハーバーをつくる(自然の摂理を考慮して、元々の環境を復元する)

周辺に人々が集う商業施設や失われた松並木の海水浴場をハーバーで復元する

海を魅力資源に「賑わいを取り戻す」➡ **海を中心とした街づくり**

ハーバーを中心に観光客も含めた全体土地利用を計画する

・IC付近には観光に向けた施設
・樹林や土壌を活用した施設
・住宅地には生活や交流の施設
・被災物を活用した伝承施設

防災計画

全ての人々が「迅速に避難できる」➡ **避難道の明確化**

住民の三割を占める60歳以上の歩速を基準に避難道を計画する

観光客には3.11の時のように住民が声を掛け合い避難を目指す

震災を伝承し「未来の命を守る」➡ **伝承施設**

鉄路跡地や駅のプラットフォームなどの被災物を、伝承物として形を変えて残す

未来の人たちへ、この経験を伝えていく

地震・津波による震災、あらゆる自然災害からの復興のひとつの提案として本研究が地域のあるべき理想的な姿を考えるきっかけになることを望んでいる。

街の活性化　インナーハーバー　海を中心とした街づくり

海と共に生きる町として海を中心に町を再生する。防潮堤がある海浜は魅力に欠ける。そこで新たな核としてインナーハーバーを創出し街を形成する。地歴を元にハーバーの場所を選定。河川を分流、砂の堆積を促し、時間をかけて砂浜を形成する。やがてハーバーに松並木の海水浴場が復元する。ハーバーの環境を活かして人々が集う施設を設置。人々の暮らしに寄り添う海をつくり、町全体を再構成して賑わいある街への復興を目指す。

ハーバー創出に関するGIS情報と創出までの流れ

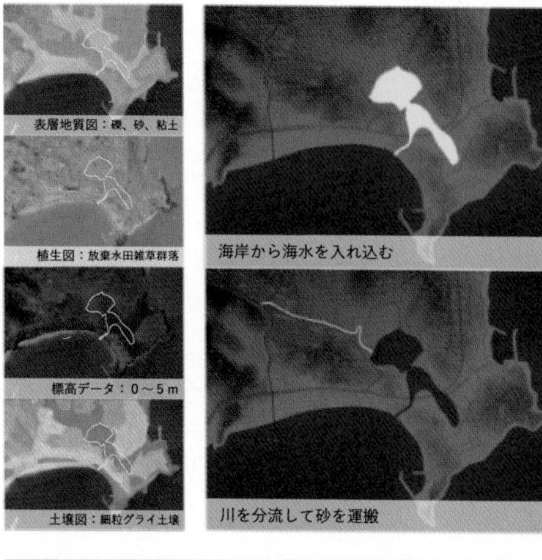
表層地質図：礫、砂、粘土
植生図：放棄水田雑草群落
標高データ：0～5ｍ
土壌図：細粒グライ土壌
海岸から海水を入れ込む
川を分流して砂を運搬

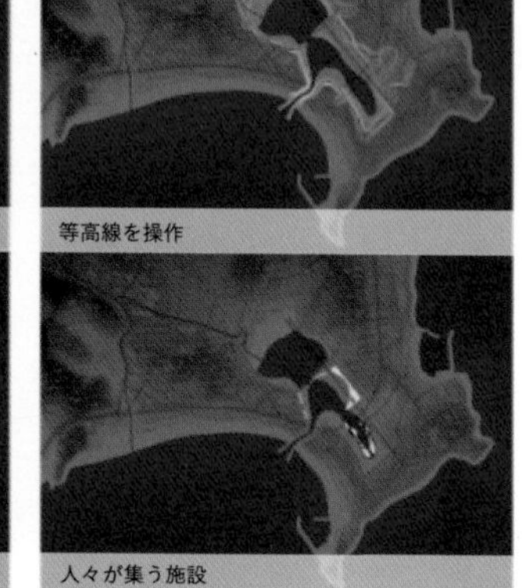
等高線を操作
人々が集う施設

津波対策 × 閘門

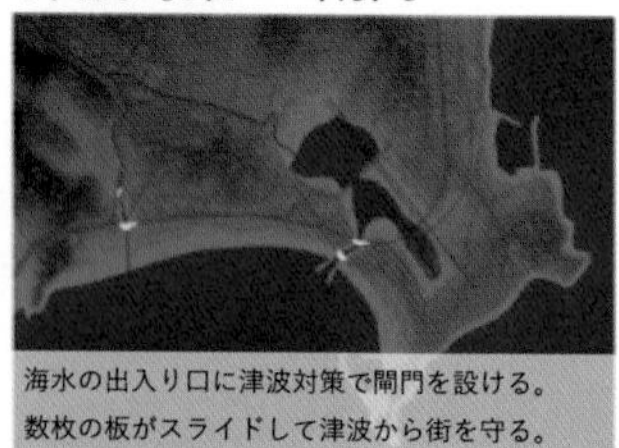
海水の出入り口に津波対策で閘門を設ける。
数枚の板がスライドして津波から街を守る。

通常時

緊急時

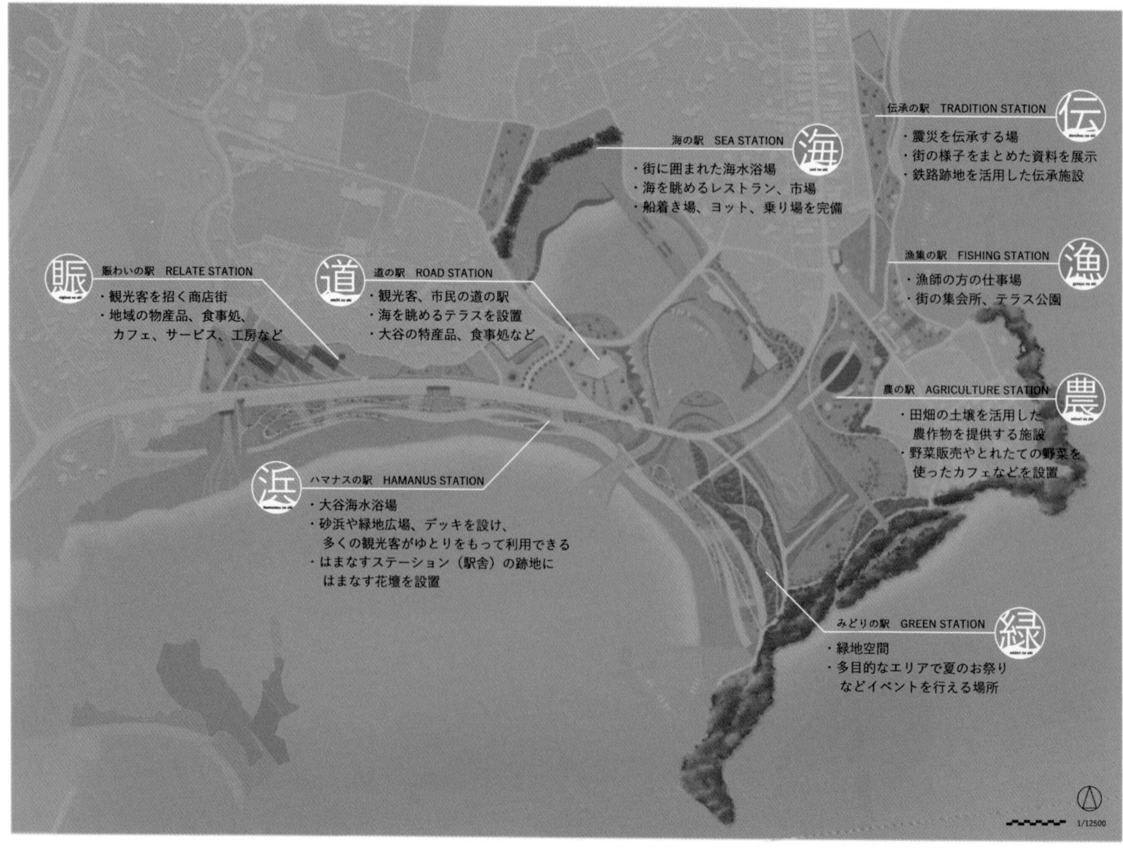
海の駅　SEA STATION
・街に囲まれた海水浴場
・海を眺めるレストラン、市場
・船着き場、ヨット、乗り場を完備
伝承の駅　TRADITION STATION
・震災を伝承する場
・街の様子をまとめた資料を展示
・鉄路跡地を活用した伝承施設
賑わいの駅　RELATE STATION
・観光客を招く商店街
・地域の物産品、食事処、
カフェ、サービス、工房など
道の駅　ROAD STATION
・観光客、市民の道の駅
・海を眺めるテラスを設置
・大谷の特産品、食事処など
漁集の駅　FISHING STATION
・漁師の方の仕事場
・街の集会所、テラス公園
農の駅　AGRICULTURE STATION
・田畑の土壌を活用した
農作物を提供する施設
・野菜販売やとれたての野菜を
使ったカフェなどを設置
ハマナスの駅　HAMANUS STATION
・大谷海水浴場
・砂浜や緑地広場、デッキを設け、
多くの観光客がゆとりをもって利用できる
・はまなすステーション（駅舎）の跡地に
はまなす花壇を設置
みどりの駅　GREEN STATION
・緑地空間
・多目的なエリアで夏のお祭り
などイベントを行える場所
1/12500

防災計画　避難経路の明確化　伝承施設

多重防御を基に 1/1000 年確率の 20m の津波と 1/10 ～ 1/100 年確率の 8m程度の津波に対応した土地利用を計画。1/1000 年確率の津波は 9.8m の防潮堤で防御できないため、避難を軸に防災計画を行う。第二波、第三波に対応できる山間部に避難場所を設け、60 歳以上の歩速を基準とした避難経路を計画。また、震災を風化させないために被災物を活用した伝承施設を設置。迅速に命を守る行動をとるためにも震災を忘れないことが重要である。

津波浸水予想図

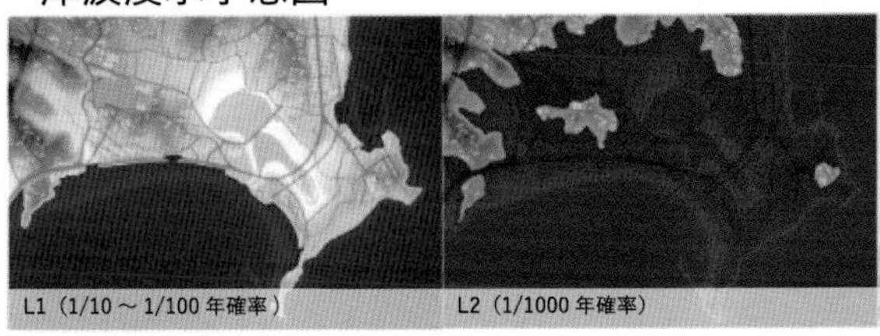
L1（1/10 ～ 1/100 年確率）　L2（1/1000 年確率）

風化させない伝承施設

はまなす花壇（旧駅舎跡地）　伝承館（鉄路跡地）

避難経路マップ

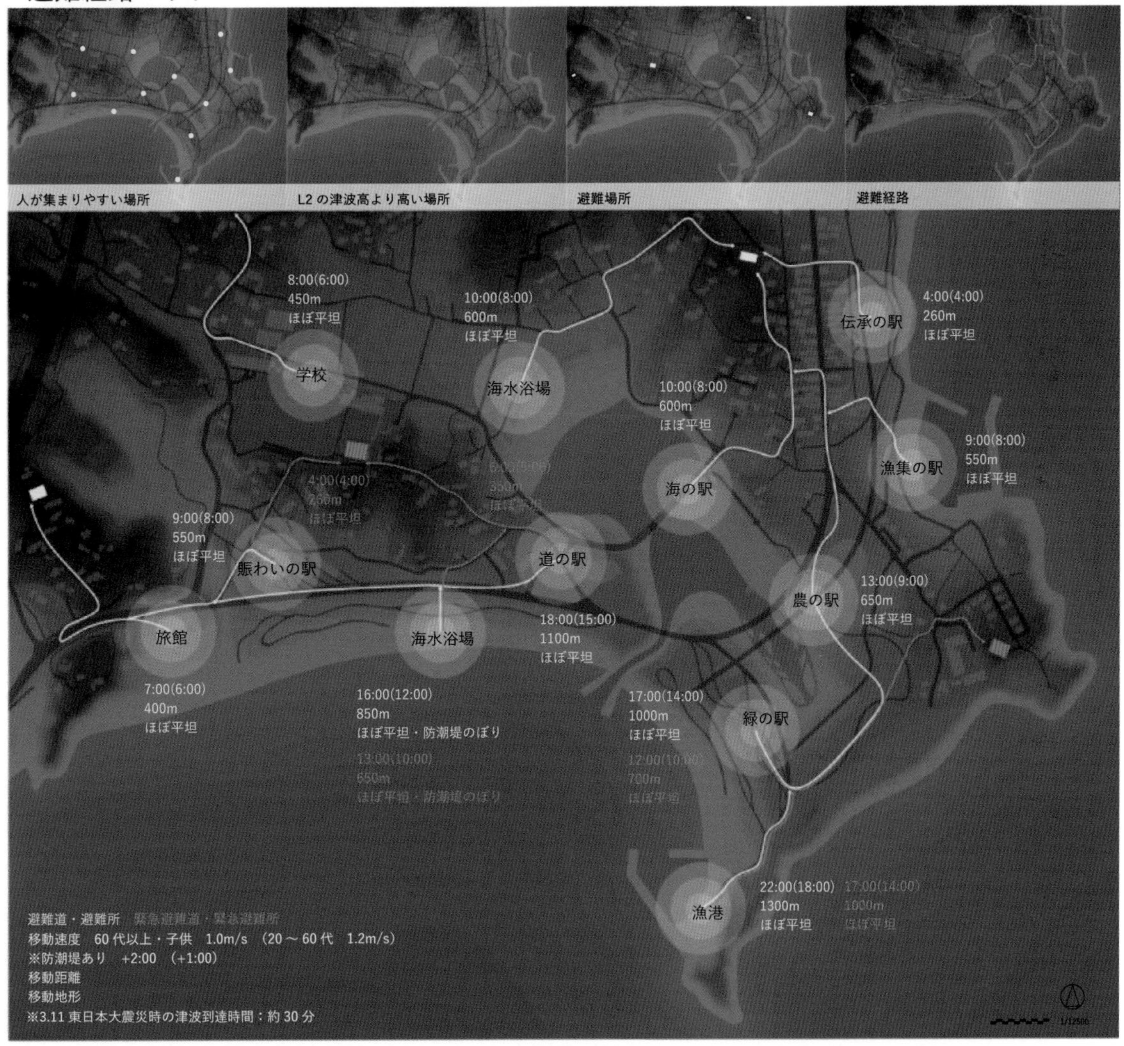
人が集まりやすい場所
L2 の津波高より高い場所
避難場所
避難経路
8:00(6:00)
450m
ほぼ平坦
学校
10:00(8:00)
600m
ほぼ平坦
海水浴場
伝承の駅
4:00(4:00)
260m
ほぼ平坦
10:00(8:00)
600m
ほぼ平坦
海の駅
漁集の駅
9:00(8:00)
550m
ほぼ平坦
4:00(4:00)
260m
ほぼ平坦
9:00(8:00)
550m
ほぼ平坦
賑わいの駅
道の駅
農の駅
13:00(9:00)
650m
ほぼ平坦
旅館
海水浴場
18:00(15:00)
1100m
ほぼ平坦
7:00(6:00)
400m
ほぼ平坦
16:00(12:00)
850m
ほぼ平坦・防潮堤のぼり
17:00(14:00)
1000m
ほぼ平坦
緑の駅
13:00(10:00)
650m
ほぼ平坦・防潮堤のぼり
12:00(10:00)
700m
ほぼ平坦
漁港
22:00(18:00)
1300m
ほぼ平坦
17:00(14:00)
1000m
ほぼ平坦
避難道・避難所　緊急避難道・緊急避難所
移動速度　60 代以上・子供　1.0m/s　(20 ～ 60 代　1.2m/s)
※防潮堤あり　+2:00　(+1:00)
移動距離
移動地形
※3.11 東日本大震災時の津波到達時間：約 30 分
1/12500

優秀賞

［083］

マチナカホワイエ

文化団欒の街・吉祥寺

鎌田 南穂 Minaho Kamata［B4］

東京大学 工学部 都市工学科 都市デザイン研究室

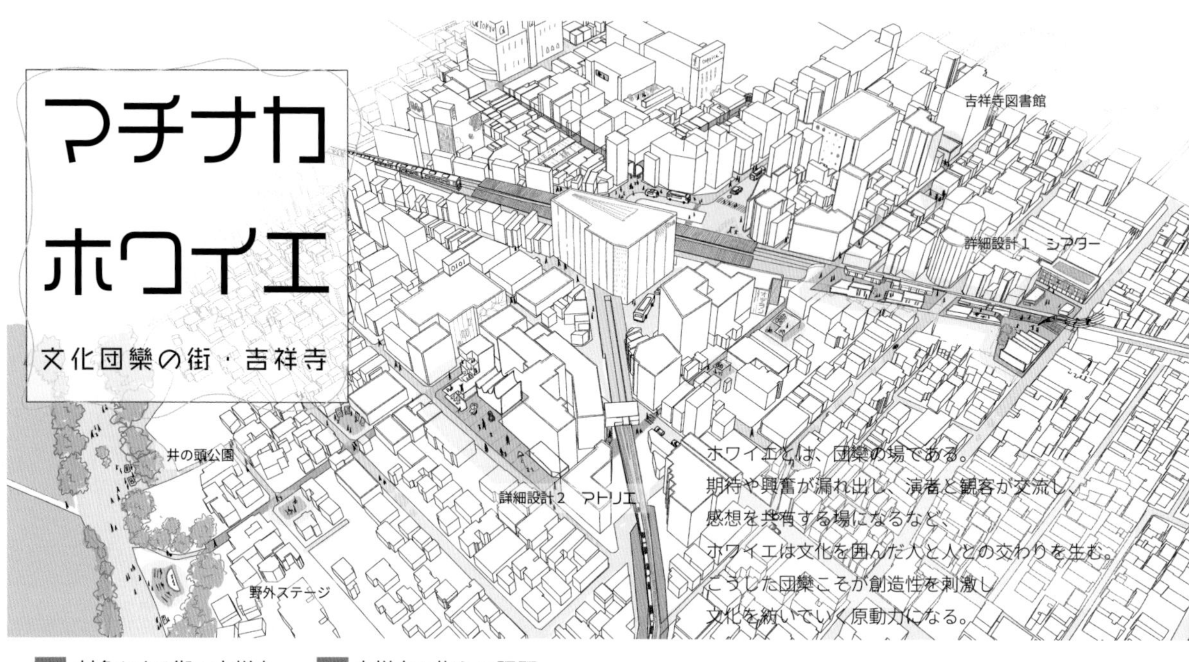
マチナカ
ホワイエ
文化団欒の街・吉祥寺
吉祥寺図書館
詳細設計1 シアター
井の頭公園
詳細設計2 アトリエ
野外ステージ
ホワイエとは、団欒の場である。
期待や興奮が漏れ出し、演者と観客が交流し、
感想を共有する場になるなど、
ホワイエは文化を囲んだ人と人との交わりを生む。
こうした団欒こそが創造性を刺激し
文化を紡いでいく原動力になる。

1 対象とする街：吉祥寺

武蔵野台地上に位置し、JR 中央・総武線と京王井の頭線の結節点である。商業地としての利便性に加え、井の頭公園に代表される豊かな自然で居住地としても人気が高い。

2 吉祥寺の抱える課題

1）進む消費地化：映画や演劇、漫画等の文化活動に支えられ独特な魅力を持って発展して きた街だが、地価の高騰に伴い居住層はクリエイター・若者からファミリー層へ、商店街の中心は地元に根ざした個性的店舗からチェーン店舗へと様相を変えている。

2）中心部の混雑：コンパクトな中心部では常に混雑が発生し憩いの場は街中から追いやられている。

3）燻る公共文化施設：多種多様な公共文化施設が存在しているが、日々賑わう中心部に想像する「吉祥寺」とは分離した状態で、十分な活用がなされているとは言えない。

3 吉祥寺東エリア──街のウラに潜む団欒のタネ

東急百貨店
旧近鉄百貨店（現ヨドバシカメラ）
五日市街道
吉祥寺図書館
吉祥寺シアター
武蔵野公会堂
井の頭通り
敷地 N
敷地 S
0 50 100 200 300m
1:15000

1974 近鉄百貨店開業

→中心部から見通しの悪い東のウラには歓楽街が形成される（近鉄裏）

→浄化運動が展開され、その一環として公共文化施設が集積

→東エリアには、街のウラとしての課題と同時に自由さ・ゆとり・公共文化施設など団欒のタネが残る

▼詳細設計対象地の現状

吉祥寺オデヲン座
（映画館）
前進座ビル
吉祥寺シアター
敷地 N
南へ波及した近鉄裏の中心に
横たわる高架下空間と周辺。
敷地 S
現公会堂と隣接した公園。
丸井吉祥寺店
東急 REI ホテル
マンション
パープル通り
吉祥寺南公園

選定エリア:
東京都武蔵野市
吉祥寺駅周辺

文化と深く関わり合いながら独自の魅力を築いてきた街・吉祥寺。「生み出す」ことが得意な街は、地価の高騰に伴いクリーンで便利な「消費地」へと姿を変えつつある。そんな吉祥寺において街のウラとして取り残された駅東側のエリアには、かつての歓楽街浄化運動の末に集積した公共文化施設群と、ウラであるが故のゆとりや自由さが残る。公共文化施設群の中で最も老朽化が進んでいる武蔵野公会堂の建て替えに際し、これらの公共文化施設の「団欒の場」であるホワイエを建物から街に開放し、繋げてネットワーク化することで、街の中に文化を囲んで人々が集い・刺激を受け・思い思いに発信する「文化の団欒室・マチナカホワイエ」を形成し、街のウラとなったエリアからこれからの街の創造性を育む提案をする。

4 戦略—マチナカホワイエのつくり方

1　ホワイエをマチにひらく

ハコ　文化活動が主に行われる部分

ホワイエ　団欒の場として人々をつなぐ部分

公共文化施設

2　ホワイエがつながる・広がる

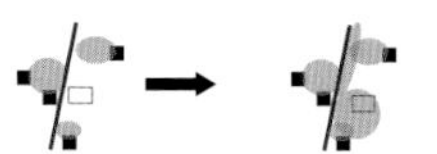

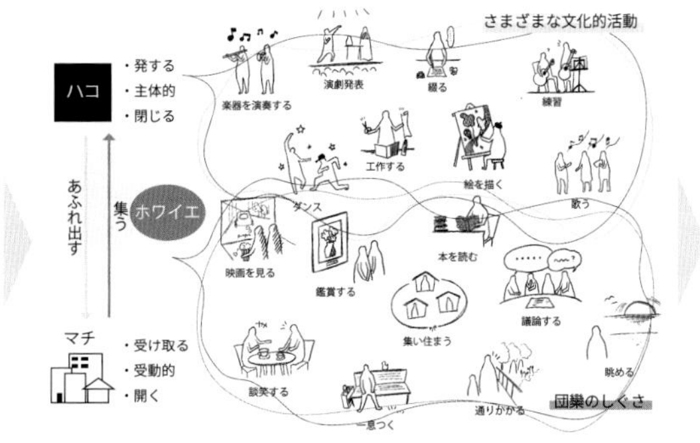

ハコ
・発する
・主体的
・閉じる
あふれ出す
集う
ホワイエ
マチ
・受け取る
・受動的
・開く
さまざまな文化的活動
楽器を演奏する
演劇発表
綴る
練習
工作する
絵を描く
歌う
ダンス
映画を見る
鑑賞する
本を読む
議論する
集い住まう
談笑する
一息つく
通りかかる
眺める
団欒のしぐさ

団欒を生むしつらえ
- 腰掛ける
- 溜まる
- 気になる

団欒が繋がるしかけ
- 街のリズムを継ぐ
- 街から誘い込む
- 上下しながら連続する
- 視線を交わす

5 全体計画

1 敷地N シアター　公演と鑑賞の団欒場

音楽ホール　吉祥寺シアター
コミュニティセンター　漫画・アート図書館

武蔵野公会堂を移転・建て替えし吉祥寺シアターと一体的な劇場空間として整備する。高架下空間を活用しながら互いの劇場の利用層・市民生活が交じりあうホワイエをつくり出す。
また、ホワイエには吉祥寺の漫画・演劇文化に即した図書館分館や公演準備を行うハコが連なり、鑑賞の魅力を発見できる。

2 敷地S アトリエ　創作と刺激の団欒場

クラフトホール　こどもアトリエ
クリエイターレジデンス
シェアオフィス　芝生広場

武蔵野公会堂の移転跡地に旧オーディトリウム建物を活用した市民に開かれた工房空間「クラフトホール」を開設する。また、市民文化の積極的担い手となるクリエイター層が居住・定着する集合住宅とシェアオフィス、「初めてのワクワク」をもたらす子ども向け工房を併設し、憩いの芝生広場にまで創作活動が溢れ出すホワイエを形成する。

3 吉祥寺美術館の展示スペース拡張

音楽室を「シアター」に移設することで展示スペースを拡張する。

4 高架下道路の開通

中央線・井の頭線の高架下各1カ所を通り抜け可能とし、寸断されていた既存の南北方向の街路を回復する。

5 横断歩道の整備

回復した街路と井の頭通りの交差点に横断歩道を新設し、ウラでの南北の行き来をしやすくする。

6 井の頭線吉祥寺駅南口新設

現在北側の一ヶ所のみとなっている井の頭線改札口をホーム南端に新設し、ウラに新たな人の流れを生む。

7 駐輪場の転換

エリアに点在する平面駐輪場は1Fをホワイエとして転用を進め、駐輪場部分を2F以上に設ける。これにより日常の場である駐輪場空間が街とホワイエの結び目となり、マチナカに団欒の空間が広がっていく。

公共文化施設
空地転用の小さなホワイエ
ホワイエの軸
0　50　100　200　300m
1:15000

6 計画の進行

公会堂移転・シアターづくり 1

敷地Nにて公会堂の移転・建て替えと周辺の整備を行う。

北側がつながる 3 4 7

シアターの完成によりホワイエは北側でつながり始める。

南北の接続・アトリエづくり 2 4 5 6

ホール機能移転後、敷地Sの更新と南北接続の施策を行う。

マチナカホワイエへ 7

2つの敷地を中心に南北にホワイエが繋がり、更にマチナカへと入り込む。

詳細設計 1 シアター　演奏が響く・心に響く

高架下空間をアプローチとして活用しながら武蔵野公会堂を移転・建て替えし、
既存の吉祥寺シアターと一体的に公演と鑑賞の団欒場・シアターとして整備する。

DESIGN CODE
・高架支柱の活用
・掘り下げによる下方向への
連続と様々な天井高の創出

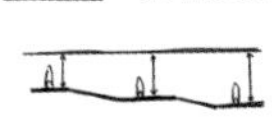

スタディ
スペース

A'

a

マンガ・アート図書館
漫画や演劇などの舞台芸術が根ざす吉祥寺において文化資料を蓄積し広く還元するため、吉祥寺図書館の分館という形でマンガ・アート図書館を設置する。

チャレンジショップ
× 駐輪場

c

b

スタジオ
気密性に優れた多目的空間。

総合案内所

B

大壁のあるホワイエ
通路状のホワイエの中で溜まりを形成し、閲覧スペースとして活用されるほか、壁を使った展示や上映会を行うことができる。

音楽ホール
武蔵野公会堂と同規模（350 席）の音楽ホールを移転・新築し、市民の手作りの公演を主とした音楽発表や講演会に使用する。

吉祥寺シアター
ダンスや演劇等の舞台芸術に特化し、稽古場も備えた小劇場。既存を活用しつつホワイエを介して街にひらく。

吉祥寺図書館本館と分館の関係性

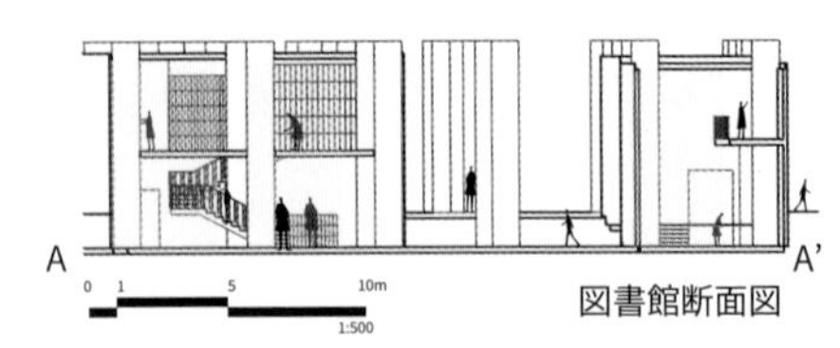
A
A'
0 1 5 10m
1:500
図書館断面図

本館から一部の蔵書を常時移転するほか、企画の内容に合わせて随時蔵書を移動させる。分館があることで吉祥寺図書館に新規来館者層が呼び込まれ、蔵書移転により本館にも団欒のゆとりが生じる。

▶大きな壁のホワイエと連携し企画展なども行うことができる。

柔らかな光が包むホワイエ

大階段を客席とし、幕間に演者がホワイエでアンサンブルを披露している。観客はここまでの感想を交わしながら演奏を楽しむ。夜間もテキスタイルを通した光が高架下を柔らかく照らし、憩いの場を演出する。

電車の車窓からも
屋根をのぞむ

B

0 5 10 20 50m
1:1000

劇場前断面図

a
b

詳細設計 2 アトリエ 作業音が響く・子供の声が響く

武蔵野公会堂の跡地となる敷地は、旧オーディトリウム建物を大空間を活用した工房空間とし、市民が創作に親しむ、創作と刺激の団欒場・アトリエとして生まれ変わる。

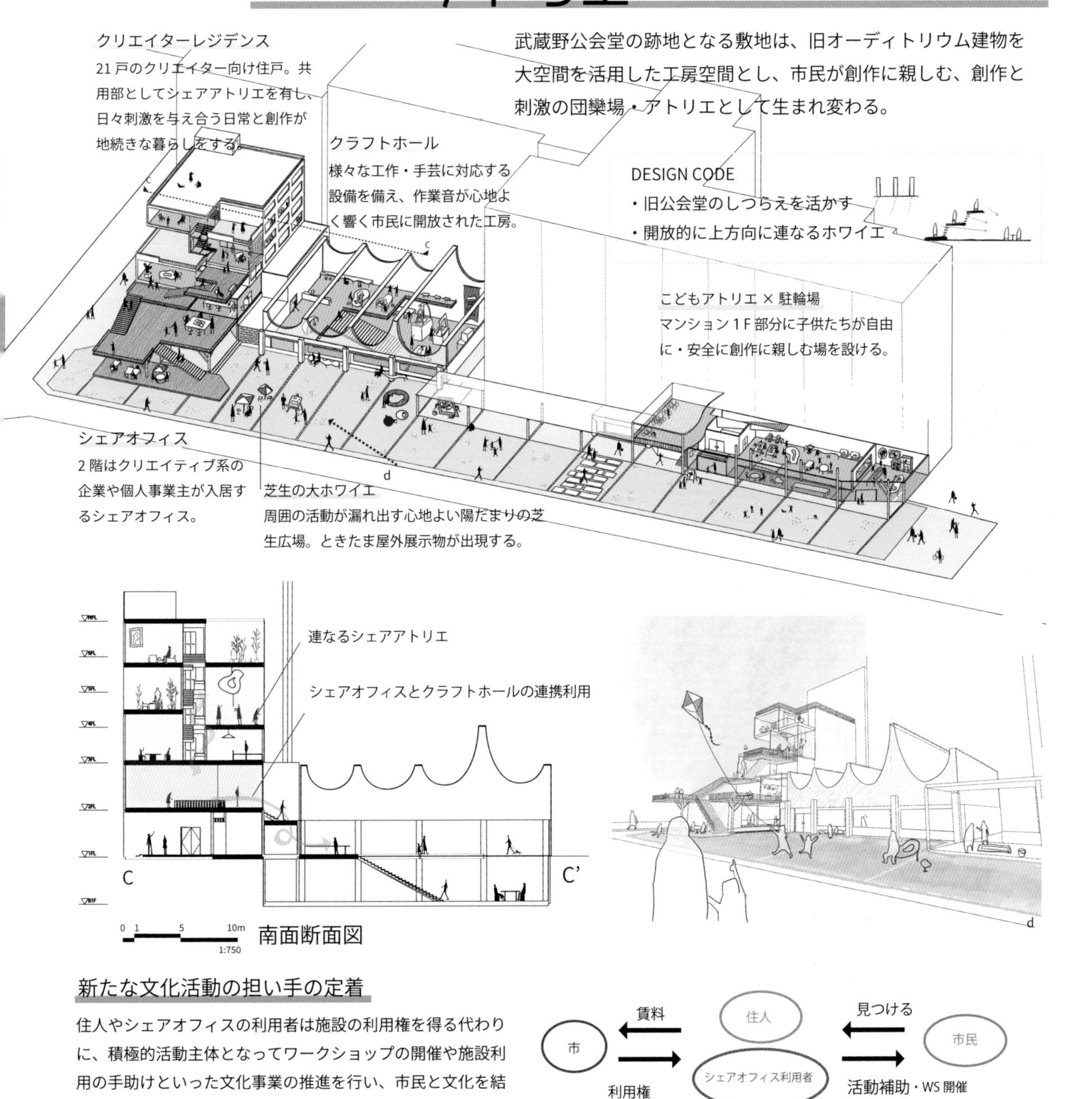
クリエイターレジデンス
21 戸のクリエイター向け住戸。共用部としてシェアアトリエを有し、日々刺激を与え合う日常と創作が地続きな暮らしをする。
クラフトホール
様々な工作・手芸に対応する設備を備え、作業音が心地よく響く市民に開放された工房。
DESIGN CODE
・旧公会堂のしつらえを活かす
・開放的に上方向に連なるホワイエ
こどもアトリエ × 駐輪場
マンション 1F 部分に子供たちが自由に・安全に創作に親しむ場を設ける。
シェアオフィス
2 階はクリエイティブ系の企業や個人事業主が入居するシェアオフィス。
芝生の大ホワイエ
周囲の活動が漏れ出す心地よい陽だまりの芝生広場。ときたま屋外展示物が出現する。
c
c
d
連なるシェアアトリエ
シェアオフィスとクラフトホールの連携利用
C
C'
0 1 5 10m
1:750
d

南面断面図

新たな文化活動の担い手の定着

住人やシェアオフィスの利用者は施設の利用権を得る代わりに、積極的活動主体となってワークショップの開催や施設利用の手助けといった文化事業の推進を行い、市民と文化を結びつける役割を担う。

市
賃料
利用権
文化事業委託
住人
シェアオフィス利用者
見つける
活動補助・WS 開催
・利用講習会
市民

呼応するマチ

2つの敷地を端緒としてホワイエが広がり、文化が息づき団欒の声響くマチナカホワイエが形成されることで、街全体も文化形成に動き始める。既存店舗や駐輪場・空地はホワイエとして開き始め、老朽化建物の建て替え後には魅力あふれる個性的店舗が入居するなど、吉祥寺は再び「ここにしかないものを生み出す街」としての賑わいを取り戻す。

小林正美賞

[125]

高円寺再反転

街の雑然性と規則性から創り出す高密度街区の再編計画

山田 康太 Kota Yamada [B4]

東海大学 工学部 建築学科 野口研究室

幾重にも重ね得た渾然一体の街の魅力をこれから先も
巨大化・膨張する無機質な都市の姿に危機感を持った
高円寺 - 再反転
街の雑然性と規則性から創り出す高密度街区の再編計画

雑然的魅力と都市の変化の はざま で揺れる街　Sitemap-Research

相反しながらも共存する「雑然性と規則性」が持つ可能性から雑然的魅力と、都市の急激な変化の間に存在する街として高円寺を選定。商店街が街を網羅し、街路に沿って街の個性を創り出している古着、音楽などの要素が混在する一方、再開発による高層建築が並び、元ある街の魅力的スケールは失われてしまっているという現状を持つ。

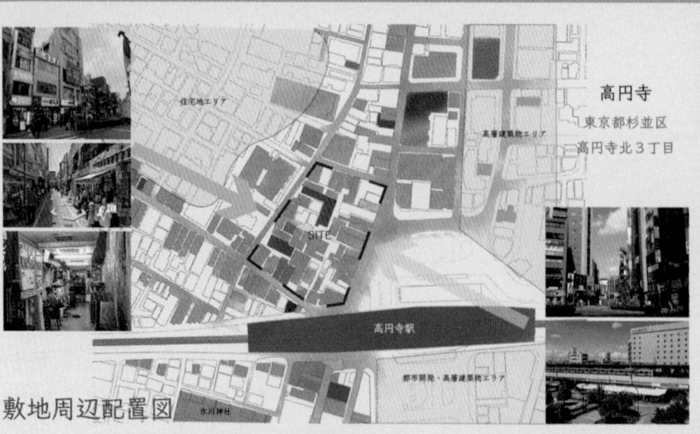
高円寺
東京都杉並区
高円寺北3丁目
SITE
高円寺駅
敷地周辺配置図

1. 高密度街区の活動形態の変化
2. ネガティブに捉えられた要素
3. 大規模都市開発の水面下での進行

街の流れの一部としての建築計画　Scheme

01. 操作を加える部分の選定

活用可能と考えられる空地

建物環境を改善すべきと考えられる部分

既存（住環境の改善、防災・耐震性、空き家・空き地）を読み取り、操作を加える部分を決定していく。

02. 減増築による「内外の反転」

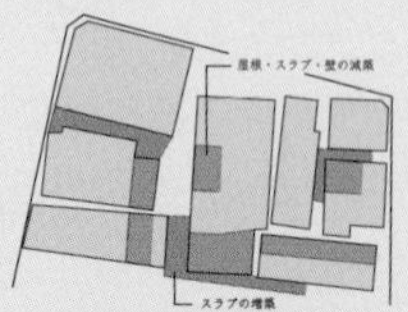
屋根・スラブ・壁の減築
スラブの増築

各建物が街路に対してのみ、空間を開き空間の関係性と介入する余地を持たない
→反転により、来訪者が介入し住人同士がつながる場を作り出す

03. 建物の細分化と活動空間・来訪者が介入する空間の獲得

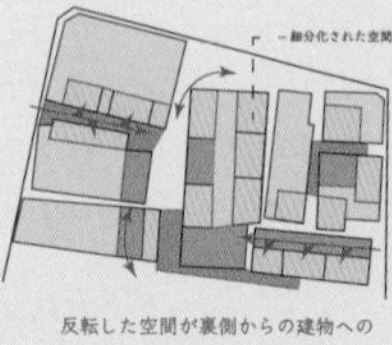
細分化された空間

反転した空間が裏側からの建物への動線を獲得し、より親密な関係性や来訪者を受け入れる緩衝材のような役割を担う

04. 異なるスケールでの「反転」における建築期間と施工者の設定

コミュニティの形成
若者・出店者
住人・商人
SITE
反転空間の集積
建物間の繋がり、居場所の創出
周囲へと波及
来訪者
建築家
事業者
地主
再編手法の提案
高円寺のまちづくりのストラクチャとして根付く

選定エリア：
東京都杉並区高円寺

ある側面からまちを見ると、規律のない自由で無秩序で本来あるべき「ヒトと建築」の姿であるが、異なる側面から見ると群としてのまとまりを持つ建築群を現代的なまちづくりに対するアンチテーゼとして提案する。敷地は雑然的魅力と巨大化・均質化が急激に進行する都市の狭間で揺れる高円寺を選定する。まちに潜む規則性である「内外の反転」を手法とし、既存の内部空間を公共化、街区の路地や隙間を内部空間へと転換する、など既存機能と一転した空間に用途転用する。壁屋根の一部増築、建物一棟減築によって反転した空間が、既存建築の完結性を揺らいで、採光・通風等の環境を改善し、個人の活動の場や建物間の関係、断面のつながりを獲得し、街区全体が一体的に機能し、既存のスケールを継承しながら雑然的な魅力を増大する。小さな変化の蓄積がまちに少しずつ変化をもたらし、今後高円寺のまちづくりを行う上で重要な都市構造として根づく計画となる。

1階部分減築・繋いだ住人が集う共有空間
内外境界が切り替わる
様々な素材の外壁に囲まれたワークショップ空間
住人動線と公共化された動線が交差する
道から垣間見える奥の活動
庇の拡張で空間を繋ぎ、機能が混ざりあう
雑然的都市を構成する規則「反転・ズレ」
Analysis-Proposal
古着
高架下文化
公私の中間領域的空間
風景を分解し、規則を読み解く
時代の変化による新旧の建材や多機能多文化であるなど、
街の中には様々な雑然的要素が混在していながらも
「内部要素の外部化・反転」や「基準線のずれ」が一種の
空間的規則性であることが得られた為、この内外の反転
（異なるスケールの減増築）を設計手法として応用する。
内部要素の外部化・反転　基準線のズレ
設計手法　「内外の反転」（機能の反転）
Proposal
・建物の裏側同士を減築し接続することで、ひっそりと佇む住人や商人の個人活動の拠点となる
・路地を内部化してタメを作り、廃墟のような建物を減築して周辺住人と来訪者の交流拠点を生み出す
反転前
反転後
パース
設計手法　「内外の反転」（体験の反転）
Proposal
・既存の壁を減築し、連ねて立体路地を形成し、建物間を迷路のように繋ぎ、親密な関係性を作り出す
・既存建物の基礎をテラス化することで、既存の動線を拡張し、断面の繋がりや採光・通風を改善する
反転前
反転後
パース
設計手法　「内外の反転」（仕上げの反転）
Proposal
・外壁に囲まれた内部空間が建物内の活動を引き出す
空き家
・外壁が内部に入り込んで外壁と内壁が混在し、既存の街路にはない流れを生み出す
反転前
反転後
パース

平面計画：反転し、接続することで今まで『影』として捉えられてきた部分がこの街区の活動の主となる場へと転換される
外壁に囲まれた内部空間
飲食店のキッチンや倉庫
休憩場が並ぶ裏のマーケット
外壁と内壁が共存し、
街路のテクスチャを連続させ
内部へと誘導していく
チクスチャが切り替わる
スーパーの従業員が倉庫の管理と休憩で
街区内の空間に絡む
中庭のようなヴォイドは
自然光や風を取り入れて
建築環境を改善する
飲食店小路
アーカイブ・ライブラリ小路
外部広場
工房
駅から中通り商店街の
動線の一部となる
計画後裏側に
生まれる人々の動線
視線の抜け
内部空間の外部化
外部空間の内部化
奥に建物の外壁が見える
修理屋と連携し、住人の服や雑貨を買取り
この場所でもう一度人の手に渡るのを待つ
一棟減築することで、程よい日当たりと通風
平面・断面での視線の抜けを獲得する
建物の外構と一部壁を遺しつつ、
外部化することで、
路地の性質を持ちながら、
視界が開かれて明るい空間となる
A
A'
平面詳細：内外空間・マテリアルを混在させ、空間や活動の境界を揺らぎ今までにない関係性を生み出す
既存一棟減築外部化
既存廊下の外部化
既存一棟減築外部化
+
一部外部化
一部減築外部化
既存倉庫の外部化
+
用途転用
WC

裏路地に賑わいが溢れるように

住人と客人の為のエントランスには光が落ちる

上下階と結ぶ既存路地の再認識

カフェとアーカイブの混在でそこはまるでブックカフェに

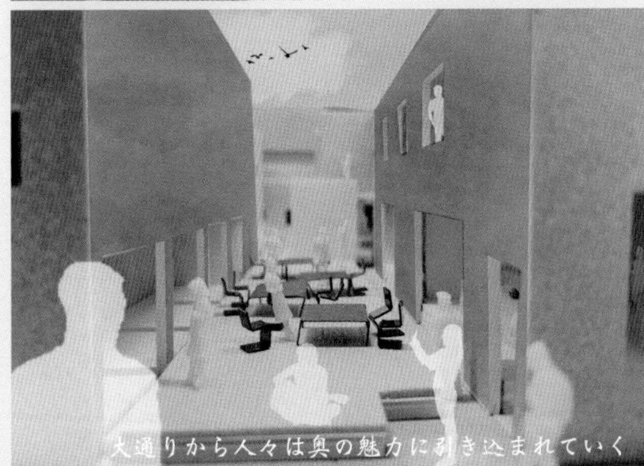
大通りから人々は奥の魅力に引き込まれていく

高円寺の路地には魅力と居場所が沢山存在する

それぞれの建物は奥のホールで結ばれる

柴田久賞

[070]
ゆとり荘

井本 圭亮 Keisuke Imoto [B4]
九州大学 工学部 建築学科 黒瀬研究室

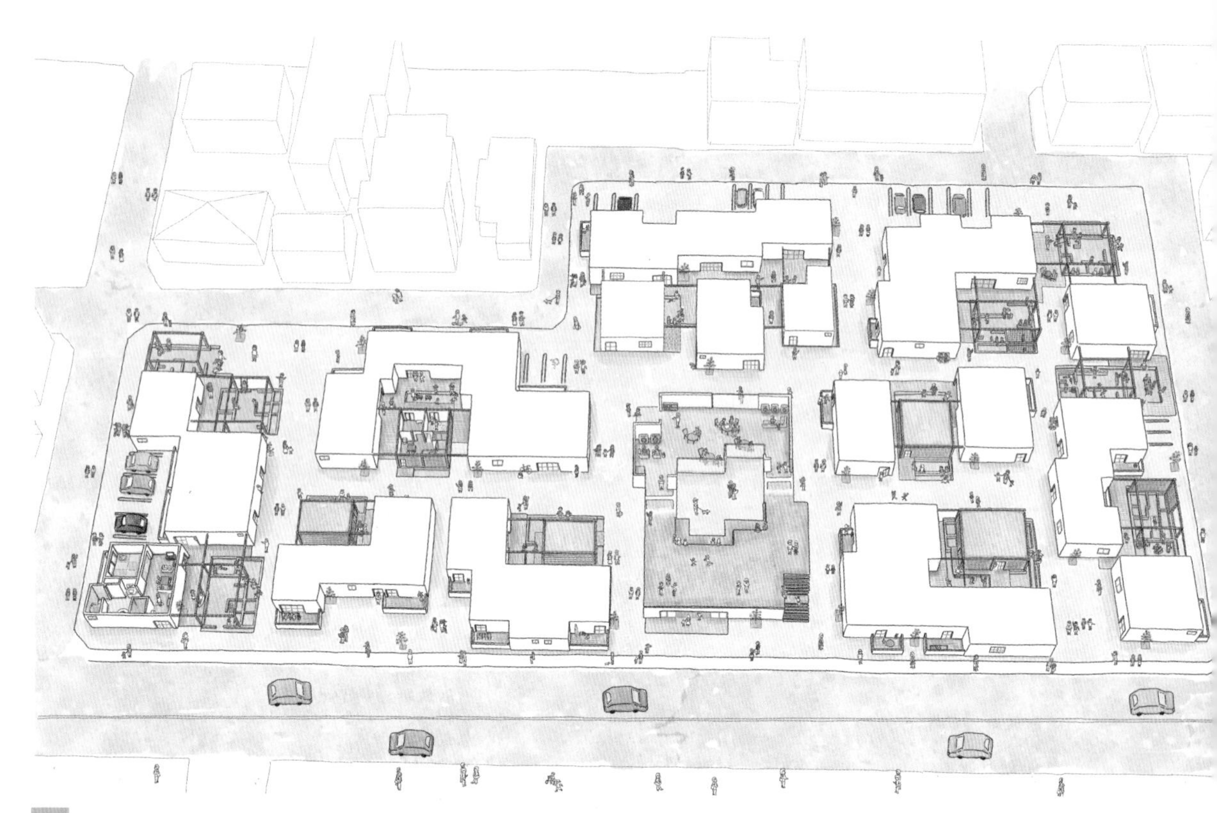

1 災害時の住居の移行により途切れるコミュニティ

■ 都心部で仮設住宅用地の不足

都心部では、仮設住宅を建設する場所がほとんどないため災害が発生した場合、
仮設住宅は郊外に建てられることが多くそれまでの生活とは切り離されてしまう。

都心部
郊外

■ 仮設住宅から公営住宅への移行の際に発生するコミュニティの途切れ

仮設住宅の供与期間が終了すると公営住宅への移行が行われるが、
居住者はコミュニティの再形成をしなければならない。

仮設住宅の居住者
公営住宅の居住者

2 仮設住宅を建設する“ゆとり”を内包した公営住宅

災害時に仮設住宅が建てられる空間、あらかじめ用意をすることで時間の“ゆとり”をもった公営住宅を提案する
このモデルが都心に点在していくことで元々の居住場所から、より身近な場所での仮設生活を過ごすことができる

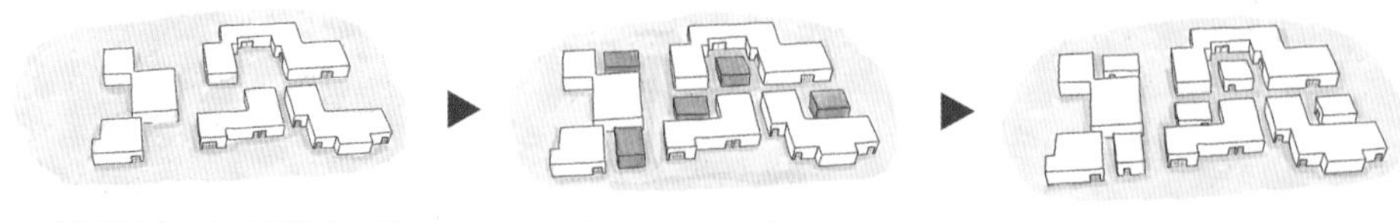

ゆとりをもった公営住宅の計画　応急仮設住宅が建設される　公営住宅の増設

選定エリア:
熊本県熊本市
中央区新大江

都心部では既に建築物がまちを占拠しているため、仮設住宅を建設するための場所がない。そのため災害が発生すると自宅を失った人は郊外の仮設住宅に住むことになり、それまでの環境と切り離されることになる。さらに2年3ヶ月の仮設住宅の供与期間が過ぎると、居住者は公営住宅に住まいを移すが、ここで再びコミュニティの形成に迫られる。これら災害時の住まいの移行によって発生するコミュニティ形成の課題に対し、都心部にあらかじめ仮設住宅を建設する“ゆとり”を内包した公営住宅の提案を行う。その“ゆとり”の部分は仮設住宅のための準備として基礎や柱梁となる木の架構を計画しておき、工期を短縮することができる。日常時は住民や地域の人の憩いの場所になり、コミュニティ形成の種となる。そしてゆくゆくはこのコンセプトモデルが都心部の各地に点在することで、市民が災害時により身近な場所で避難生活を行うことを目標にする。

3 敷地 －熊本市中央区新大江－

■ 新大江の特徴

①中心市街地から徒歩 10～15 分ほどの場所に位置
②住宅街である
③人口密度が高い

以上の特徴から災害が発生して、仮設住宅を建設する用地が不足する地域として対象敷地に選定した。

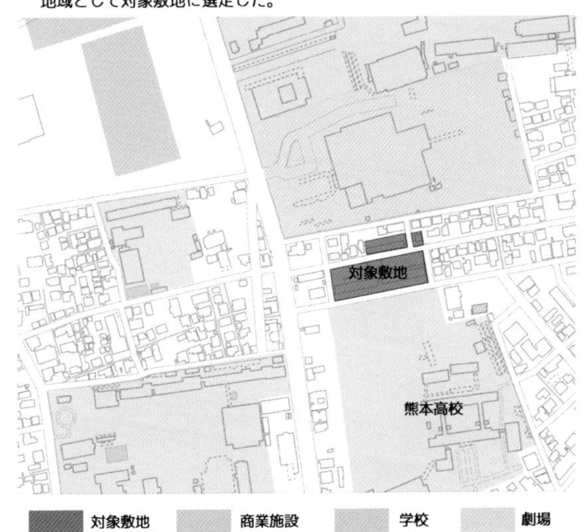
対象敷地
熊本高校
対象敷地
商業施設
学校
劇場

■ 避難計画

災害が発生した際、敷地に隣接する熊本高校を避難場所とする。

■ 敷地計画

現在、分散している県営住宅と集会場を一つの敷地に統合する計画を行う。

通過交通の多い南北の道路のうち、北側の道路をクランクさせて車のスピードを抑える。
南側の道路を通過交通、北側を生活道路とし、地域住民が入りやすくする。

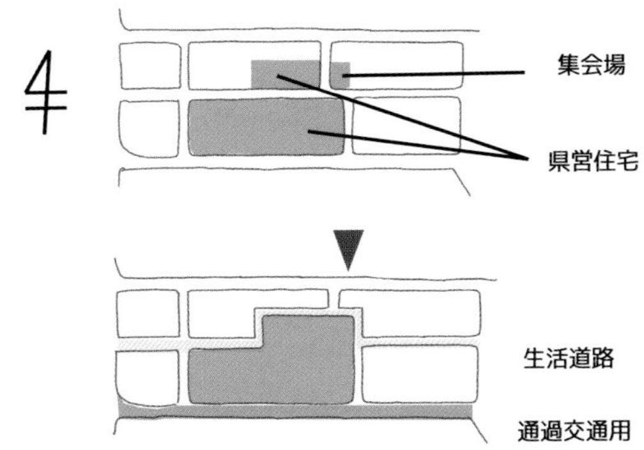
集会場
県営住宅
生活道路
通過交通用

4 必要仮設住宅数の算定

今回、仮設住宅の入居者数を検討する際に、新大江１丁目の範囲を考慮した。
具体的には、対象範囲のうち、地震の被害が大きいと考えられる低層戸建て住宅の数(105 件) を把握し、熊本市が公開している、この地域の最大建物全壊率(熊本市ハザードマップを参考) の 10% をかけて、全壊する建物を計算した (10.5 件)。その件数を満たす 12 戸の仮設住宅を見込んだ計画とする。

新大江１丁目の低層戸建て住宅数 105 件 × 地域の地震全壊率 10% ▶ 仮設建設数 12 件

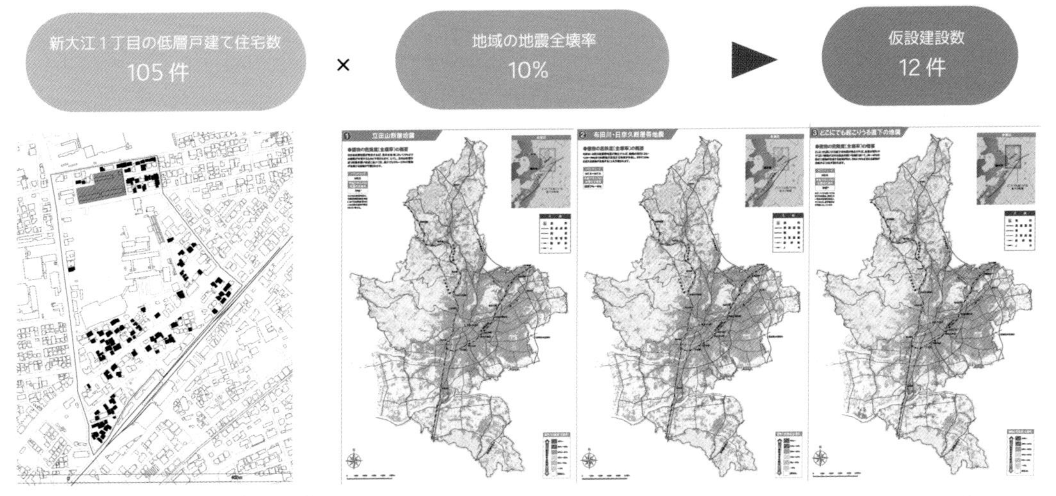

【図 1】町内の低層戸建て数(黒塗り)

【図 2】３種類の地震を想定した建物全壊(ハザードマップ参考)

住民や地域の人が敷地内を通り抜け、互いの認識を生む

集会場に道を通して通行人との関わりを生む

日常時には住民や地域の人が集まる

5-1 仮設住宅に備える仕組み

①基礎を打設する　②基礎を450mm下げる

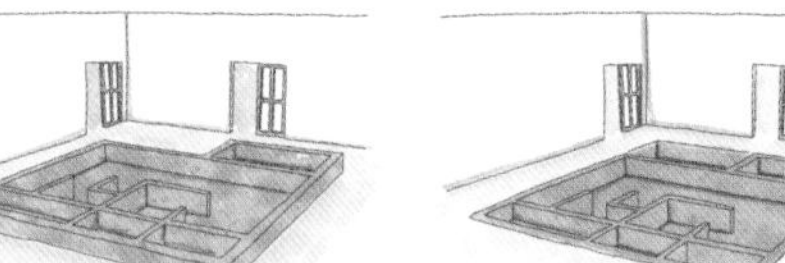

建設される仮設住宅、その後増設される公営住宅の間取りまで考えられた基礎をあらかじめ打設する。

災害時には基礎工事にかかるとされる10日を短縮できる。

仮設住宅の工期短縮をして時間のゆとりを設ける

仮設住宅の段差によって、高齢者や車椅子利用者に負担を与えるのを防ぐため、基礎を下げる。

下げる高さは人が座るのに適している450mmとした。

仮設住宅の段差の解消を行う

③住戸の縁側を伸ばす

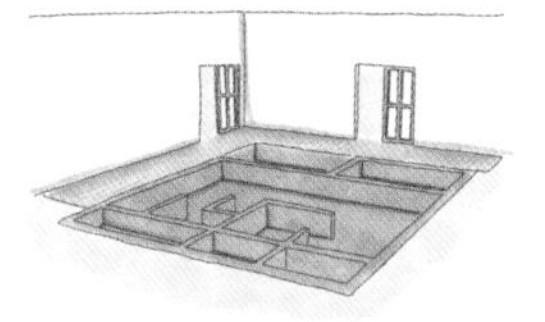

仮設生活で縁側がコミュニケーションの場になることを生かし、基礎の部分に住戸の縁側を伸ばす。

仮設住宅が建設される際には、縁側部分が連結し、縁側での交流を生む。

縁側コミュニケーションの計画

④木の架構をつける

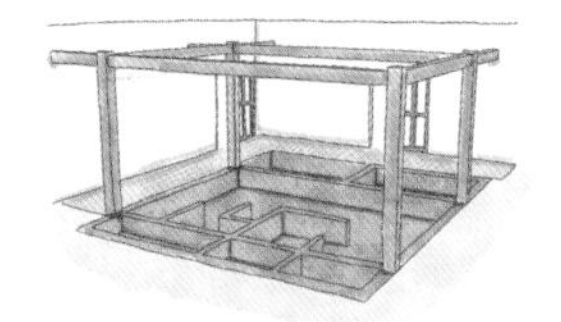

基礎部分に住戸から梁を伸ばして、さらに柱を設置する。

日常時には屋根をかけ、住民や地域の人が集まるパーゴラの役割を果たす。

災害時には、仮設住宅の柱と梁になり、工期を短縮する。

日常時の憩いの場をつくる

5-2 住民や地域の人の動線を考慮した配置

■ 配置計画

災害時に入居する可能性のある地域の人との日頃からの関係を重視して、地域の人が入り込みやすい配置を計画する

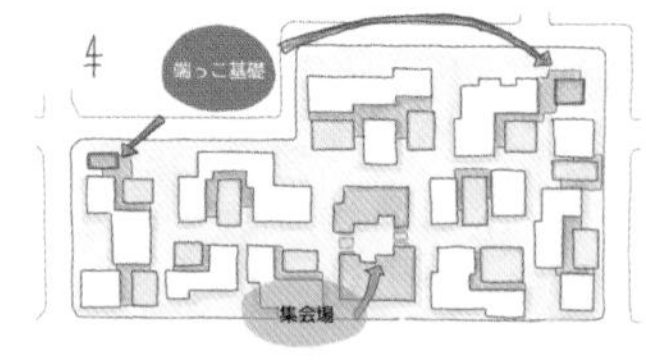
端っこ基礎
集会場

端っこ基礎の役割

端っこ基礎は災害後でも仮設住宅を建てずに、住民や地域の人のための交流の場として開放しておく。位置は道路をクランクさせた北側に配置し、地域の人も利用しやすくなっている。

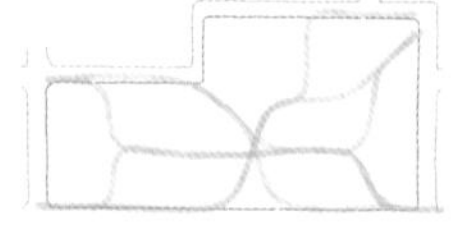

①住民や地域の人が通り抜けできる動線を設定

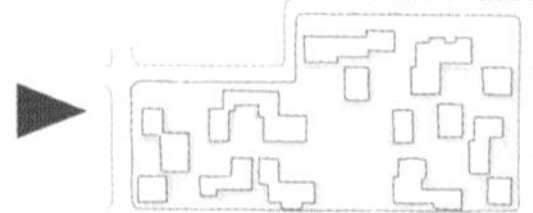

②分棟の公営住宅を配置する

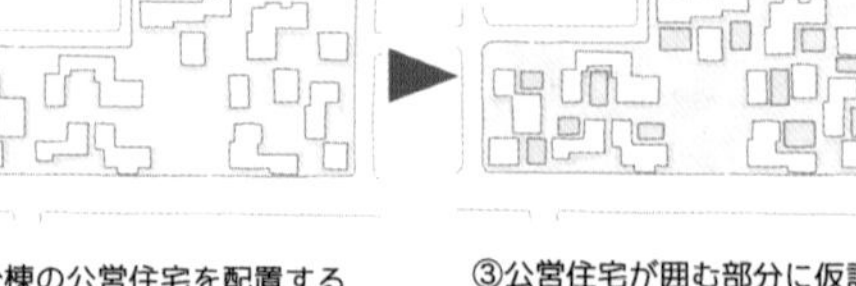

③公営住宅が囲む部分に仮設住宅を建設する基礎を設ける

④動線が集中する場所に集会場を配置

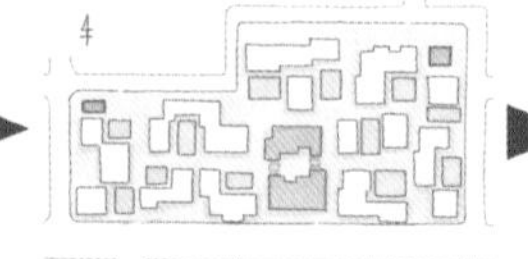

⑤地域の人が集まりやすい北側に端っこ基礎を設ける

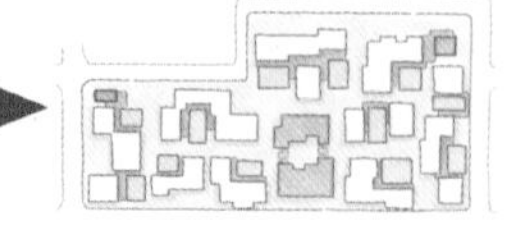

⑥各住戸と基礎を縁側で連結する

縁側に面してリビングが配置され、憩いの場が拡張される

大人数グループの際は、中心を囲むように座って交流ができる

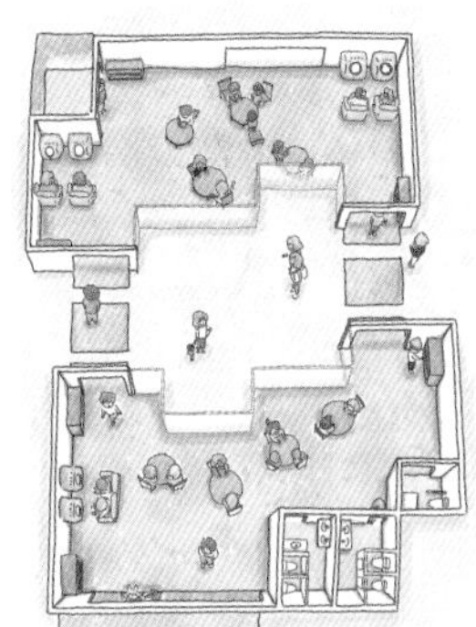
集会場は外からも中からも視認しやすいデザイン

5-3 環境とコミュニティを維持したまま住居を移行

①日常時

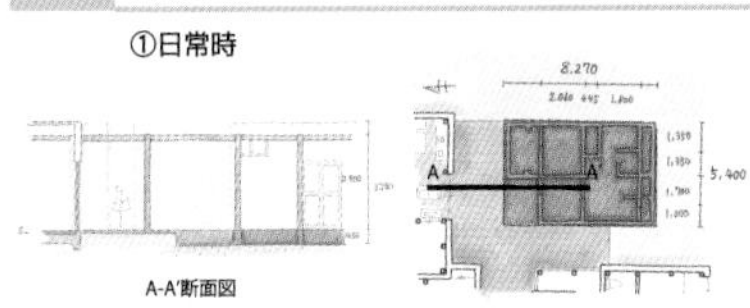

A-A'断面図

基礎の空間は地域の人にも開放され、立ち上がり部分に座って憩うことができる。

②仮設住宅建設時

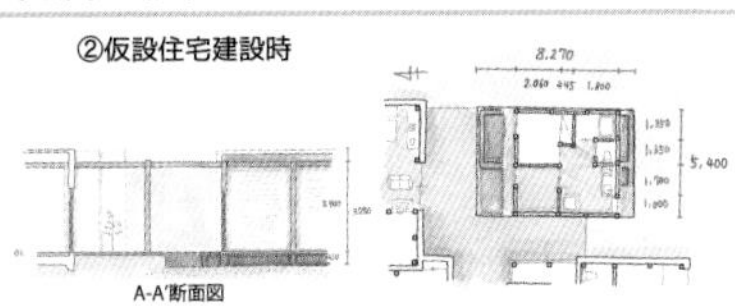

A-A'断面図

玄関と縁側の両方から住戸に入れるようにして様々な動線に対してアクセスしやすいようにし、縁側を利用しやすくする。

③公営住宅増設時

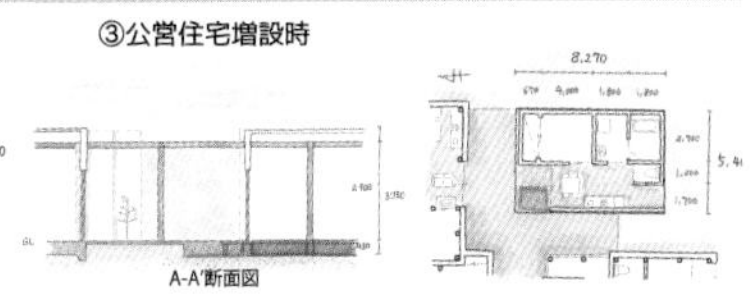

A-A'断面図

部屋の配置も仮設住宅の時から変えないことでそれまでの住み慣れた環境を維持して、住居移行の負担を減らす。

基礎の立ち上げにより、L字や横並び、対面など様々な会話形態で自然な利用を促す

仮設の縁側を、共用の縁側空間と連結することで縁側の交流を生む。

仮設の場所にそのまま公営住宅が増設されることで、仮設の時のコミュニティをそのままに住居の移行ができる。

5-4 仮設住宅から公営住宅への移行

仮設住宅の供与期間が過ぎた後、公営住宅に移行する際はもともと仮設住宅が建てられていた場所に増築が行われる。これによりコミュニティと環境を維持した状態で住まいの移行を行うことができる。住居を移行する場合、居住者の住まいが一時的に失われるが、端っこ基礎に移行期間だけ仮設住宅が建てられることで、住まいの確保を行う。

①端っこ基礎は災害後でも仮設住宅を建てずに住民や地域の人のための憩い空間として残しておく

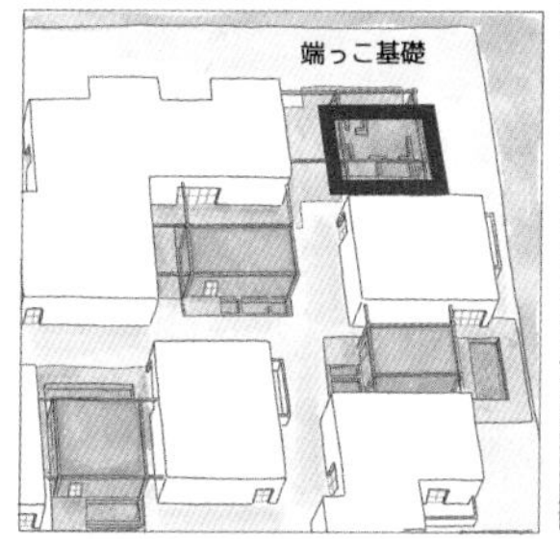

端っこ基礎

②公営住宅への移ることが決まった住民の移行期間の住まいとして端っこ基礎に仮設住宅が建設される

③住宅の竣工が終わるまでの間、住民は一時的に端っこ基礎の仮設に暮らすことができ、環境を維持する

④公営住宅が竣工すると、住民は公営住宅に移行し、端っこ基礎の仮設は解体・家具へ再利用される

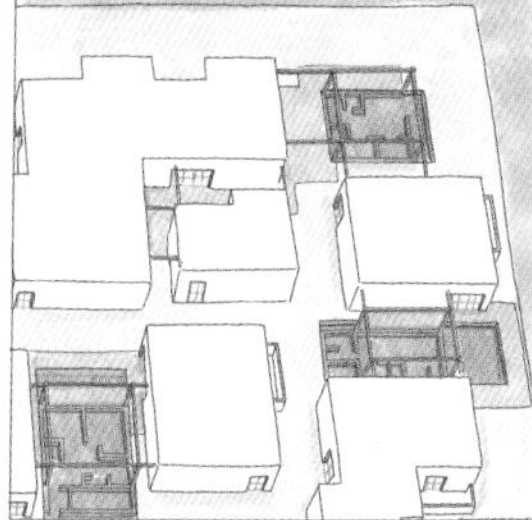

有賀隆賞

[003]

Urban Village Building"S"

— 働き開きによる新しい共同体の構想 —

宮澤 哲平 Teppei Miyazawa [B4]

法政大学 デザイン工学部 建築学科 北山研究室

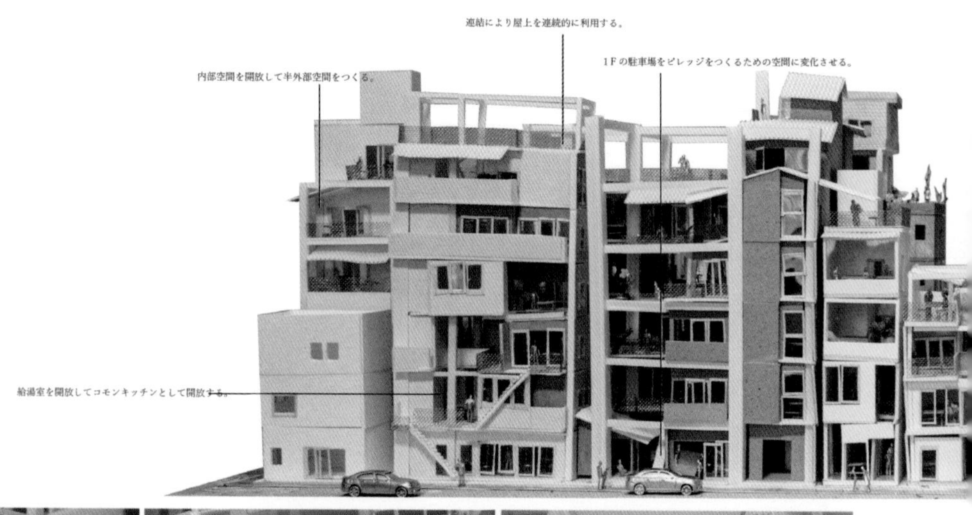
連結により屋上を連続的に利用する。
1Fの駐車場をビレッジをつくるための空間に変化させる。
内部空間を開放して半外部空間をつくる。
給湯室を開放してコモンキッチンとして開放する。

神社を中心に様々な働く空間が構成される。

給湯室を開放してコモンキッチンとする。

両側のビルからの働く風景がはみ出す。

1.働くとは

≒

働き閉じ

労働	勤務形態の少なさ	狭いコミュニティ
お金を得るためだけの働き	カイシャという働き方のみ	カイシャ内コミュニティのみ

人生の大半を使う働くとは何であろうか。現在の働き方は働き閉じているように感じる。
本提案はマーケット中心の社会構造を乗り越え、働くことが人間の幸福の一部となる社会をつくるものだ。

2.建築的操作：アーバンビレッジ化

アーバンビレッジ化を通して働き開きを促す。6つの建築的操作を通して個々のビルはお互いに関係しあい、10000㎡の街区内で1つのビル群共同建築体へと変化

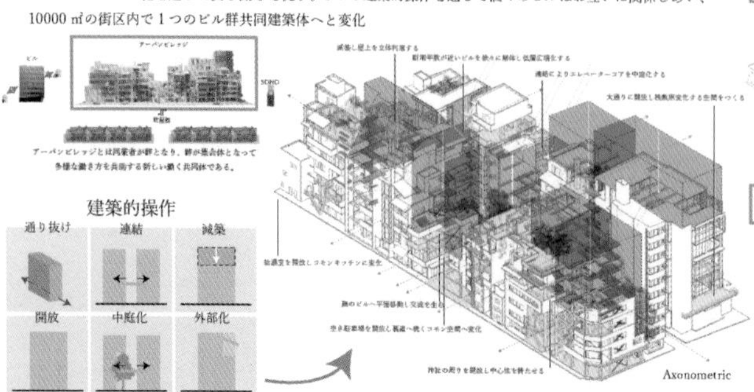
アーバンビレッジ
建築的操作
通り抜け
連結
減築
開放
中庭化
外部化
Axonometric

3.提案：働き開き

働き開きによって閉じた働くことの更新を試みる。論文や神田のリサーチから神田での働くことの概念・働き方・働く関係性を変化させる空間や仕組みを提案する。

働く概念を開く

働くことの概念をお金稼ぎから、共同体を通して自身の発信の場へ開く

労働 ＋

仕事
活動
自身でモノをつくること
人と関わりあい存在意義を構築

働き方を開く

会社務めという働き方から、より自由に働き方を選べる形態へと開く

会社 ↔ 小さな商い / 職住一体

学生や小事業主が小規模に働ける場　働きながら住む場

働く関係性を開く

カイシャコミュニティをビル群全体のコミュニティに開く

会社ごとに分断した関係性 → ビル群全体で共助しながら働く関係性

選定エリア：
東京都千代田区
神田駅周辺
中高層ビル群

人生の大半を使う働くとは何だろうか。この提案は働き閉じを引き起こすオフィスビルの形態をアーバンビレッジ化することで、働き開き多様な働き方や関係性を引き出す建築群をつくるものだ。

働く概念を開く、働き方を開く、働く関係性を開くという3つの働き開きを実行する。

○建築的操作　街区1区画のビルを連結・減築や開放をして床の構成や企業の関係性、私的領域と公的領域を壊してゆく。

○設計手法　論文や神田広域のリサーチを通してビレッジの構成員による小さなルールを決める。カイシャはより広いスケールの働く共同体が構築される。

オフィスビルでの働き方は都市や働く人を大切にしながら、働く働き方に変化し、オフィスビルは許容する器になっていくことを構想した。

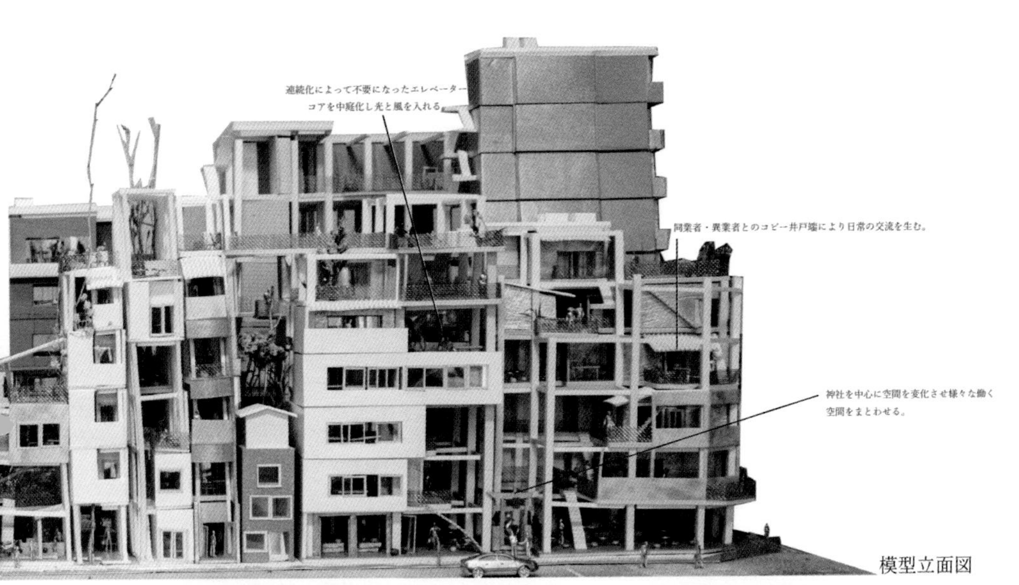

連続化によって不要になったエレベーターコアを中庭化し光と風を入れる。
同業者・異業者とのコピー井戸端により日常の交流を生む。
神社を中心に空間を変化させ様々な働く空間をまとわせる。

模型立面図

外壁がはがされたり通り抜けの空間ができる。

働くことと暮らすことが連続化する。

ビルの行為がはみ出す余白広場となる。

4. 大きな計画

既存の会社を改組し、同業者どうし、異業者同士のかかわり、小さな商いや住人とのかかわりがしやすい構成にする。それに対応した形態に構成員が力を出しあい Urban Village Building" S" を構成する

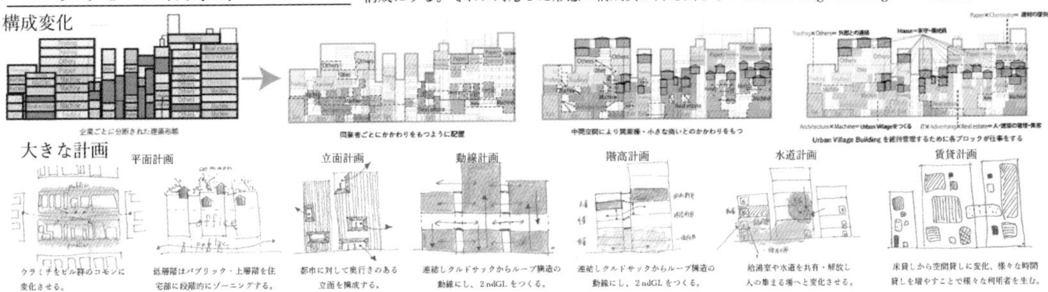

構成変化
企業ごとに分断された建築形態
同業者ごとにかかわりをもつように配置
中間空間により異業種・小さな商いとのかかわりをもつ
Urban Village Building を維持管理するために各ブロックが仕事をする
大きな計画
平面計画
立面計画
動線計画
階高計画
水道計画
賃貸計画

ウラミチをビル群のコモンに変化させる。

低層階はパブリック・上層階を住宅部に段階的にゾーニングする。

都市に対して奥行きのある立面を構成する。

連結しクルドサックからループ構造の動線にし、2ndGL をつくる。

連結しクルドサックからループ構造の動線にし、2ndGL をつくる。

給湯室や水道を共有・解放し人の集まる場へと変化させる。

床貸しから空間貸しに変化、様々な時間貸しを増やすことで様々な利用者を生む。

5. 小さなルール

小さなリサーチをもとにビレッジの組合員の相談を通し場当たり的に設計ルールをつくってゆく。

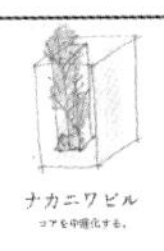

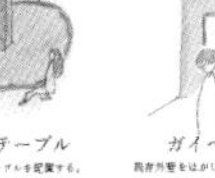

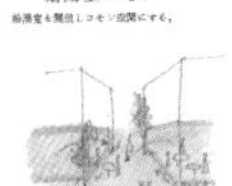

ジンジャコモン
トオリドマビル
ナカニワビル
ハリベンチ
ハシラテーブル
ガイヘキカイガ
コピーイドバタ
給湯室コモン
カイダンコモン
ビルサジキ
ハミダシヒロバ
コアビル
マドあきバルコニー
ビルノリビング
ハミダシオフィス
ウラミチコモン
アキチロード
連結スキップフロア

6．働き開くまでの過程

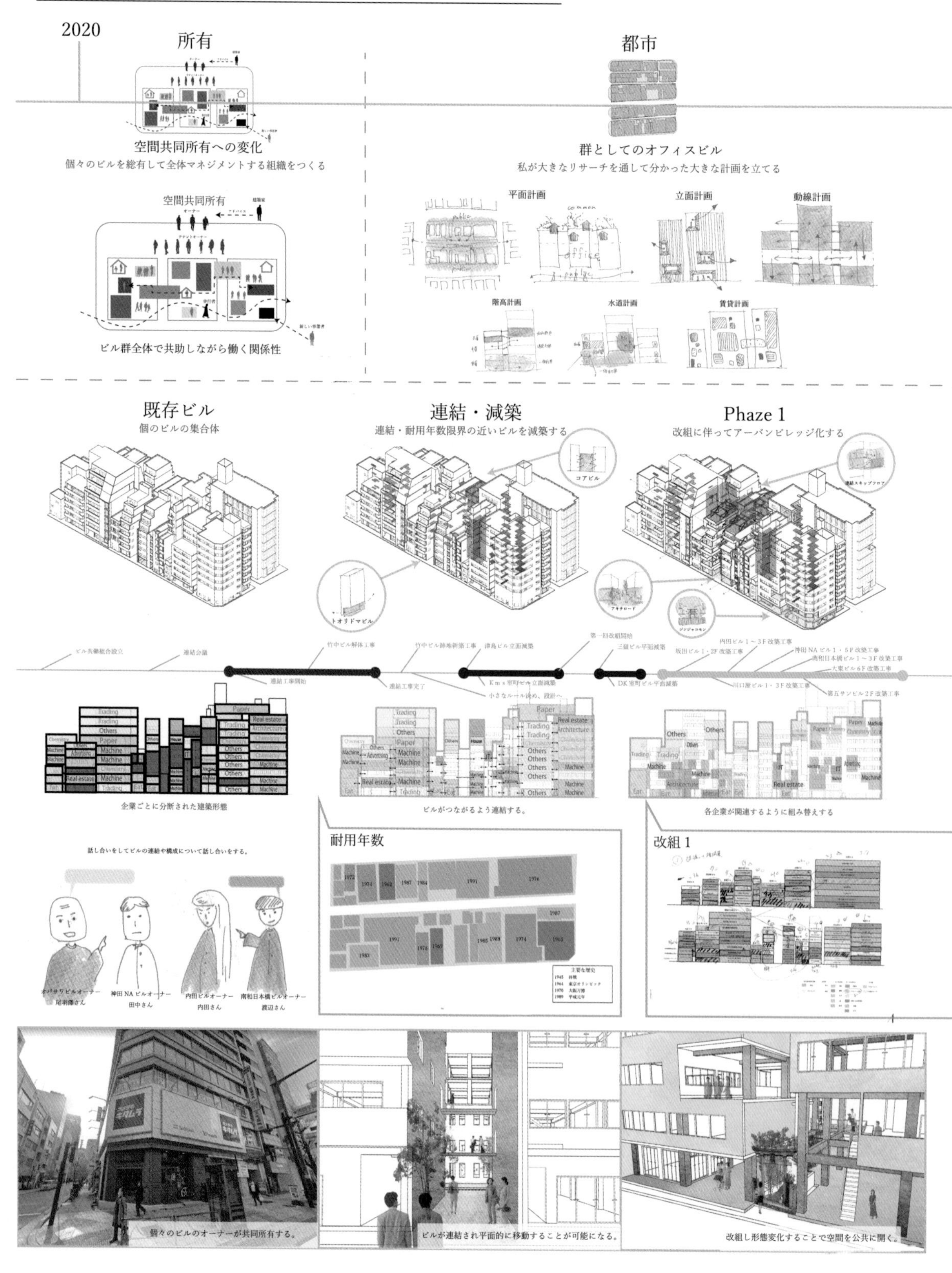
2020
所有
空間共同所有への変化
個々のビルを総有して全体マネジメントする組織をつくる
空間共同所有
ビル群全体で共助しながら働く関係性
都市
群としてのオフィスビル
私が大きなリサーチを通して分かった大きな計画を立てる
平面計画
立面計画
動線計画
階高計画
水道計画
賃貸計画
既存ビル
個のビルの集合体
連結・減築
連結・耐用年数限界の近いビルを減築する
コアビル
トオリドマビル
Phaze 1
改組に伴ってアーバンビレッジ化する
連結スキップフロア
アキチロード
ジジジャヤキ
ビル共働組合設立
連結会議
竹中ビル解体工事
連結工事開始
連結工事完了
竹中ビル跡地新築工事
津島ビル立面減築
第一回改組開始
三留ビル平面減築
DK室町ビル平面減築
坂田ビル1・2F改築工事
内田ビル1～3F改築工事
神田NAビル1・5F改築工事
南和日本橋ビル1～3F改築工事
大東ビル6F改築工事
川口屋ビル1・3F改築工事
第五サンビル2F改築工事
企業ごとに分断された建築形態
ビルがつながるよう連結する。
各企業が関連するように組み替えする
耐用年数
改組1
話し合いをしてビルの連結や構成について話し合いをする。
神田NAビルオーナー
田中さん
内田ビルオーナー
内田さん
南和日本橋ビルオーナー
渡辺さん
主要な歴史
1945 終戦
1964 東京オリンピック
1970 大阪万博
1989 平成元年
個々のビルのオーナーが共同所有する。
ビルが連結され平面的に移動することが可能になる。
改組し形態変化することで空間を公共に開く。

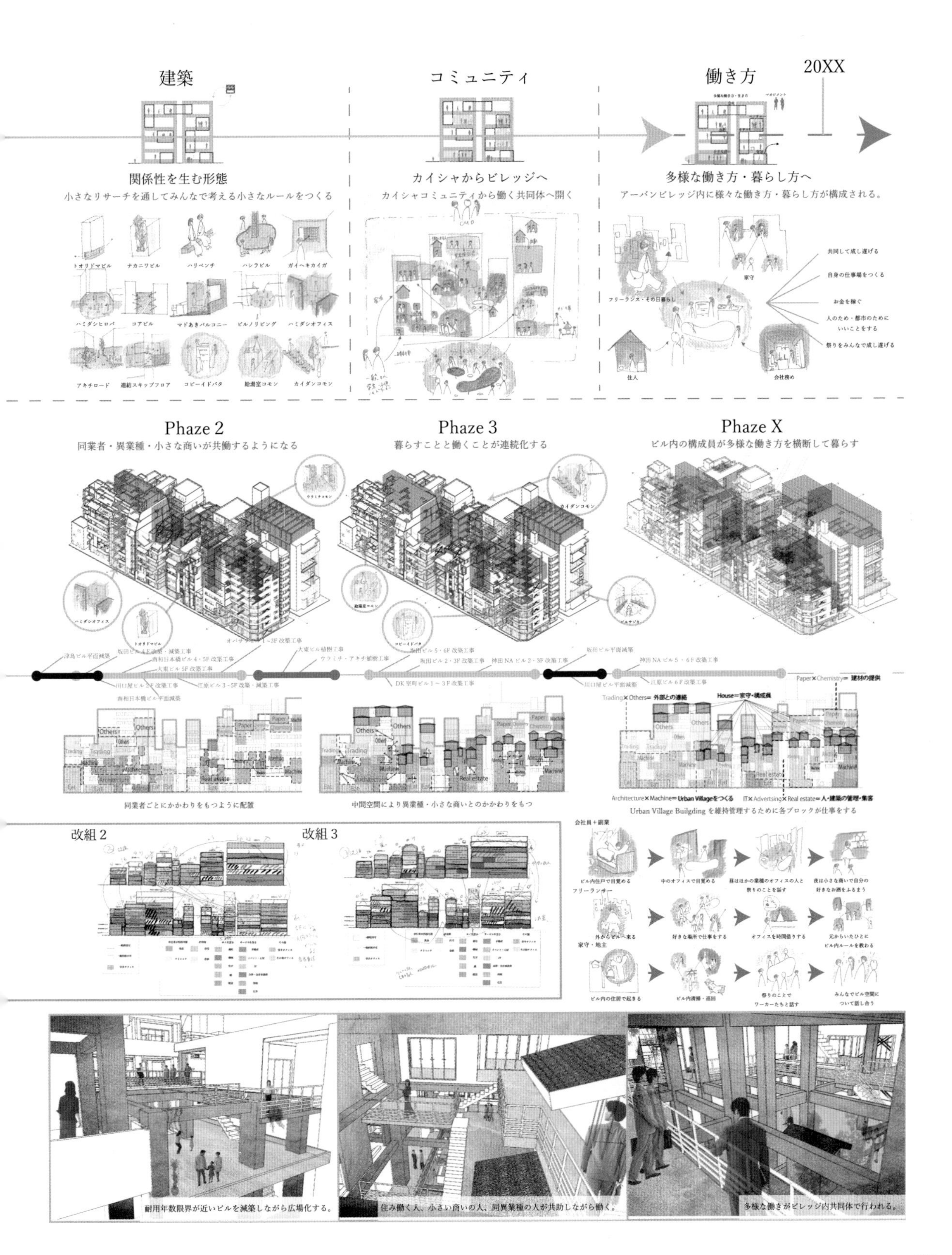
建築
コミュニティ
働き方
20XX
関係性を生む形態
小さなリサーチを通してみんなで考える小さなルールをつくる
カイシャからビレッジへ
カイシャコミュニティから働く共同体へ開く
多様な働き方・暮らし方へ
アーバンビレッジ内に様々な働き方・暮らし方が構成される。
トオリドマビル
ナカニワビル
ハリベンチ
ハシラビル
ガイヘキカイガ
ハミダシヒロバ
コアビル
マドあきバルコニー
ビルノリビング
ハミダシオフィス
アキチロード
連結スキップフロア
コピーイドバタ
給湯室コモン
カイダンコモン
共同して成し遂げる
自身の仕事場をつくる
お金を稼ぐ
人のため・都市のために
いいことをする
祭りをみんなで成し遂げる
フリーランス・その日暮らし
家守
住人
会社務め
Phaze 2
同業者・異業種・小さな商いが共働するようになる
Phaze 3
暮らすことと働くことが連続化する
Phaze X
ビル内の構成員が多様な働き方を横断して暮らす
同業者ごとにかかわりをもつように配置
中間空間により異業種・小さな商いとのかかわりをもつ
Architecture×Machine= Urban Villageをつくる
IT×Advertsing×Real estate=人・建築の管理・集客
Urban Village Builgding を維持管理するために各ブロックが仕事をする
改組 2
改組 3
会社員＋副業
ビル内住戸で目覚める
中のオフィスで目覚める
昼はほかの業種のオフィスの人と祭りのことを話す
夜は小さな商いで自分の好きなお酒をふるまう
フリーランサー
外からビルへ来る
好きな場所で仕事をする
オフィスを時間借りする
元からいたひとにビル内ルールを教わる
家守・地主
ビル内の住居で起きる
ビル内清掃・巡回
祭りのことでワーカーたちと話す
みんなでビル空間について話し合う

耐用年数限界が近いビルを減築しながら広場化する。

住み働く人、小さい商いの人、同異業種の人が共助しながら働く。

多様な働きがビレッジ内共同体で行われる。

総合資格賞

[176]

邂逅する生命体

―特異な谷地形を模した渋谷文化の維持・発展を促す商業施設―

横山 達也 Tatsuya Yokoyama [B4]

芝浦工業大学 建築学部 建築学科 谷口研究室

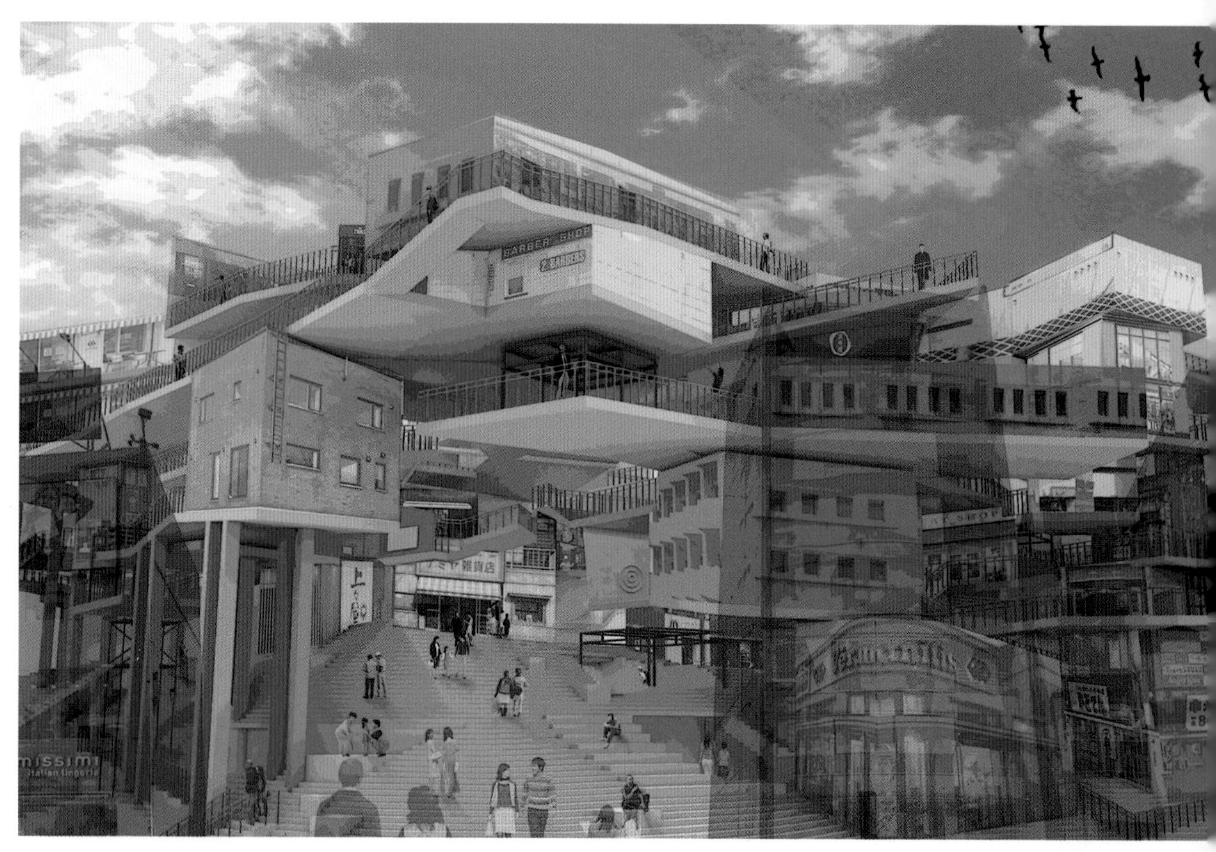

BARBER SHOP
2 BARBERS

1. 研究背景と目的

開発とは全てを高水準で万人が利用できるようにするため必然と全体の均質化が起きる。デザインされた空間というものは効率を重視したり経済的理由が絡み無意識でも人々の行動は規定ないしは制限されてしまう。長所と短所は表裏一体というが、一般的に短所とされるようなものを好む人も存在し、それらを認めることが多様性だといえる。

再開発・近代化

・均質
・カテゴリー分け
・全て高水準

↔

渋谷

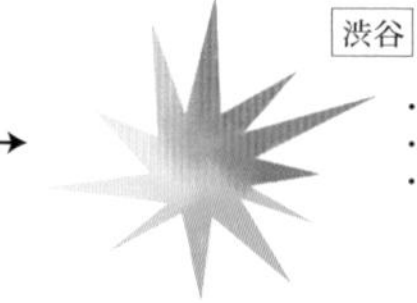

・格差
・分野の境界線の排除
・短所も存在

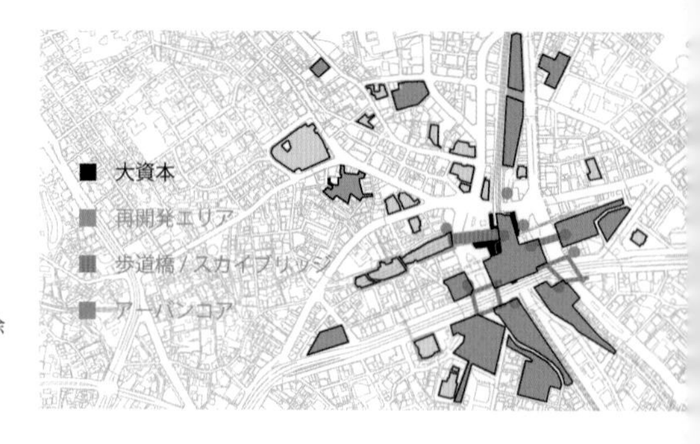

大資本
再開発エリア
歩道橋 / スカイブリッジ
アーバンコア

2. 対象敷地

対象敷地はハチ公口を出て西側の道玄坂と文化村通りの間の赤く塗られた範囲である。
この場所は、渋谷の顔ともいえるセンター街を中心とした繁華街、飲食店で賑わう道玄坂、古くからある飲食の組合の百軒店、かつて花街として栄え現在はラブホテル街の円山町、高級住宅街の松濤、大人の雰囲気漂う落ち着いた奥渋谷に囲まれている。裏と表、大人と若者、商業と住宅、繁華と閑静の様な対立構造も見られ、地形の特徴を色濃く残した高低差の激しいエリアである。

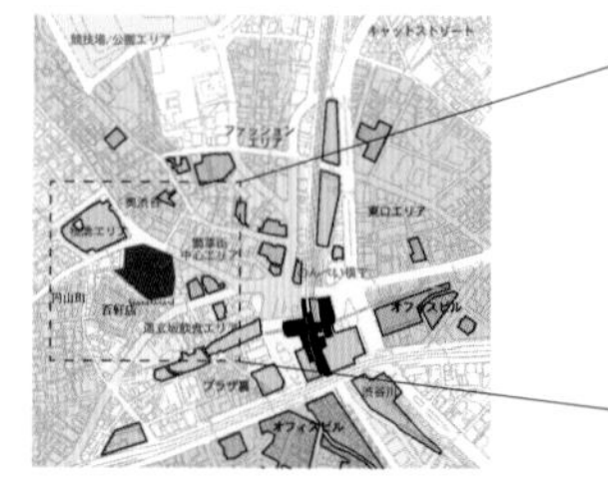

奥渋谷
松濤エリア
繁華街中心エリア
円山町
百軒店
道玄坂飲食エリア

選定エリア:
東京都渋谷区道玄坂

　渋谷は谷地形でかつて多くの川が流れていたため現在もその名残のヒダ状で坂の多い空間となっている。先が見通せないと期待感や回遊効果が高まり販促効果が期待できる。そこから生まれた渋谷のまちの特徴は個人での成功のチャンスがあるような懐の深さ、多様性である。しかし、現在渋谷では「100年に1度の再開発」と呼ばれる大規模の再開発に伴い大資本の力が大きくなりバランスが崩れてきている。開発とは全てを高水準で効率良く万人が利用できるようにするため必然と全体の均質化が起きる。デザインされた空間というものは効率を重視したり経済的理由が絡み無意識にでも人々の行動は規定ないしは制限されてしまう。長所と短所は表裏一体というが、一般的に短所とされるようなものを好む人も存在し、それらを認めることが多様性だと言える。そこで今後も多様で煩雑なクリエイティブな思考が生まれやすい空間をつくり、渋谷を渋谷たらしめることを目的とする。

3. 設計計画

3—1. 設計趣旨

(Ⅰ) 大資本が提供しないような先進的だったりマイノリティな文化を発信する側の人たちの後ろ盾となるような出店の敷居の低いポップアップストアでそれらを表現する場を、文化を発掘する側の人たちに対しては目的を持たなくても歩き回ってセンスの良いものを自分で発見するという体験のできる場を提供する。

(Ⅱ) 用途の指定のない一見無駄だったり、余裕のある空間を偶発的に作り、使い方を利用者に委ねることでコミュニティの生成や自由なアクティビティを誘発する。

(Ⅲ) 渋谷を象徴する変化の激しい店舗や景観の様変わりを表現する

3—2. 三種の構造

この建築は大きく分けて以下の (i),(ii),(iii) の三種類の構造で構成される。

(i)「FIX」
... 建物の基盤となる部分で、全体を支えるエレベーターなどが入るビル型の大型屋内空間や各所に散らばり耐力を担う不変の構造

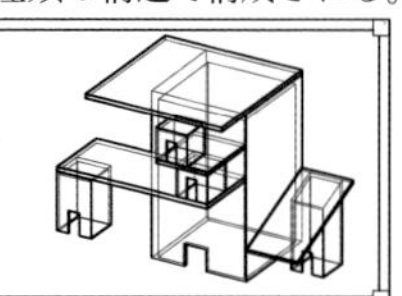

(ii)「SKELETON」
... 骨格だけは残り続け、壁や開口の位置によりファサードの向きが変化する丈夫な骨格と簡易的な壁でできたスケルトンインフィル的で長期的に変化を伴う構造

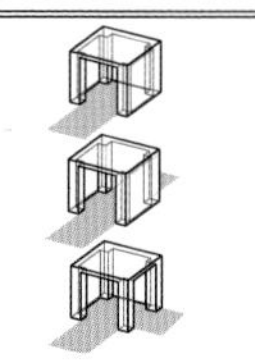

(iii)「EPHEMERA」
... 出現も消失も容易で瞬間的に変化を起こし、エフェメラ (短期間現れる仮設の装置やインスタレーション) によって場所の記憶を強く残す、骨組み (単管パイプ、角材等) でできた仮設的で短期的な変化を伴う構造

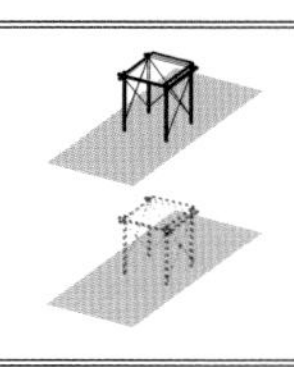

3—3. 全体構成

スペイン坂を代表とするような曲がりくねった坂道や階段を複数再現し、組み合わせることで景観の変化、店を探すワクワク感を醸し出した擬似的な土地に見立てることで発掘という過程の体験を目的としたコト消費が行われる。

曲道

坂道

階段

3—4. 内部の改築と外部への拡大

最初の段階では柔軟な改変を可能にするため余分なスペースを多く残す。第二段階として内側で起こる改築では (ii)(iii) によって道の変化や行き止まりが用途の持たない残余地を生み、利用者が自由な使い方ができる。

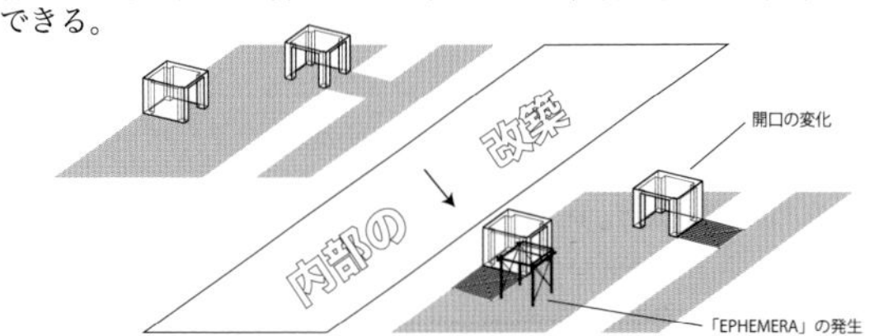
内部の
改築
開口の変化
「EPHEMERA」の発生

(iii) は自身の敷地内だけでなく周囲の建物まで範囲を広げ、ビルとビルの隙間や屋上にまで発生する。こうした動きは次第に広がっていき、この建築を拠点にシブヤらしさが根を張っていく (文化が受け入れられて普及する)。

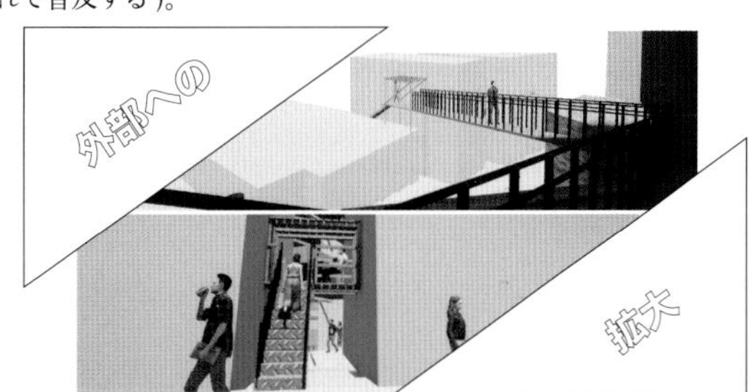
外部への
拡大

3—5. 邂逅

迷いやすさの原因にはレベルの変化や目印の少なさ、情報量の多さが挙げられる。迷いやすい空間にすることで目的地へ最短距離で辿り着けず、半強制的に回遊させることで普段使用しないようなお店との遭遇や新たな発見のきっかけとなる

故意

SHOP
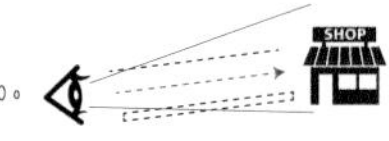
SHOP

目的を視認し最短経路を思い浮かべる

邂逅
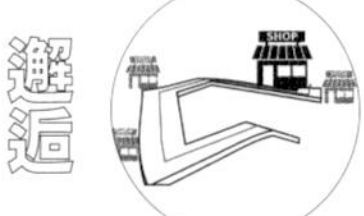

SHOP
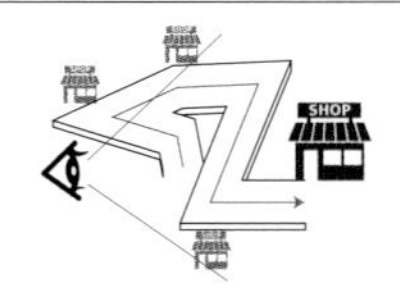
SHOP

実際の経路

3—6. ダイアグラム

i　街区に沿って分けたエリアを敷地に届く範囲までオフセットする

ii　地上から離れるにつれてエリアの影響を受けづらくなるため二次曲線を用いて三次元的にエリアの影響範囲を可視化する

iii　多層、吹き抜け、住居、急勾配、広場など大まかに用途や景観を指定する空間を挿入する

iv　各方面から見た用途分けした空間の断面を抜き出す（6方面×4断面）

v　空間の変わり目で勾配を変化させるというルールの下で動線のみの断面図を作成

vi　作成した24の断面図を元の位置に戻す

vii　道幅を与え繋ぎ合わせる

viii　床を真上から投影し、その影に地上からの距離と反比例したヒエラルキーを与え、地表に近い程濃い影を落とす。

ix　影の重なりでできたより濃い部分が構造的に重要な部分となるため影の形、一つ上の層に沿った建物配置をとる。上の階に行くにつれて構造から開放され自由な建物配置やSKELETONが増加していく

x　キャンチレバーの箇所など構造が弱くなってしまう部分を柱や木の枝状の構造体で補う

xi　EPHEMERAによる外部への寄生

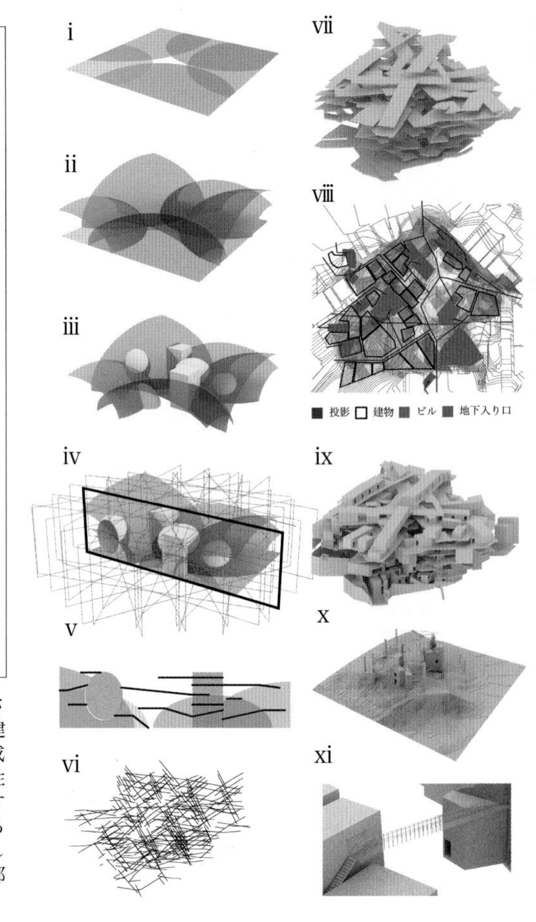
i
ii
iii
iv
v
vi
vii
viii
投影
建物
ビル
地下入り口
ix
x
xi

それぞれ1平面状での動線の計画だったため周囲との動線関係はほぼ断絶されていた。作成した２４の断面動線の結合によって命を吹き込まれこの建物はその複雑さや非整合性により設計者である私の手を離れ半自動的に形成され成長していく。誰かによって効率良くデザインされた建築と正反対の性質をもった偶然性をもつ空間では人々は予測のできない自由な振る舞いをする。一方で何か起こるかもしれないという期待する者も多く、見る見られるの関係が生じる。店舗が入らないスペースだったり道としてもあまり機能しないような余分な空間は同様に自由に振る舞える空間であると共に建物内部の改築の可能性を秘める。

4. 断面図

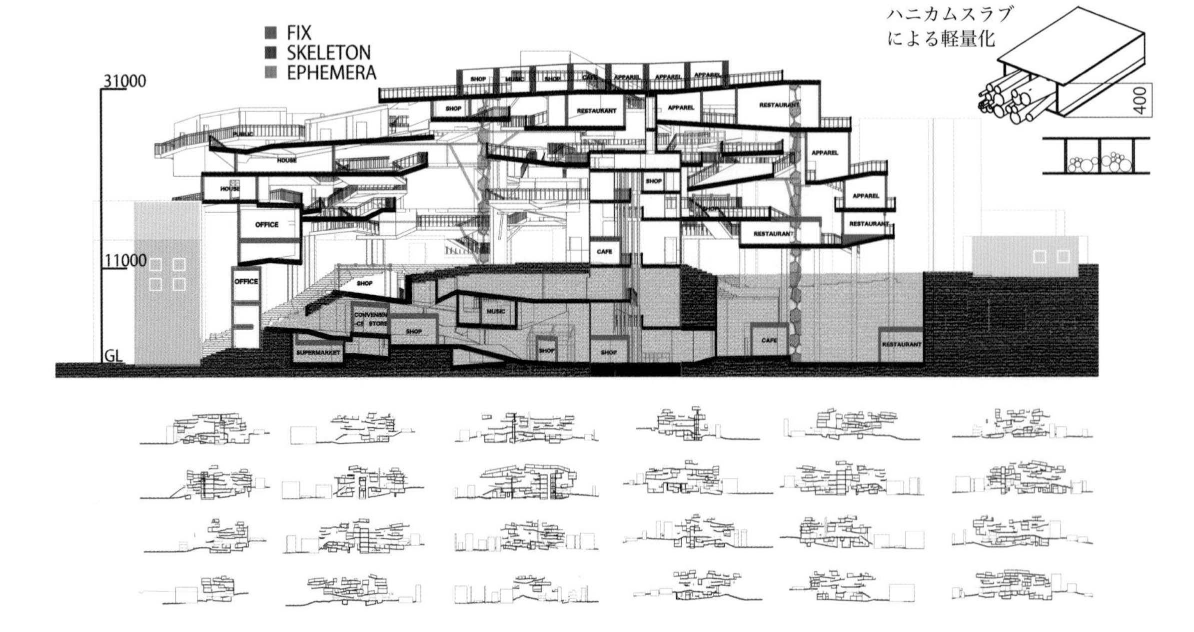
FIX
SKELETON
EPHEMERA
ハニカムスラブ
による軽量化
400
31000
11000
GL
SHOP
MUSIC
APPAREL
RESTAURANT
HOUSE
OFFICE
CAFE
CONVENIENCE STORE
SUPERMARKET

5．立体平面図／パース

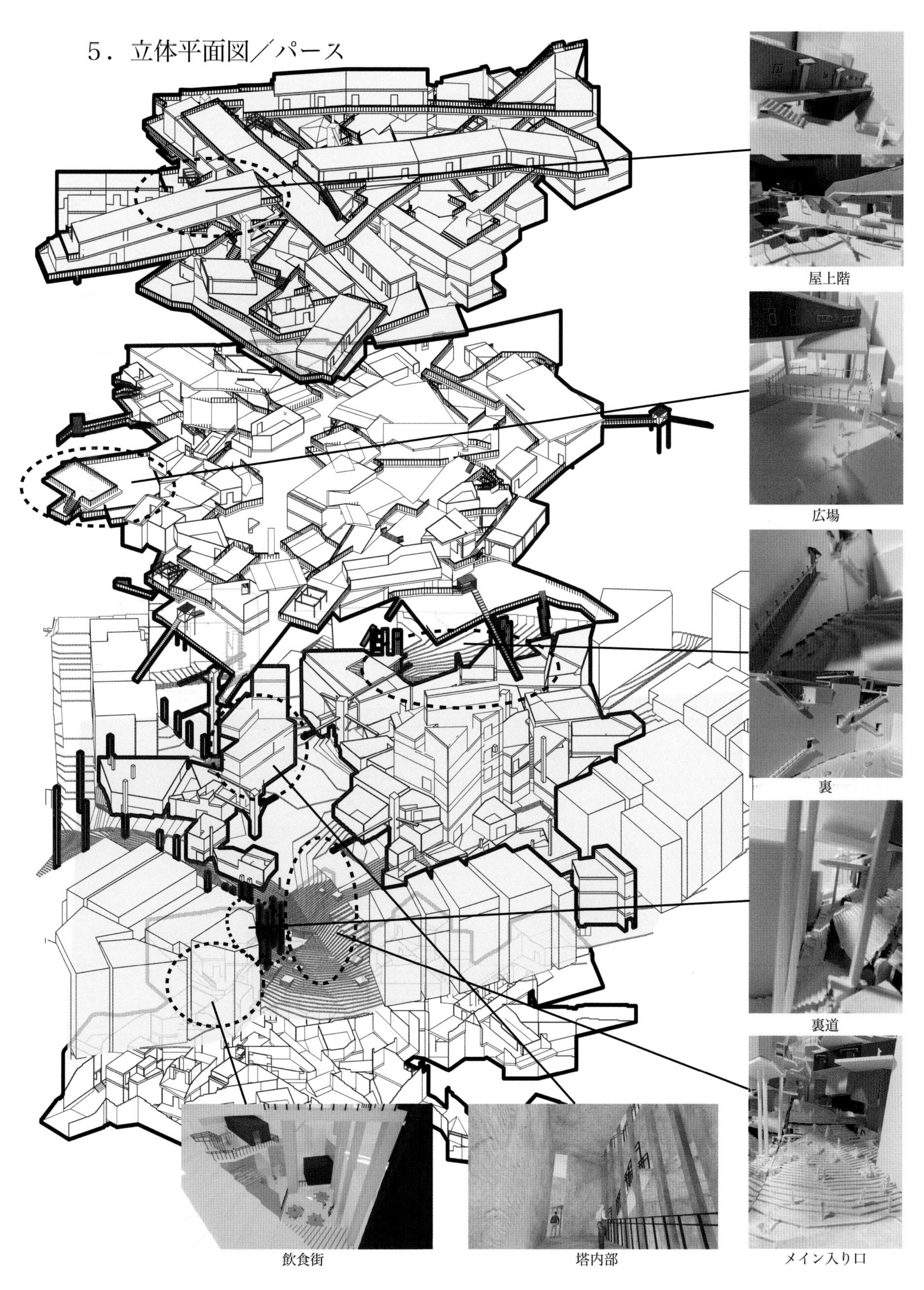

屋上階

広場

裏

裏道

飲食街

塔内部

メイン入り口

8選

[056]

連響ノ塀

～塀の連続的創作による協働・共助関係の再編～

福田 凱乃祐 Yoshinosuke Fukuda [B3]
信州大学 工学部 建築学科

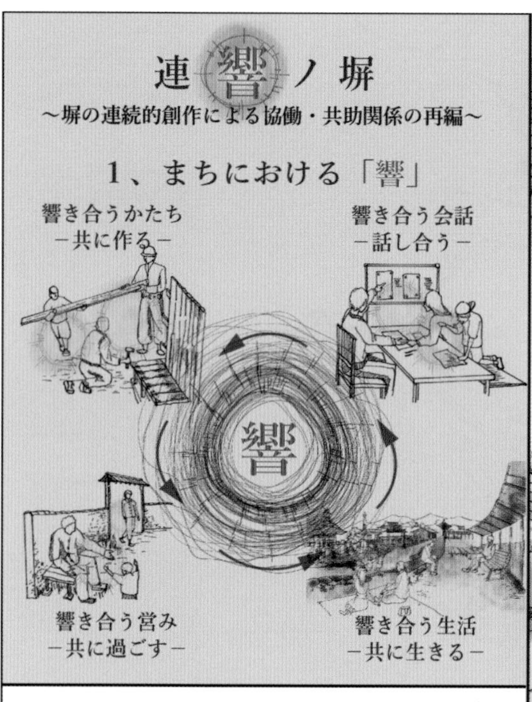
連響ノ塀
～塀の連続的創作による協働・共助関係の再編～
1、まちにおける「響」
響き合うかたち
－共に作る－
響き合う会話
－話し合う－
響
響き合う営み
－共に過ごす－
響き合う生活
－共に生きる－

敷地1　神社と寺のはざま

2、須坂の取り組み

須坂市には蔵の町並みキャンパスという取り組みがある。これは、伝統ある須坂の街並みの維持、保存のために様々な方策を検討し市の支援を受けながら活動する市民団体組織によるものである。私たち学生も毎年、報告会で設計での取り組みを発信し、広く住民の理解を図る活動に参加している。

蔵の町並みキャンパス

信州大学
長野工業高等専門学校
市内企業
須坂商工会議所　　など

協働

支援、基金

住民

支援

須坂市

3、設計手法

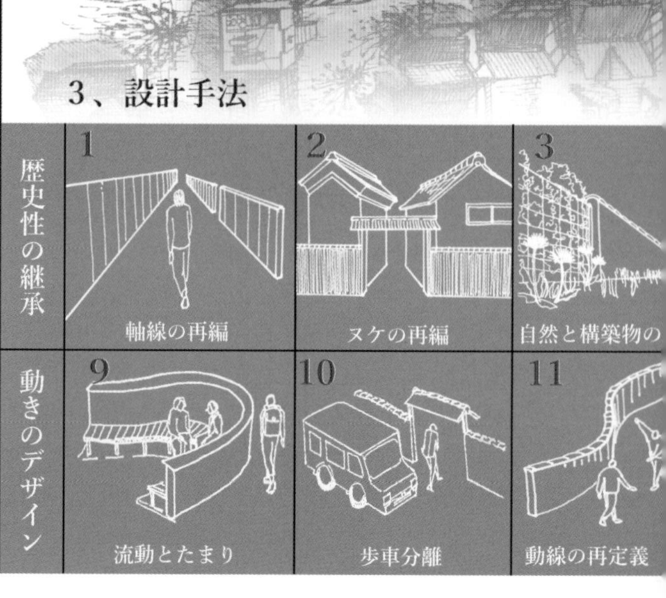
歴史性の継承
1
軸線の再編
2
ヌケの再編
3
自然と構築物の
動きのデザイン
9
流動とたまり
10
歩車分離
11
動線の再定義

選定エリア：
長野県須坂市

須坂市は、明治期に製糸業で発展した歴史香るまちである。しかし、製糸業の衰退と車社会の進展により、豊かだった街区は個人の生活を守るための「塀」という都市組織が無秩序に成長する流れを生んでしまった。これにより、生活の細分化の進んだ街区では、高齢者の孤立や若年層の流出が見られ、住民の生活模様が分断されつつある。さらに、多くの塀が老朽化や耐震性への不安を孕み、危険が潜んでいる。そこで、負の要素である塀を解くことで、歴史的街区に眠る流れを呼び戻し、住民の生活領域と営みを「響き合わせる」新たな生活圏を住民自らが参加し、共につくりあげていく仕組みを提案する。

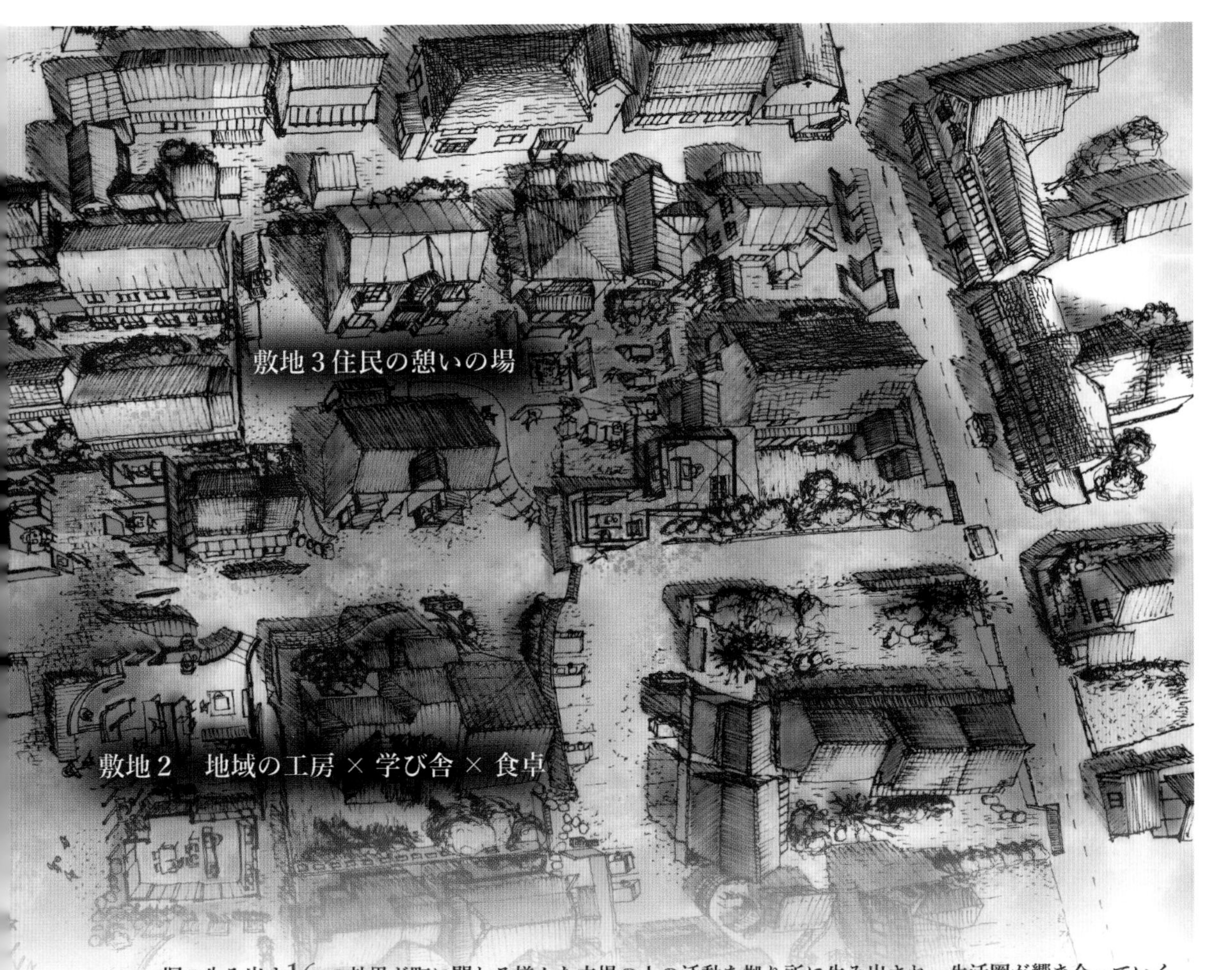
敷地3住民の憩いの場
敷地2　地域の工房 × 学び舎 × 食卓

塀の生み出す16の効果が町に関わる様々な立場の人の活動を拠り所に生み出され、生活圏が響き合っていく。

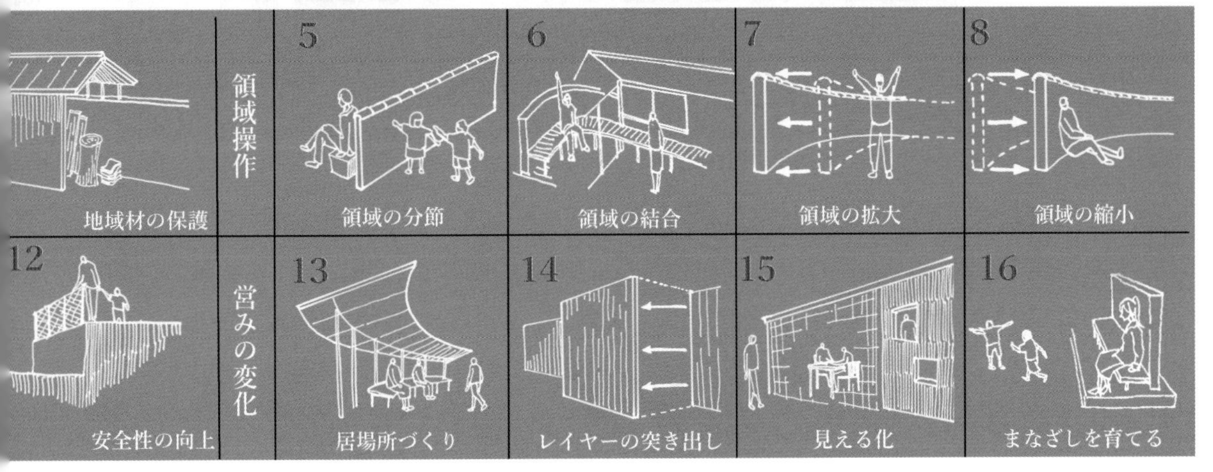
地域材の保護
領域操作
5
領域の分節
6
領域の結合
7
領域の拡大
8
領域の縮小
12
安全性の向上
営みの変化
13
居場所づくり
14
レイヤーの突き出し
15
見える化
16
まなざしを育てる

敷地1　神社と寺のはざま

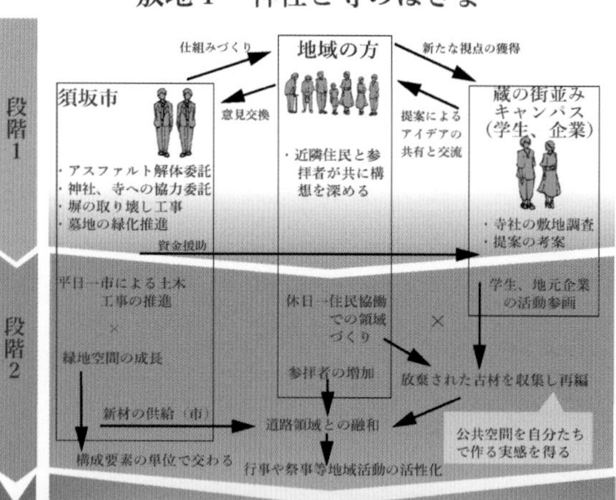
段階1
仕組みづくり
地域の方
新たな視点の獲得
須坂市
意見交換
提案による アイデアの 共有と交流
蔵の街並み キャンパス (学生、企業)
・近隣住民と参拝者が共に構想を深める
・アスファルト解体委託
・神社、寺への協力委託
・塀の取り壊し工事
・墓地の緑化推進
・寺社の敷地調査
・提案の考案
資金援助
段階2
平日―市による土木工事の推進
休日―住民協働での領域づくり
学生、地元企業の活動参画
緑地空間の成長
参拝者の増加
放棄された古材を収集し再編
新材の供給(市)
道路領域との融和
公共空間を自分たちで作る実感を得る
構成要素の単位で交わる
行事や祭事等地域活動の活性化
段階3
脇道の緑地空間は子供の格好の遊び場に ―効果3
寺社の景観に足を止め、―効果9,13,16
墓地の風景がどこか遠くの存在となった死を考えさせる ―効果16

敷地2　地域の工房 × 学び舎 × 食卓

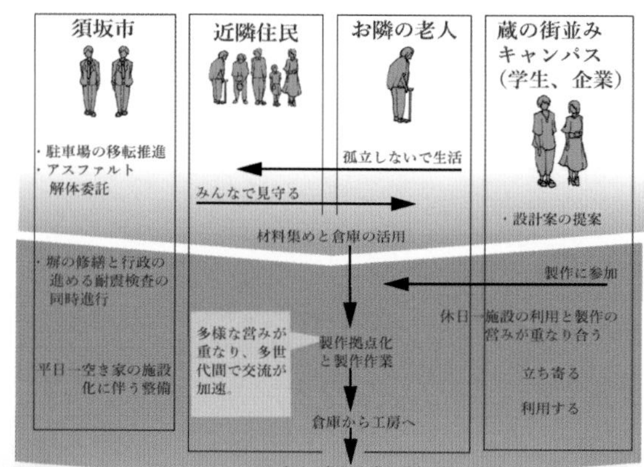
須坂市
近隣住民
お隣の老人
蔵の街並み キャンパス (学生、企業)
・駐車場の移転推進
・アスファルト解体委託
孤立しないで生活
みんなで見守る
・設計案の提案
材料集めと倉庫の活用
・塀の修繕と行政の進める耐震検査の同時進行
製作に参加
休日―施設の利用と製作の営みが重なり合う
多様な営みが重なり、多世代間で交流が加速。
製作拠点化と製作作業
平日―空き家の施設化に伴う整備
立ち寄る
利用する
倉庫から工房へ
より多くの住民を巻き込む

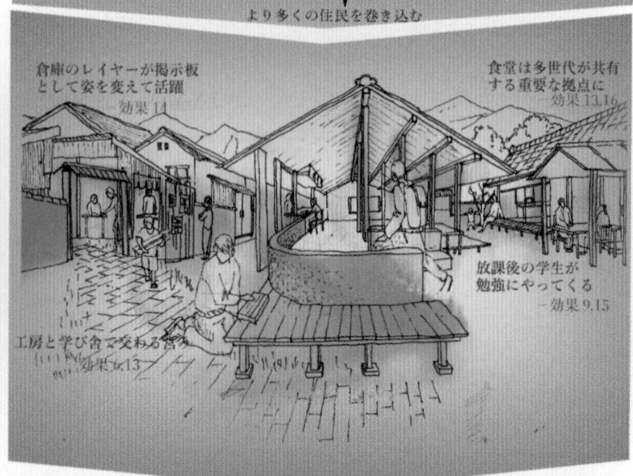
倉庫のレイヤーが掲示板として姿を変えて活躍 ―効果11
食堂は多世代が共有する重要な拠点に ―効果13,16
放課後の学生が勉強にやってくる ―効果9,15
工房と学び舎で交わる営み ―効果6,13

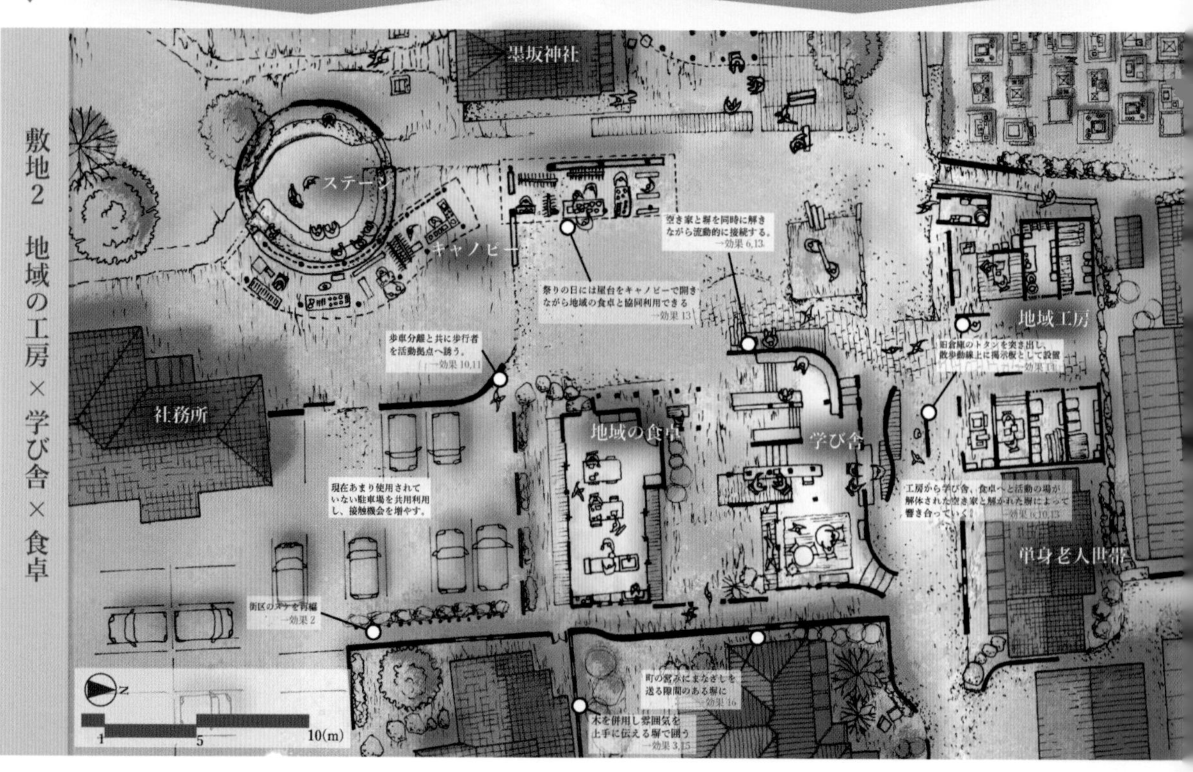
敷地2　地域の工房×学び舎×食卓
墨坂神社
ステージ
キャノピー
空き家と塀を同時に解きながら流動的に接続する。 ―効果6,13
祭りの日には屋台をキャノピーで開きながら地域の食卓と協同利用できる ―効果13
歩車分離と共に歩行者を活動拠点へ誘う。 ―効果10,11
社務所
地域の食卓
学び舎
地域工房
旧倉庫のトタンを突き出し、散歩動線上に掲示板として設置 ―効果11
現在あまり使用されていない駐車場を共用利用し、接触機会を増やす。
工房から学び舎、食卓へと活動の場が解体された空き家と解かれた塀によって響き合っていく。 ―効果6,10,13
単身老人世帯
街区のスケを再編 ―効果2
町の営みにまなざしを送る隙間のある塀に ―効果16
木を併用し雰囲気を上手に伝える塀で囲う ―効果3,15
N
1
5
10(m)

敷地 3　住民の憩いの場

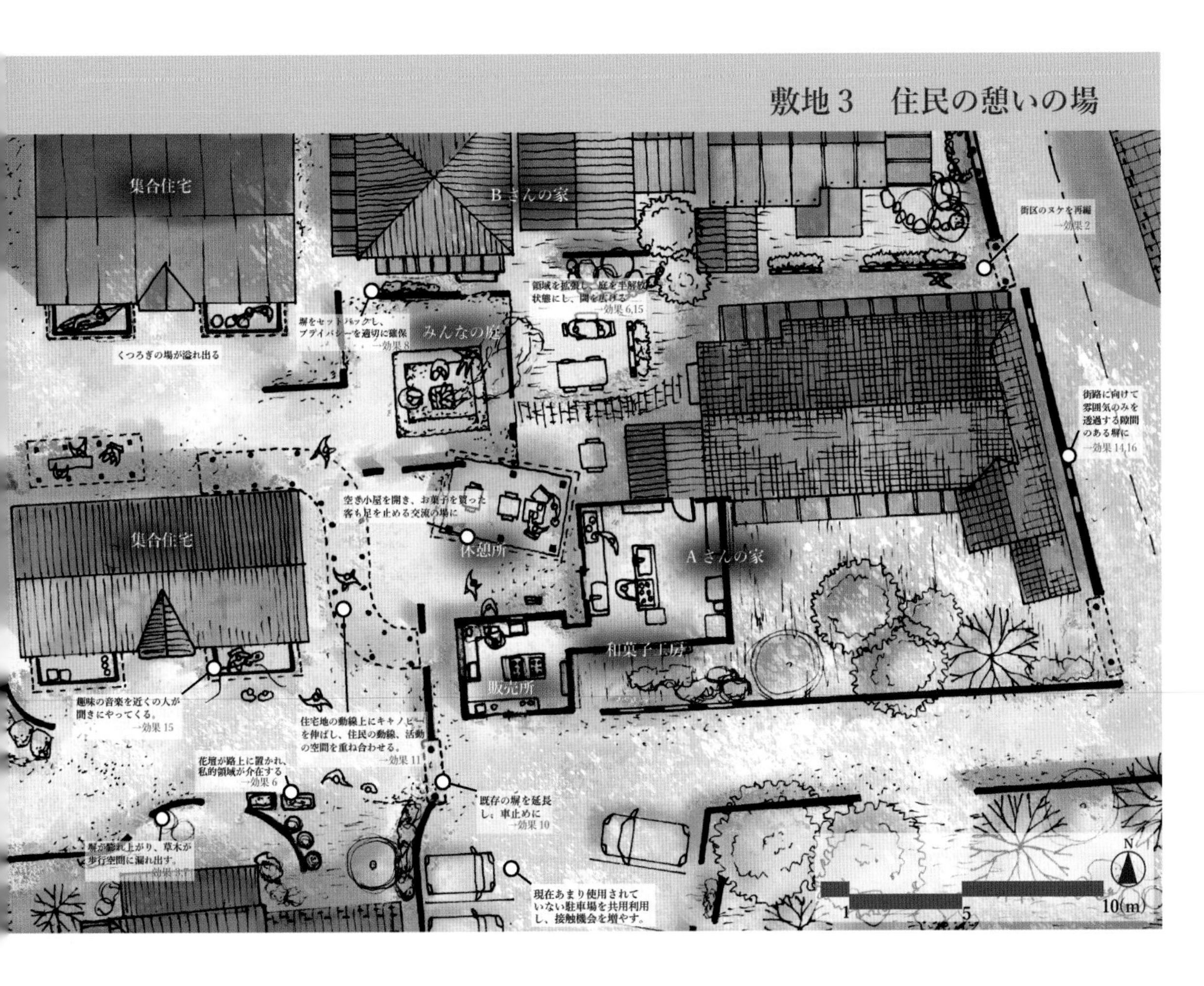
集合住宅
Bさんの家
街区のヌケを再編
→効果 2
領域を拡張し、庭を半解放
状態にし、間を広げる
→効果 6,15
塀をセットバックし、
プライバシーを適切に確保
→効果 8
みんなの庭
くつろぎの場が溢れ出る
街路に向けて
雰囲気のみを
透過する隙間
のある塀に
→効果 14,16
空き小屋を開き、お菓子を買った
客も足を止める交流の場に
休憩所
Aさんの家
集合住宅
和菓子工房
販売所
趣味の音楽を近くの人が
聞きにやってくる。
→効果 15
住宅地の動線上にキャノピー
を伸ばし、住民の動線、活動
の空間を重ね合わせる。
→効果 11
花壇が路上に置かれ、
私的領域が介在する
→効果 6
既存の塀を延長
し、車止めに
→効果 10
塀が膨れ上がり、草木が
歩行空間に漏れ出す。
現在あまり使用されて
いない駐車場を共用利用
し、接触機会を増やす。
N
1
5
10(m)

敷地 3　住民の憩いの場

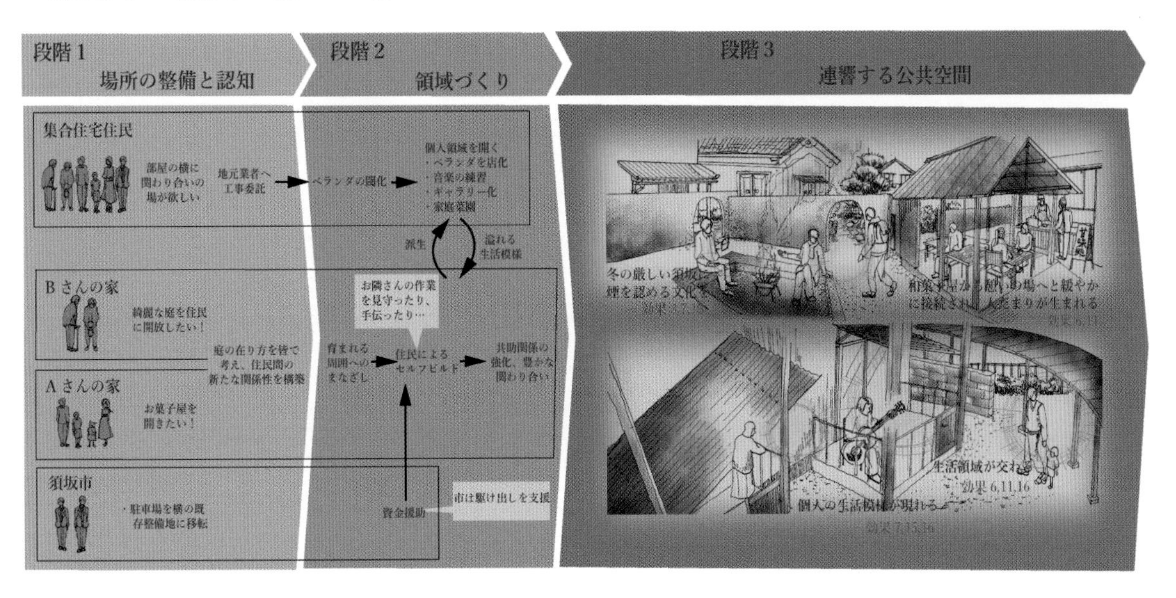
段階 1
場所の整備と認知
段階 2
領域づくり
段階 3
連響する公共空間
集合住宅住民
部屋の横に
関わり合いの
場が欲しい
地元業者へ
工事委託
ベランダの開化
個人領域を開く
・ベランダを店化
・音楽の練習
・ギャラリー化
・家庭菜園
派生
溢れる
生活模様
Bさんの家
綺麗な庭を住民
に開放したい！
庭の在り方を皆で
考え、住民間の
新たな関係性を構築
Aさんの家
お菓子屋を
開きたい！
お隣さんの作業
を見守ったり、
手伝ったり…
育まれる
周囲への
まなざし
住民による
セルフビルド
共助関係の
強化、豊かな
関わり合い
須坂市
・駐車場を横の既
存整備地に移転
資金援助
市は駆け出しを支援
冬の厳しい須坂に
煙を認める文化を
に接続され、人だまりが生まれる
生活領域が交わる
効果 6,11,16
個人の生活模様が現れる

小林英嗣賞

[036]

Hverdag med “Hygge”

ヒュッゲのある日常の生活

[B4]
冨田 真央 Mao Tomita　志賀 あゆみ Ayumi Shiga　中原 正隆 Masataka Nakahara　藤村 稚夏 Wakana Fujimura
石村 拓也 Takuya Ishimura　木村 聡太 Souta Kimura　堀江 きらら Kirara Horie
崇城大学 工学部 建築学科 古賀研究室

まちづくりの趣旨：デンマーク語の“Hygge”（ヒュッゲ）とは，大自然の中でゆったりとした時間を家族や友人と一緒に過ごすことを意味しており，デンマーク（北欧）では，皆がこの人と人との繋がりをなによりも大切にしている。このまちづくりの目的は，デンマークの文化のようにかつて日本にあった日常生活の中での住民同士の交流を蘇らせることであり，3つのフェーズに応じたアプローチ手法を提案する。3つのフェーズとは，①かつての賑わいと地域交流を取り戻すためのまちづくり案（これはいますぐに取り組みたい！），②まちなか居住促進のための空家等を活用したリノベーション案（10年かけて徐々に取り組みたい！），③まちなかに人と活気があふれるための複合型集合住宅の立地案（30年後の次世代に向けて取り組みたい！）である。ターゲットである「40代の独身男性と女性」，「母子・父子家庭」，「高齢者夫婦」，「一人暮らしをする学生」たちの生活の音，声，匂いがまちなかに響き渡り，お互いを感じることができる。そんなヒュッゲな日々の日常がここにある。

対象地の概要：まちづくりの対象地は熊本市中心市街地の新町古町地区の一部である。ここはまちなか中心部（地区）と熊本駅に挟まれた五福小学校区，慶徳小学校区，一新小学校区の一部の約66.891haで，東部には一級河川である白川，西部には坪井川が流れ，対象地内を市電が走っている。この新町古町地区は，加藤清正の造った「一町一寺」の町割り，西南戦争以降に復興した「町屋」や史跡など歴史と伝統が残る地区である。ここは休日でも落ち着きがあって静けさの漂う場所である一方，繁華街のあるまちなか中心部に徒歩で容易にアクセスでき，市電で熊本駅や上熊本駅に行けるなど生活の利便性が高い。マンションなど居住施設が立ち並ぶが，近年駐車場が増え，まちなかの密度の低下が伺える。そんな中でも一部の通りでは空き家を改修して新たな店舗を構えるなど，地域活性化の気運は高まっている。

まちづくり案：まちづくり案では5つのエピソードを通じて，日常生活の中で人と人とが触れ合うきっかけを作り，そしてアクティビティを誘発する仕掛けを提案する。

世界初の歩行者天国ストロイエとまちなかの公園（コペンハーゲン）

リノベーションした唐人町通りの店舗と27ある寺のひとつ西光寺

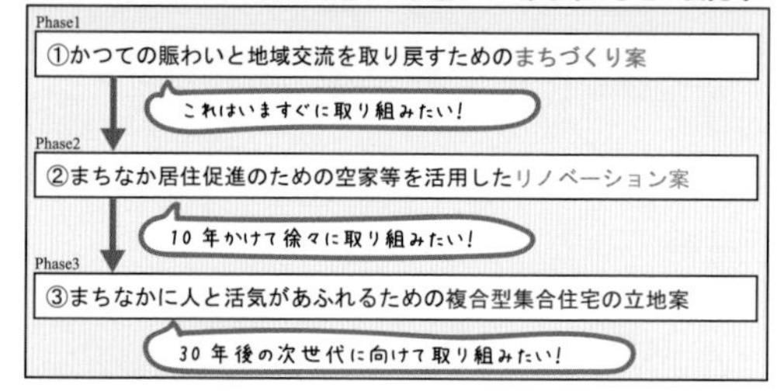
Phase1
①かつての賑わいと地域交流を取り戻すためのまちづくり案
これはいますぐに取り組みたい！
Phase2
②まちなか居住促進のための空家等を活用したリノベーション案
10年かけて徐々に取り組みたい！
Phase3
③まちなかに人と活気があふれるための複合型集合住宅の立地案
30年後の次世代に向けて取り組みたい！

慶徳小学校
鍛冶屋町公園
五福小学校

■エピソードⅠ『子どもだけの秘密の裏道』：この対象地の2つの小学校区（五福小学校区と慶徳小学校区）の境界線上にある鍛冶屋町公園を両者の子どもの交流拠点とし，各小学校からこの公園に向かって「子どもだけの秘密の裏道」をつくる。子どもたちはこの秘密の裏道を通って，普段，出会うことのない子ども同士がこの公園で友達になる。

■エピソードⅡ『空家の改修』：古町のメインストリート「唐人町通り」を整備重点エリアとし，積極的に空家を改修し，飲食店や雑貨店を誘致する。加えて駐車場，空地に新たな店舗を誘致する。店舗は通りからセットバックし，通りに面してテラスを設け，通りに賑わいを創出する。

文庫本
ランチセット
コーヒーセット
寺巡り

■エピソードⅢ『Hygge Billet（ヒュッゲ・ビレット）』：この地区にアクティビティを誘発するために地域限定のバウチャー「Hygge Billet（ヒュッゲ・ビレット）」を提案する。このバウチャーは①文庫本，②ランチセット，③コーヒーセット，④寺巡りの4つがセットとなっており，各自治会，商工会の運営の下，1,000円で購入できる。ヒュッゲ・ビレットはこの地区にあるお店やお寺などで購入できる。

新町
まちなか方面
坪井川
古町
複合型集合住宅
の立地案
白川
JR熊本駅方面

選定エリア：
熊本県熊本市
中央区新町・古町

デンマーク語の“Hygge”（ヒュッゲ）とは、大自然の中でゆったりとした時間を家族や友人と一緒に過ごすことを意味しており、デンマーク（北欧）では、皆がこの人と人とのつながりをなによりも大切にしている。この課題の目的は、デンマークの文化のようにかつて日本にあった日常生活の中での住民同士の交流を蘇らせることであり、3つのフェーズに応じたアプローチ手法を提案する。①かつての賑わいと地域交流を取り戻すためのまちづくり案（これはいますぐに取り組みたい！）、②まちなか居住促進のための空家等を活用したリノベーション案（10年かけて徐々に取り組みたい！）、③まちなかに人と活気があふれるための複合型集合住宅の立地案（30年後の次世代に向けて取り組みたい！）である。まちづくりを通じて、地域住民の生活の音、声、匂いがまちなかに響き渡り、お互いを感じることができる。そんなヒュッゲな日々の日常がここにある。

■エピソードⅣ『まちなか回遊の促進』：休日，この地区では新たなアクティビティが創出される。市電の呉服町駅と河原駅はターミナル（終着駅）となり，その間は「古町市電市場」となる。古町市電市場の距離は約 400m，幅 19m(路線を含む車道幅 14m，歩道幅 2.5m×2）あり，この通り沿いにある明治創業の老舗の和菓子屋，金物屋が屋台に加えて，付近の洋菓子屋，カフェ，八百屋，鮮魚店などがこの通りに軒を連ねる。休日の市場は歩行者天国となり，市電を利用したい人はこの終着駅でおり，この古町市電市場を歩いて次の終着駅に向かう。その間にお気に入りのお店を発見し，次の機会にそのお店を訪れるきっかけとなる。古町重点整備エリアとこの古町市電市場を結ぶ 2 本の通り，そしてその通りの延長線上にある早川倉庫（従来，古町でイベントに取り組んできた）の前の通りとを結ぶ通りは，平日は 1 車線道路のヴォンネルフ（歩車共存）とし，休日は古町市電市場と同様に歩行者天国となる。この 2 本の通りが早川倉庫前の通り，古町市電市場，古町重点整備エリアを結ぶことで住民のまちなか回遊の促進を図る。

スーパーホテル
商工会議所前（バス停）
河原町
商工会議所前（バス停）
熊本
商工会議所
河原町繊維問屋街の壁
YMCA熊本
五福幼稚園
妙乗寺
Out of step cafe

■エピソードⅤ『桜並木の拡大』：新町から古町重点整備エリアに引き込む仕掛けを提案する。新町川の坪井川沿いには春には桜が満開になり，多くの人が賑わう。また，現在，大型商業施設サクラマチクマモトができ，まちなか中心部から桜町エリアに足を運ぶ来街者が増えてきている。この人の流れに沿って，この桜並木を古町まで伸ばし，新町から明八橋，新呉服橋，明十橋を通り抜け，古町重点整備エリアに導き，このエリアに新たな賑わいを吹き込む。

かつての賑わいと地域交流を取り戻すためのまちづくり案
EP1 子どもの秘密の裏道
EP2 古町重点整備エリアの空家の改修
EP3 Hygge Billet（ヒュッゲ・ビレット）
EP4 まちなか回遊の促進
EP5 桜並木の拡大
新町側の観光スポット，長崎次郎書店（明治7年創業）と川沿いを楽しめるコース
スタート地点：新町電停
距離：約1．4km
時間：約40分
ルートA
ルートB
古町の静けさと落ち着きのあるコース
スタート地点：呉服町バス停
距離：約2．0km
時間：約50分
「唐人町通り」
古町重点整備エリア
抜け道
ここでは，この通り以外の様々なお店も屋台として立ち並び，訪れる人がお気に入りのお店を見つけるきっかけになる。
鍛冶屋町公園
呉服町電停
古町市電市場
河原町電停
リノベーション案
複合型集合住宅の立地案
ルートC
古町市電市場も楽しめる賑わいコース
スタート地点：河原町電停
距離：約1．7km
時間：約40分
小学校区境界線
0
200
400
600
800
1,000
m

リノベーション案：対象地にリノベーション候補地は 11 箇所あり，ここではケーススタディとして，『河原町繊維問屋街』のリノベーション案を提案する。向かい合う大きな窓，路地や共有スペースでの居住者同士のアクティビティは外との新しいつながりを持たせる。居住者同士が四畳半の部屋から顔と顔を合わせ，路地を見下ろすと，子どもたちが走り回っていたり，誰かが将棋を指したり，本を読みふけっている。キッチンの方からは美味しい匂いと包丁の音が路地中に響き渡る。

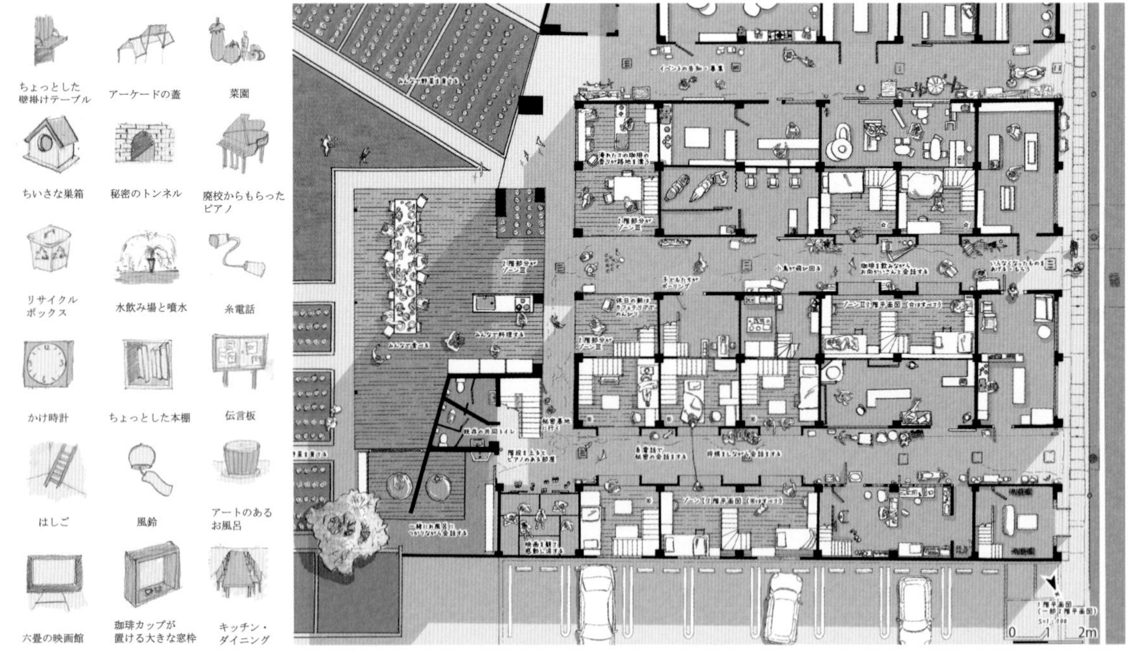
ちょっとした
壁掛けテーブル
アーケードの蓋
菜園
ちいさな巣箱
秘密のトンネル
廃校からもらった
ピアノ
リサイクル
ボックス
水飲み場と噴水
糸電話
かけ時計
ちょっとした本棚
伝言板
はしご
風鈴
アートのある
お風呂
六畳の映画館
珈琲カップが
置ける大きな窓枠
キッチン・
ダイニング
0 1 2m

路地を中心とした問屋街全体に居住者のアクティビティを誘発する 18 の装置を設置する。そして，居住者のアクティビティから居住者の交流（外とのつながり）が生まれる。居住空間では，向かい合う大きな窓を通じて居住者同士がお互いの様子を感じ取ることができる。

みんなが集まるキッチン・ダイニング

迷路のような路地にはアクティビティがいっぱい

アートのある部屋は共同風呂として再利用

複合型集合住宅の立地の提案：次世代に向けた次のフェーズとして，現在の空地，過多になっている駐車場などに新たに複合型集合住宅をつくる。ここの用途は，共同住宅 10 世帯，カフェ＋書店，レストランの 3 つのテナントである。ヒュッグ・ビレットを使って一日ここで楽しむことができる。建物は 3 つに分かれており，2 階のデッキがそれぞれを繋いでいる。中庭は“春”,“秋”,“夏”の 3 箇所設けており，加えて休日になると日曜市やフリーマーケットなどが開催できるイベントスペースがある。ここの住民は，風呂，トイレ，キッチン，ダイニング，菜園を共同とすることで，風の音，住民の声，光，料理や土の匂いを誰かと共有する。居住者間の交流を促進させ，加えて地域住民との交流の場となることでかつて日本にあった人と人との繋がりが蘇る。

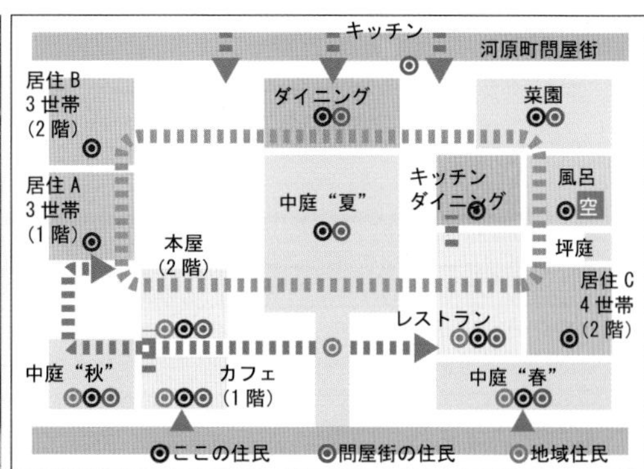

キッチン
河原町問屋街
居住 B
3 世帯
(2 階)
ダイニング
菜園
居住 A
3 世帯
(1 階)
中庭“夏”
キッチン
ダイニング
風呂
空
坪庭
本屋
(2 階)
居住 C
4 世帯
(2 階)
レストラン
中庭“秋”
カフェ
(1 階)
中庭“春”
ここの住民
問屋街の住民
地域住民

個室は共有スペースと大きな窓で繋がっており，ダイニングは共同

テナントには 1 階にカフェ，2 階に書店があり中庭“秋”で読書を楽しむ

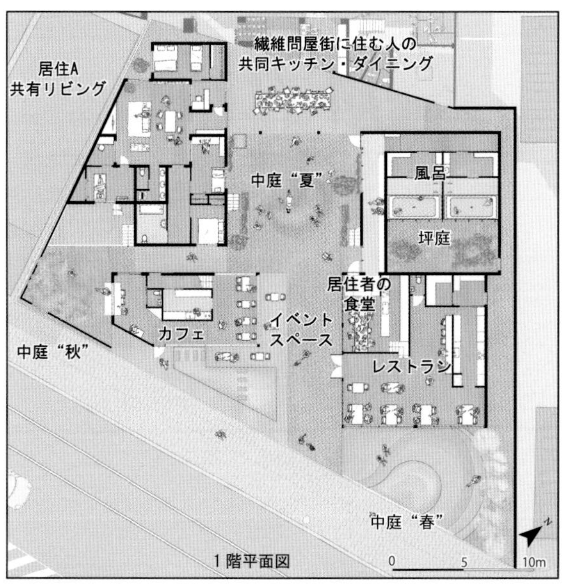

居住A
共有リビング
繊維問屋街に住む人の
共同キッチン・ダイニング
中庭“夏”
風呂
坪庭
居住者の
食堂
イベント
スペース
カフェ
中庭“秋”
レストラン
中庭“春”
1 階平面図
0
5
10m

居住B
共有リビング
菜園
菜園
休憩スペース
居住者と書店を
訪れた人の交流の場
書店
居住C
共有リビング
2 階平面図
0
5
10m

共同風呂から空を見上げると星空を見ることができ，屋上の菜園では居住者みんなで野菜を作る

イベントスペースで地域との交流をはかる

江川直樹賞

[100]

「数寄間」に暮らす

― 江戸の知恵と共に生きる ―

[M1]

近重 慧 Kei Chikashige　友光 俊介 Shunsuke Tomomitsu　村松 大地 Daichi Muramatsu

早稲田大学大学院 創造理工学研究科 建築学専攻 有賀研究室

駒場公園
東大駒場
伊勢万の水車
中川口
西郷山・草刈公園
新道坂
渋谷川
三田界隈
（湧水が途絶えかけている）
貯水池
恵比寿ガーデンプレイス
中目黒公園
自然教育園
三田用水跡
大崎下屋敷
【対象敷地】東京都港区三田
数寄間での暮らしが描く都市像
ー古の知恵と共に生きるということ
三田界隈は三田用水の突端に位置する地域であり、旧用水路を起点とした“湧水”の復興は、井戸端や隣家を介した人の関係、祭りや祠での水を介した地域との関係を生み出す。
これらは、三田用水が持つ生活や空間のスケールと共に成り立ち、三田界隈だけでなく水路に連続する地域も、人や地域と相互に関係を持つ「数奇」な暮らしを実現するポテンシャルがある。
本計画は、三田用水に連続する地域において“古の知恵のスケール”を持った数奇な生活像が浮き出ることを展望とし、豊かな都市空間像を提案する。
三田界隈の配置平面図　S=1/10000
Scale Bar : 0 1 5 10km

● 東京全域の変遷　～領域を獲得する過程で地形を塗り替えた過去～

今ある、わたしたちが暮らす東京はかつて海や湿地帯であった。先人たちは土地を開拓し海に広げたことで **“地” の意味**が薄れてきたように思える。

本計画の対象地である**三田の台地**は、その海の先端を成す台地の岬であった。台地は、古くから雨水が染み込むことで地下の水路を通り、地下水や湧水に恵まれている。人々は自然の利と共存する形であったが、**利便性を求める都市の潮流の中でいま影を薄めている。**

1890年代
計画対象地

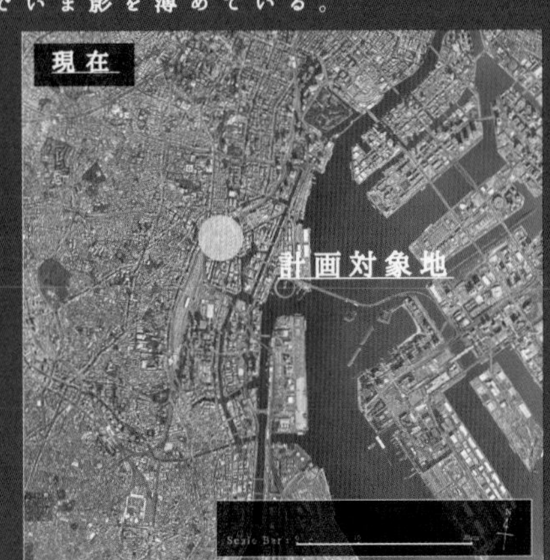
現在
計画対象地

選定エリア：
東京都港区三田

今わたしたちが生きる東京は、かつて海や湿地帯であった。先人たちは土地を開拓し、既存の地形を変え、住まいを拡張したことで“地の意味”が薄れてきたように思える。本計画の対象地である三田の台地は、その海の先端を成す岬であった。三田界隈を含め、都内の台地は古くから雨水が染み込むことで、「地下水や湧水」に恵まれている。台地の尾根には、江戸時代より「用水路」が引かれ、農業用水を中心とした水田地帯が広がり、豊作を願う「祭礼」と共に存在していたが、文化は近代化と共に形骸化している。本計画では、形骸化した「地下水や湧水（物的空間）」「用水路（社会的空間）」「祭礼（意識的空間）」を都市において再編することを目的とし、今なお残り続ける湧水を起点に、都市に潜む水文化を介した〈体験〉と〈空間〉を共時にデザインする。これらの水系による空間像は用水を起点に伝播し、東京での用水による“古のスケール”を再興する。

台地の等高線分布
25m
20m
15m
10m
5m
0m
地形が生み出す際
かつての海への眺望
湧水の恩恵を受ける
三田界隈
三田界隈地形図　S=1/500
Scale Bar

● かつての湧水を基盤とした生活から都市への参観

三田界隈は、三田用水が敷かれ、江戸においては農村が拡がりコミュニティが形成されていた。
しかし近代化に伴い、幹線道路が敷かれ、台地にあった界隈は周辺の地域とは異なる空間性を保有し、孤島になってしまっている。
本計画では、都心における人々の生活と、**自然と共に暮らす先人の知恵をポテンシャル**として捉え、以下の三点から計画を行う。

i．地形の利と共に存在する湧水（物的空間）

ii．生活空間と祭礼空間の乖離（意識的空間）

iii．かつて江戸の生活基盤となっていた用水（社会的空間性）

寺
湧水
三田界隈地形図　S=1/500
Scale Bar

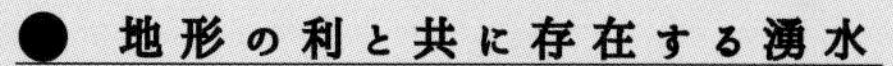

● 地形の利と共に存在する湧水
（物的空間）

台地の際から湧水が湧き出ている地域ではある三田では、都市化が進み、コンクリートの打設や高層ビルが立ち並んだことで、現在においては御田八幡宮を起点とした僅かな拠点でのみ湧水が見られる。
湧水は**台地に豊かな木々が植えられることで、台地の脇から流れ出る。**

都心に湧き出る湧水

上松寺

御田八幡神社

亀塚公園

成覚寺

NTTビル

御田八幡神社
祭礼ルート
湧水
三田界隈地形図　S=1/500
Scale Bar

● 生活空間と祭礼空間の乖離
（意識的空間）

三田（旧名：御田）では湧水が豊かに湧き出ていた頃から、**地鎮の儀式として御田八幡宮から集落を練り歩く**行事が存在する。幹線道路が引かれてから、集落が形成されていた地域空間ではなく、幹線道路沿いを歩く方式が取られてしまった。

神輿を載せたトラックを中心とする車列での渡御が行われる

用水路跡
幹線道路
湧水
三田界隈地形図　S=1/500
Scale Bar

● かつて江戸の生活基盤となっていた用水
（社会的空間性）

三田用水は江戸の生活・農業用水として利用されてきたが、**農業の衰退や交通の変化によって暗渠化されてきた。**暗渠化により用水路が失われた周辺地域では、**用水路によって形成された生活や文化**はいまなお地域の基盤となって介在し、影響を与え続けている。

三田用水路跡
三田上水・分水口

三田用水路跡・茶屋坂

三田用水路跡・架樋を用いた通水

数寄に暮らす
一江戸の知恵と共に生きる
COVID-19による社会変動は、私たちに「一極集中の働き方や建築空間」「住まう地域空間への帰属性」への"気づき"を与えてくれた。
かつて江戸に暮らした先人達は、過密な都市で生き抜くための知恵を私たちの生活空間に落としてくれている様に思える。
社会変動による気づきを解く一つの術として今なお残る湧水と三田用水の遺構から現代の生活に新たな息吹を吹き込む。
体験 4
空間 3
空間 5
体験 1
空間 6
体験 5
空間 1
体験 3
体験 2
空間 4
空間 2
体験と空間の創造
「体験」と「空間」はそれぞれ地域に散在する形で起こるが、それらは地域に広がり、時に個人の印象的な体験と紐づくことで、三田界隈の将来像を描く一助となる。
訪れる人々も、ハレとケが密接に関わり合う暮らしと共存していく。
5つの「体験」の広がり
6つの「空間」の広がり
湧水
「目黒千代が池」
御田湧水の復興プロジェクト
[概要] 江戸より遺構として形骸化した湧水を、"いまの姿"として考え、地域に馴染ませる。
台地
体験 1
三田の森プロジェクト
[概要] 植樹は湧水を台地に溜め、潤いを取り戻す。祭りを契機とし、木を植える体験をする。
湧水
植樹
三田用水跡
体験 2
湧水たまり場プロジェクト
[概要] 水が湧き出る場を拠点にハレの場を生み出す。祭りでは安らぎを求め、湧水の近くで涼む。
湧水
溜まり場
三田用水跡
体験 3
用水練り歩きプロジェクト
[概要] 三田用水跡である聖坂を、祭りで練り歩く。地域に開かれた湧水の近くを神輿が通る。
湧水
溜まり場
変更前の祭りルート
変更後の祭りルート
体験 4
聖坂晩酌プロジェクト
[概要] 聖坂はハレの場として開かれ、地域空間が変わりだし、湧水を起点に日常が生まれる。
溜まり場
庇を設ける建物群
体験 5
日々湧水プロジェクト
[概要] 住まいに湧水を取り入れる生活が根付き、炊き出しや打ち水など恒久的な慣習が生まれる。
溜まり場
湧水を引く民家群
湧水の利用動線
空間 1 御田八幡宮の取水場
神社の神聖な空間のはずで、子どもからお年寄りまで水に触れることができます。
【平面図】
御田八幡宮参道
空間 2 湧き水の涼み
現在公園にある井戸を空間に取り込み、都心にいても豊かな緑と水辺を楽しめます。
【平面図】
井戸端の休憩所
三田台公園
空間 3 狭間の祠道
鳥居や祠と取水場がビルの隙間からのぞけ、一日の帰りに佇む人もいます。
【平面図】
周辺マンション

● 計画概要

本計画は、江戸の知恵と用水路の遺構を基盤とし、三田界隈において**「体験」**と「空間」を、**地形が齎す湧水と共に**創造し、再考する。

体験と空間は、永い時間をかけて計画が連動することを目論み、**それぞれの計画が地域空間と持ちつ凭れる「数奇」な関係**を生み出す。

5つの体験プロジェクトと**6つの空間計画**によって成り立ち、三田用水を起点に広がっていく。

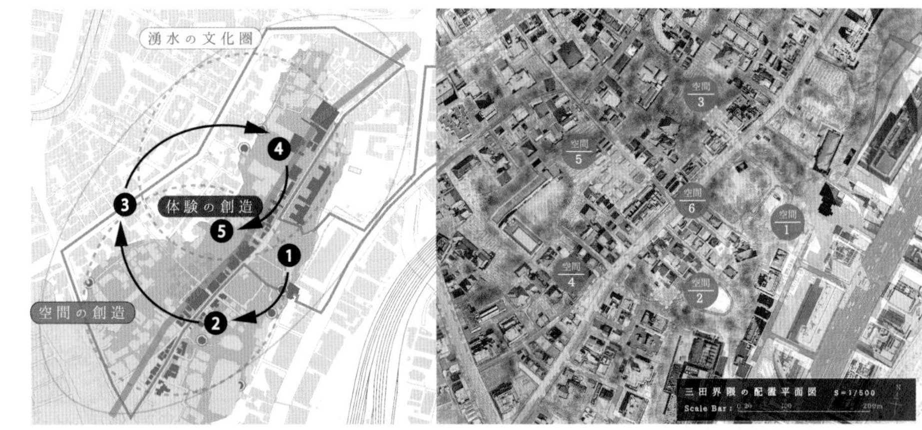

湧水の文化圏
体験の創造
空間の創造
空間 1
空間 2
空間 3
空間 4
空間 5
空間 6
三田界隈の配置平面図 S=1/500
Scale Bar

● 計画タイムライン 〜体験計画と空間計画の連動〜

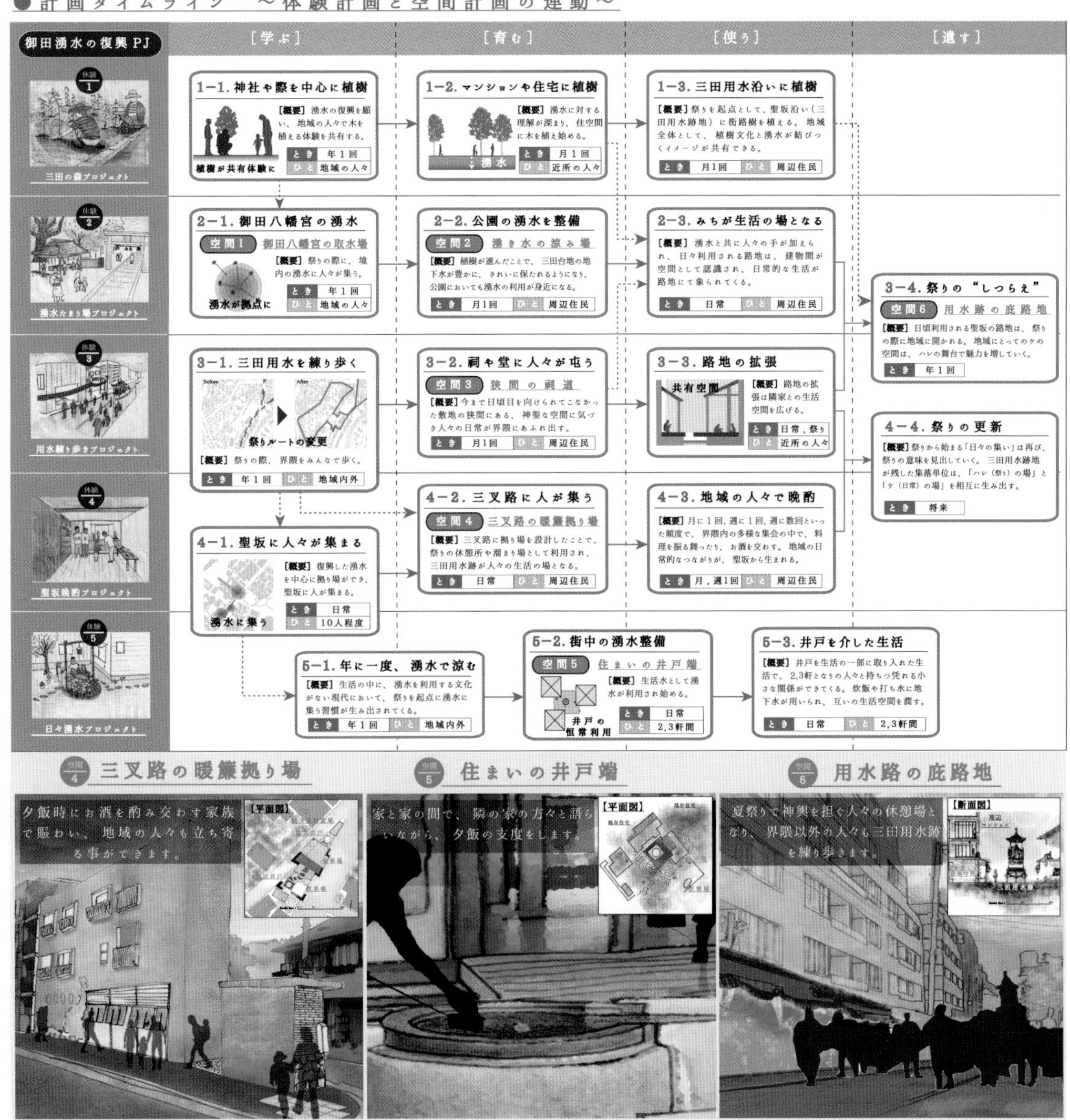

御田湧水の復興PJ
[学ぶ]
[育む]
[使う]
[遺す]
体験 1 三田の森プロジェクト
体験 2 湧水たまり場プロジェクト
体験 3 用水練り歩きプロジェクト
体験 4 聖坂晩酌プロジェクト
体験 5 日々湧水プロジェクト
1−1. 神社や際を中心に植樹
[概要] 湧水の復興を願い、地域の人々で木を植える体験を共有する。
植樹が共有体験に
とき 年1回 ひと 地域の人々
1−2. マンションや住宅に植樹
[概要] 湧水に対する理解が深まり、住空間に木を植え始める。
湧水
とき 月1回 ひと 近所の人々
1−3. 三田用水沿いに植樹
[概要] 祭りを起点として、聖坂沿い（三田用水跡地）に街路樹を植える。地域全体として、植樹文化と湧水が結びつくイメージが共有できる。
とき 月1回 ひと 周辺住民
2−1. 御田八幡宮の湧水
空間1 御田八幡宮の取水場
[概要] 祭りの際に、境内の湧水に人々が集う。
湧水が拠点に
とき 年1回 ひと 地域の人々
2−2. 公園の湧水を整備
空間2 湧き水の涼み場
[概要] 植樹が進んだことで、三田台地の地下水が豊かに、きれいに保たれるようになり、公園においても湧水の利用が身近になる。
とき 月1回 ひと 周辺住民
2−3. みちが生活の場となる
[概要] 湧水と共に人々の手が加えられ、日々利用される路地は、建物間が空間として認識され、日常的な生活が路地にて象られてくる。
とき 日常 ひと 周辺住民
3−1. 三田用水を練り歩く
Before
After
祭りルートの変更
[概要] 祭りの際、界隈をみんなで歩く。
とき 年1回 ひと 地域内外
3−2. 祠や堂に人々が屯う
空間3 狭間の祠道
[概要] 今まで日頃目を向けられてこなかった敷地の狭間にある、神聖な空間に気づき人々の日常が界隈にあふれ出す。
とき 月1回 ひと 周辺住民
3−3. 路地の拡張
共有空間
[概要] 路地の拡張は隣家との生活空間を広げる。
とき 日常，祭り ひと 近所の人々
3−4. 祭りの“しつらえ”
空間6 用水跡の庇路地
[概要] 日頃利用される聖坂の路地は、祭りの際に地域に開かれる。地域にとってのケの空間は、ハレの舞台で魅力を増していく。
とき 年1回
4−1. 聖坂に人々が集まる
[概要] 復興した湧水を中心に拠り場ができ、聖坂に人が集まる。
湧水に集う
とき 日常 ひと 10人程度
4−2. 三叉路に人が集う
空間4 三叉路の暖簾拠り場
[概要] 三叉路に拠り場を設計したことで、祭りの休憩所や溜まり場として利用され、三田用水跡が人々の生活の場となる。
とき 日常 ひと 周辺住民
4−3. 地域の人々で晩酌
[概要] 月に1回、週に1回、週に数回といった頻度で、界隈内の多様な集会の中で、料理を振る舞ったり、お酒を交わす。地域の日常的なつながりが、聖坂から生まれる。
とき 月，週1回 ひと 周辺住民
4−4. 祭りの更新
[概要] 祭りから始まる「日々の集い」は再び、祭りの意味を見出していく。三田用水跡地が残した集落単位は、「ハレ（祭り）の場」と「ケ（日常）の場」を相互に生み出す。
とき 将来
5−1. 年に一度、湧水で涼む
[概要] 生活の中に、湧水を利用する文化がない現代において、祭りを起点に湧水に集う習慣が生み出されてくる。
とき 年1回 ひと 地域内外
5−2. 街中の湧水整備
空間5 住まいの井戸端
[概要] 生活水として湧水が利用され始める。
井戸の恒常利用
とき 日常 ひと 2,3軒間
5−3. 井戸を介した生活
[概要] 井戸を生活の一部に取り入れた生活で、2,3軒となりの人々と持ちつ凭れる小さな関係ができてくる。炊飯や打ち水に地下水が用いられ、互いの生活空間を潤す。
とき 日常 ひと 2,3軒間
空間 4 三叉路の暖簾拠り場
夕飯時にお酒を酌み交わす家族で賑わい、地域の人々も立ち寄る事ができます。
【平面図】
空間 5 住まいの井戸端
家と家の間で、隣の家の方々と語らいながら、夕飯の支度をします。
【平面図】
既存住宅
空間 6 用水路の庇路地
夏祭りで神輿を担ぐ人々の休憩場となり、界隈以外の人々も三田用水跡を練り歩きます。
【断面図】
周辺マンション
三田用水

角野幸博賞

[165]

サカリバヤクバ

包摂と共存のパブリックライフ

平田 颯彦 Tatsuhiko Hirata [B4]

九州大学 工学部 建築学科 黒瀬研究室

ラーメン
サカリバヤクバ
－包摂と共存のパブリックライフ－
あらゆる市民が包摂され共存する微地形のヒロバ

01 問題 都市の個室化・弱者の不可視化

都市社会の多様な人々

建築による分断

路地へ閉じたファサード

GLから乖離する超高層

都市による分断

自宅と職場だけの生活

インナーシティやジェントリフィケーションによる排除

都市の個室化

弱者の不可視化

そして生じる排除

都市が構成される設計プロセスからの排除

サードプレイスや居場所の喪失 社会的孤立のリスク

政治的プロセスからの排除

02 コンセプト サカリバヤクバ

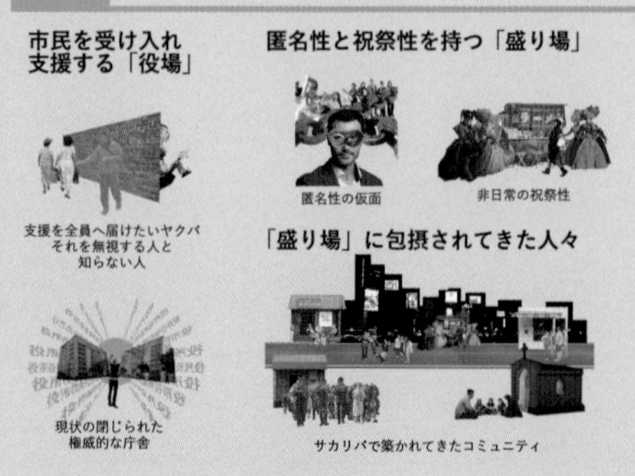

市民を受け入れ支援する「役場」
支援を全員へ届けたいヤクバ それを無視する人と知らない人
現状の閉じられた権威的な庁舎
匿名性と祝祭性を持つ「盛り場」
匿名性の仮面
非日常の祝祭性
「盛り場」に包摂されてきた人々
サカリバで築かれてきたコミュニティ

選定エリア:
福岡県福岡市
中央区大名

都市社会に暮らす多様な人々は建築や都市に生活圏が分断されている。個室化した都市と、それに伴う弱者の不可視化・排除を問題提起する。本提案では、福岡の盛り場である大名を対象に、弱者の包摂に貢献してきた2つの都市機能を複合するサカリバヤクバを二種類計画する。1つは盛り場に根付くコミュニティに寄り添い包摂すべく、相談・窓口業務をまちに分散させた6つのエダヤクバ。続いて、育んだコミュニティが共存する拠点的なヒロバヤクバの2つである。これらに、盛り場のコミュニティを育んできた匿名性と祝祭性を組み込んだ設計を行う。エダヤクバでは集団に寄り添い、行政との距離を感じていた市民を行政サービスやコミュニティへ包摂する。ヒロバヤクバでは、寛容性や扶助のきっかけとなる「見知った他人」として多様な社会集団が過ごす共存を目的とする。2つのサカリバヤクバが相互に働きを補完し合うことで包摂と共存のパブリックライフを達成する。

- 包摂と共存のパブリックライフ -

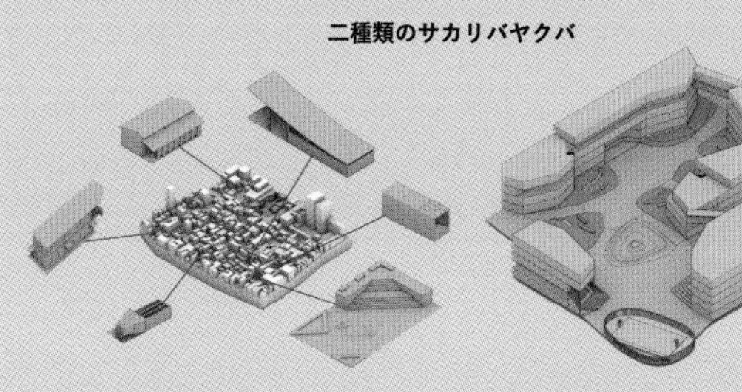
二種類のサカリバヤクバ
包摂するエダヤクバ
共存するヒロバヤクバ

03 敷地 福岡のサカリバたる大名

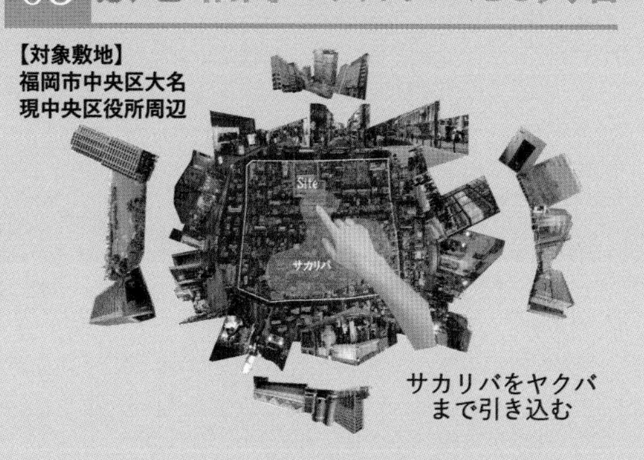
【対象敷地】
福岡市中央区大名
現中央区役所周辺
Site
サカリバ
サカリバをヤクバまで引き込む

04 提案 1 ヒロバのサカリバヤクバ
市民を受け入れ『見知った他人』として共存する
三種の包摂を達成する
あらゆる市民が
1. 困ったときに行政支援を求められること
2. 自分の居場所を獲得すること
3. 政治的プロセスへアクセスできること
以上の 3 点を包摂の目標とする
ヤクバの機能の側に市民の日常的な居場所を提供することで従来の盛り場で包摂に至らない部分を担保する
『見知った他人』としての共存
他人としてでも日常的に顔を合わせることで『見知った他人』になり、寛容性の醸成や非常時の援助行為のきっかけとなる
都市の公共空間でも同様に、自分と異なる他者の様子を日常的に眺めることで、その社会属性について『見知って』いき、徐々にでも相互扶助が進むのではないかと考える
気軽に足を運べ、自分と異なる集団と出会い共に過ごす機会を担保することで『見知った他人』としての共存 を目標とする
サカリバの匿名性による居心地を担保しつつ、祝祭性を媒介として緩やかにその場を共にする状態を設計で実現する
匿名性 と 祝祭性 を組み込むデザイン
1 歩行者の動線を反映しボリューム外形決定 －人の流れを引き込む－
交差点を敷地化し 分散したヤクバの配置
2 ボリュームの敷地を決める －面を振り内部を開く・人を招く－
歩行者とヤクバ内の 活動の見る見られる関係性
3 広場の居場所を分割する －ドミナント集団の占有を防ぐ－
単一の集団でなく 各々の領域性を担保する
匿名性
4 微地形によって気まずい「ご対面」を回避 －顔の認識距離 24m以上を確保する－
気まずさという 心理的障壁を排除する
匿名性
5 ヒロバのプログラム －行動規範を広げる－
DANCE / EVENT
STREET FOOD
STREET BASKETBALL
ストリートの多様な規範 によって他の利用を許容する
祝祭性
6 ボリュームを削る －パブリックスペースを立体展開する－
平面の関係性を立体に展開する
北は大通りにフォーマルな門としてのボリューム
南は路地への親密さのある分節されたボリューム
市民の祝祭性と支援機能を併せ持つプログラム構成
- ヤクバ機能 -
①窓口相談業務
市役所員と市民の接点
例）行政支援や制度の申請 こどもや高齢者、障がい者
②市民空間
市民が集い交流する場
例）広場、キッチン、市民活動センター
③議場
政治決定の場
例）議会、各種委員会
④執務空間
市役所員のオフィス
例）総務課、企画振興課、地域支援課、維持管理課など
政治 / 議会
委員会
個人窓口
市民施設
組織窓口
商業
- サカリバ機能 -
⑤商業空間
消費活動や飲食など 金銭を要する商業的活動
例）居酒屋、カフェ、古着屋、アパレル、本屋、etc...
⑥ストリート
ストリート文化やファッションの見る見られる
例）ダンス、スケボ、大道芸、喫煙、ストリート、ナンパ
⑦拠点空間
コミュニティでの 日常的な交流の場
例）モスク、外国料理店 語学教室、NPO 法人、etc...
ストリートカルチャーという祝祭
独りでも気軽に立ち入ることができる
街路のすぐ裏に構える市民の拠点空間
立体 PS は匿名性がより高い空間

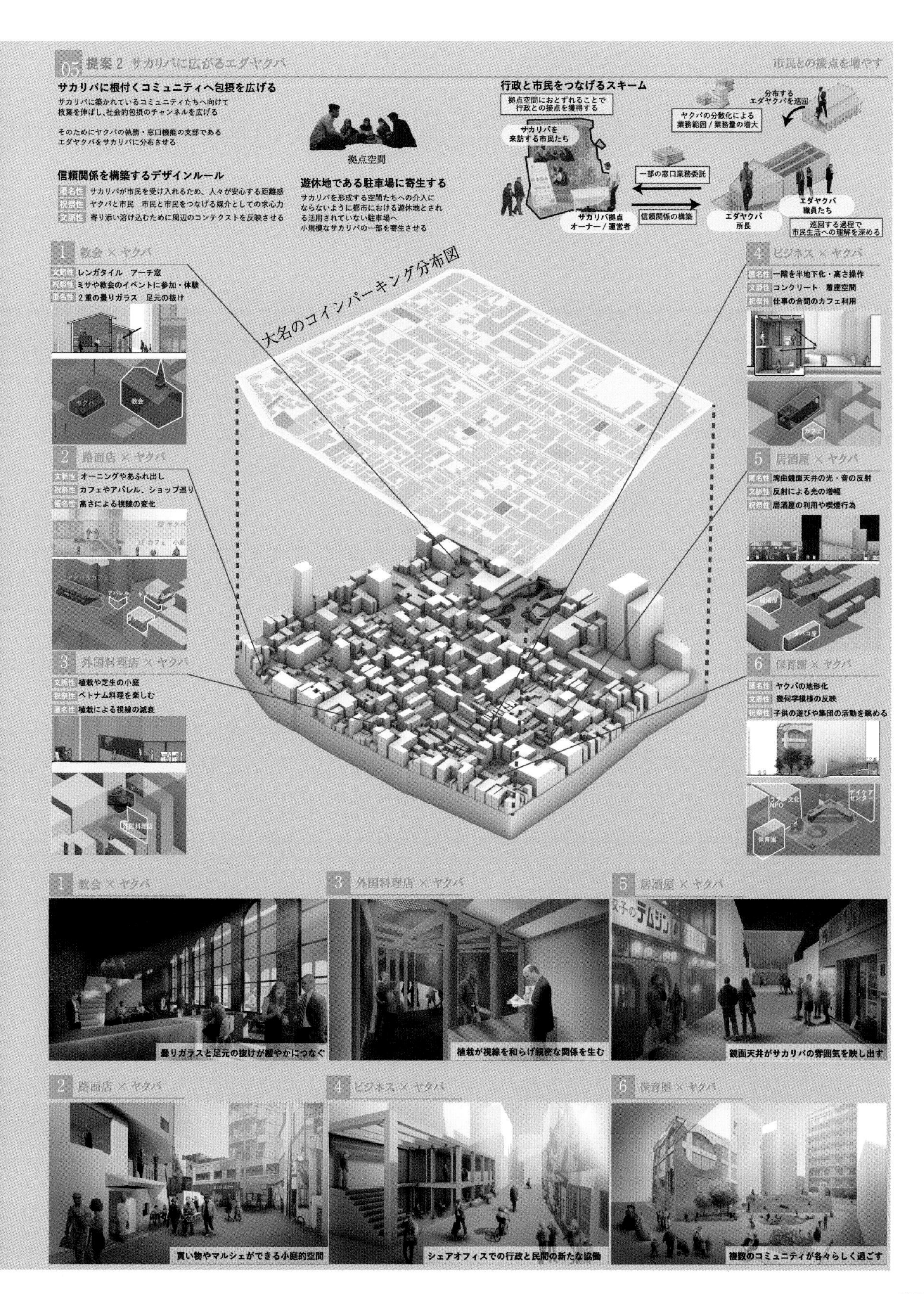
05 提案2 サカリバに広がるエダヤクバ
市民との接点を増やす
サカリバに根付くコミュニティへ包摂を広げる
サカリバに築かれているコミュニティたちへ向けて
枝葉を伸ばし、社会的包摂のチャンネルを広げる
そのためにヤクバの執務・窓口機能の支部である
エダヤクバをサカリバに分布させる
拠点空間
信頼関係を構築するデザインルール
匿名性 サカリバが市民を受け入れるため、人々が安心する距離感
祝祭性 ヤクバと市民 市民と市民をつなげる媒介としての求心力
文脈性 寄り添い溶け込むために周辺のコンテクストを反映させる
遊休地である駐車場に寄生する
サカリバを形成する空間たちへの介入に
ならないように都市における遊休地とされ
る活用されていない駐車場へ
小規模なサカリバの一部を寄生させる
行政と市民をつなげるスキーム
拠点空間におとずれることで
行政との接点を獲得する
サカリバを
来訪する市民たち
サカリバ拠点
オーナー／運営者
一部の窓口業務委託
信頼関係の構築
ヤクバの分散化による
業務範囲／業務量の増大
分布する
エダヤクバを巡回
エダヤクバ
職員たち
エダヤクバ
所長
巡回する過程で
市民生活への理解を深める
大名のコインパーキング分布図
1 教会 × ヤクバ
文脈性 レンガタイル アーチ窓
祝祭性 ミサや教会のイベントに参加・体験
匿名性 2重の曇りガラス 足元の抜け
ヤクバ
教会
2 路面店 × ヤクバ
文脈性 オーニングやあふれ出し
祝祭性 カフェやアパレル、ショップ巡り
匿名性 高さによる視線の変化
2F ヤクバ
1F カフェ 小庭
ヤクバ&カフェ
アパレル
ギフトショップ
3 外国料理店 × ヤクバ
文脈性 植栽や芝生の小庭
祝祭性 ベトナム料理を楽しむ
匿名性 植栽による視線の減衰
外国料理店
4 ビジネス × ヤクバ
匿名性 一階を半地下化・高さ操作
文脈性 コンクリート 着座空間
祝祭性 仕事の合間のカフェ利用
カフェ
5 居酒屋 × ヤクバ
匿名性 湾曲鏡面天井の光・音の反射
文脈性 反射による光の増幅
祝祭性 居酒屋の利用や喫煙行為
ヤクバ
居酒屋
タバコ屋
6 保育園 × ヤクバ
匿名性 ヤクバの地形化
文脈性 幾何学模様の反映
祝祭性 子供の遊びや集団の活動を眺める
文化
NPO
ヤクバ
デイケア
センター
保育園
1 教会 × ヤクバ
曇りガラスと足元の抜けが緩やかにつなぐ
3 外国料理店 × ヤクバ
植栽が視線を和らげ親密な関係を生む
5 居酒屋 × ヤクバ
鏡面天井がサカリバの雰囲気を映し出す
2 路面店 × ヤクバ
買い物やマルシェができる小庭的空間
4 ビジネス × ヤクバ
シェアオフィスでの行政と民間の新たな協働
6 保育園 × ヤクバ
複数のコミュニティが各々らしく過ごす

北川啓介賞

[016]

余白
～トポフィリアとコンポジションによる避難動線の確保～

竹内 勇真 Yuma Takeuchi[B2]　前村 真太郎 Shintaro Maemura[B3]　堀江 僚太 Ryota Horie[B2]
奥田 裕貴 Yuki Okuda[B2]　笹川 智哉 Tomoya Sasagawa[B1]
日本福祉大学 健康科学部 福祉工学科 橋本研究室

空間に「場所愛」を萌芽させ、余白を構成する要素を点と線から面にて表現し、避難動線を暗示させる。日常生活と災害時避難生活の相反する体験が「稜」を隔てて存在するような空間を提示する。

生態系との出会い

Phase 1

視点場

金山地域の分析をもとにいくつかの事象を読み解いていく。少しだけの操作や、展開、場の整理などを施した視点場を点々と設ける。それぞれの視点場が誘導を促し、避難動線が浮かび上がる。Map1においての金山駅周辺の回遊性の低さ・行動範囲の狭さを許容しながら避難動線の確保を試みる。

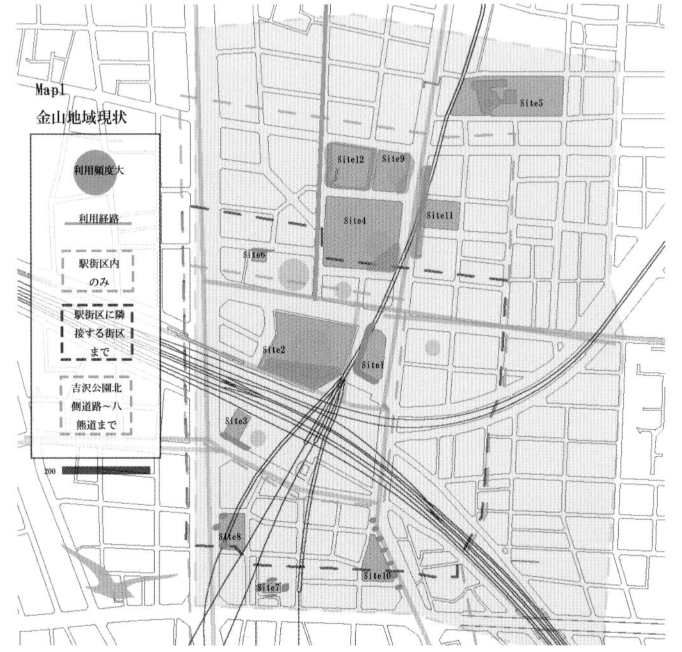
Map1
金山地域現状
利用頻度大
利用経路
駅街区内のみ
駅街区に隣接する街区まで
吉沢公園北側道路～八熊道まで
200
Site1
Site2
Site3
Site4
Site5
Site6
Site7
Site8
Site9
Site10
Site11
Site12

Phase 2

周辺緑地の生態系のプロット

Map２にて生物の生息、生物の飛行距離を踏まえ、緑地同士を線でつなぐことにより、生態系ネットワークの可視化を行う。場所愛（トポフィリア）の形成に環境は不可欠であり、また、誘致生物によりその場の魅力は変化する。

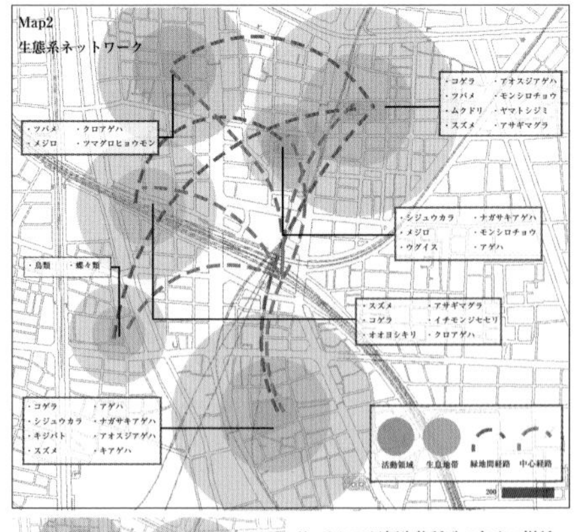
Map2
生態系ネットワーク
・ツバメ　・クロアゲハ
・メジロ　・ツマグロヒョウモン
・コゲラ　・アオスジアゲハ
・ツバメ　・モンシロチョウ
・ムクドリ　・ヤマトシジミ
・スズメ　・アサギマダラ
・シジュウカラ　・ナガサキアゲハ
・メジロ　・モンシロチョウ
・ウグイス　・アゲハ
・鳥類　・蝶々類
・スズメ　・アサギマダラ
・コゲラ　・イチモンジセセリ
・オオヨシキリ　・クロアゲハ
・コゲラ　・アゲハ
・シジュウカラ　・ナガサキアゲハ
・キジバト　・アオスジアゲハ
・スズメ　・キアゲハ
活動領域
生息地帯
緑地間経路
中心経路
200

Map３にて目標生物誘致のための樹種選定を行う。それにより、それぞれの拠点によってほかの緑地への飛行や生態系が保持される。

日常の生態系
活動領域・生息地帯から金山駅へと向かう中心経路において、鳥類が休憩し降り立つ地点をプロットする。

選定エリア:
愛知県名古屋市
中区金山

わたしたちの住んでいるこの空間とは、環境とはなにか。近年、自然災害が頻繁に起きる日々が生活を消極的にさせている。金山地域において、大規模地震や大雨の災害が発生した場合に来街者や地域住民に加え、多数の鉄道利用者への被害、更に鉄道をはじめ交通網へも大きな影響が生じることが想定される。また、金山総合駅は名古屋駅に次いで多数の乗降客数を有する駅であるため、鉄道利用者による大きな混乱の発生や周辺の従業者等を含めた膨大な帰宅困難者が集中する。そこで、金山地域の分析をもとにいくつかの事象を読み解いていく。日常のまちを歩くという行為、目的地から目的地までの「移動」の行為に「見つける」タスクを加え、他要素の展開を示唆する。「見える（気づく）」ことが今まで余白と感じていた空間に「場所愛」を萌芽させる。日常生活と災害時避難生活の相反する体験が「稜」を隔てて存在するような空間を提示する。

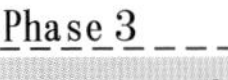

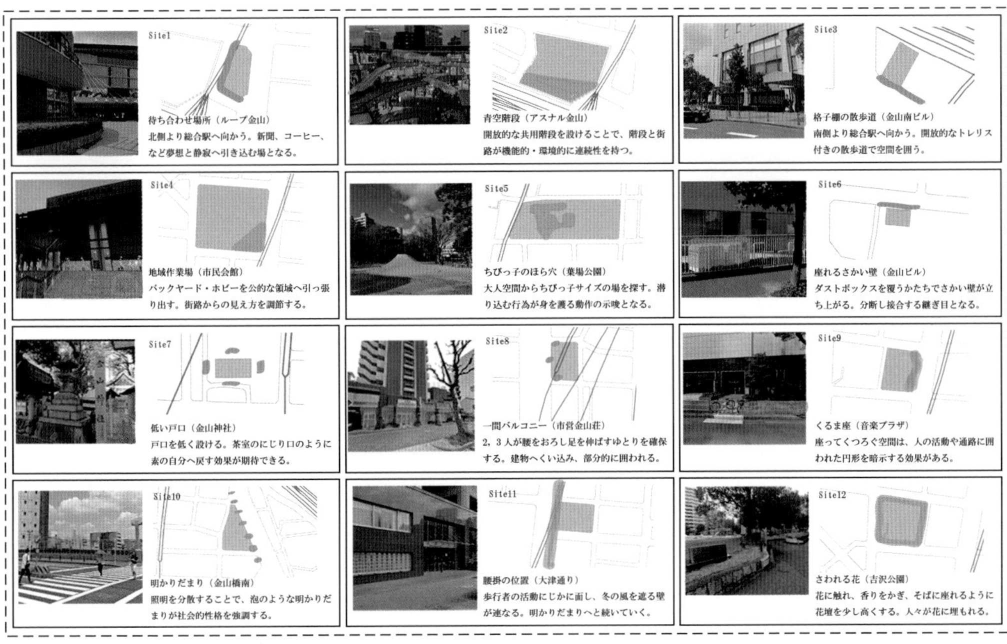

Site1
待ち合わせ場所（ループ金山）
北側より総合駅へ向かう。新聞、コーヒー、など夢想と静寂へ引き込む場となる。
Site2
青空階段（アスナル金山）
開放的な共用階段を設けることで、階段と街路が機能的・環境的に連続性を持つ。
Site3
格子棚の散歩道（金山南ビル）
南側より総合駅へ向かう。開放的なトレリス付きの散歩道で空間を囲う。
Site4
地域作業場（市民会館）
バックヤード・ホビーを公的な領域へ引っ張り出す。街路からの見え方を調節する。
Site5
ちびっ子のほら穴（葉場公園）
大人空間からちびっ子サイズの場を探す。潜り込む行為が身を護る動作の示唆となる。
Site6
座れるさかい壁（金山ビル）
ダストボックスを覆うかたちでさかい壁が立ち上がる。分断し接合する継ぎ目となる。
Site7
低い戸口（金山神社）
戸口を低く設ける。茶室のにじり口のように素の自分へ戻す効果が期待できる。
Site8
一間バルコニー（市営金山荘）
2, 3人が腰をおろし足を伸ばすゆとりを確保する。建物へくい込み、部分的に囲われる。
Site9
くるま座（音楽プラザ）
座ってくつろぐ空間は、人の活動や通路に囲われた円形を暗示する効果がある。
Site10
明かりだまり（金山橋南）
照明を分散することで、泡のような明かりだまりが社会的性格を強調する。
Site11
腰掛の位置（大津通り）
歩行者の活動にじかに面し、冬の風を遮る壁が連なる。明かりだまりへと続いていく。
Site12
さわれる花（吉沢公園）
花に触れ、香りをかぎ、そばに座れるように花壇を少し高くする。人々が花に埋もれる。

Phase 3

マインドマップ

観察地点・誘導地点や生態系ネットワーク・植栽計画などをマインドマップにて、俯瞰した状態で眺める。そこには大きくわけて2つの道が生まれる。互いが重なり合う部分を「地域的コード」とし、誘導箇所へ断片的に引き込む。それまで点々と存在していた操作個所（視点場）が人々に使いこなされ、徐々に道が避難動線と等価なものとなっていく。

小川のように
Like a stream

木の根のように
Like the roots of a tree

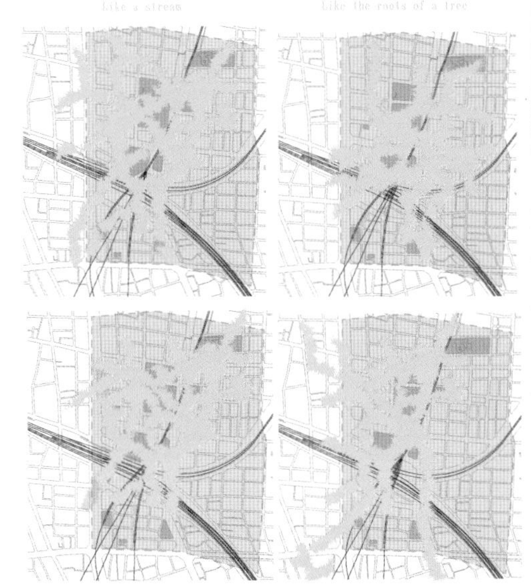

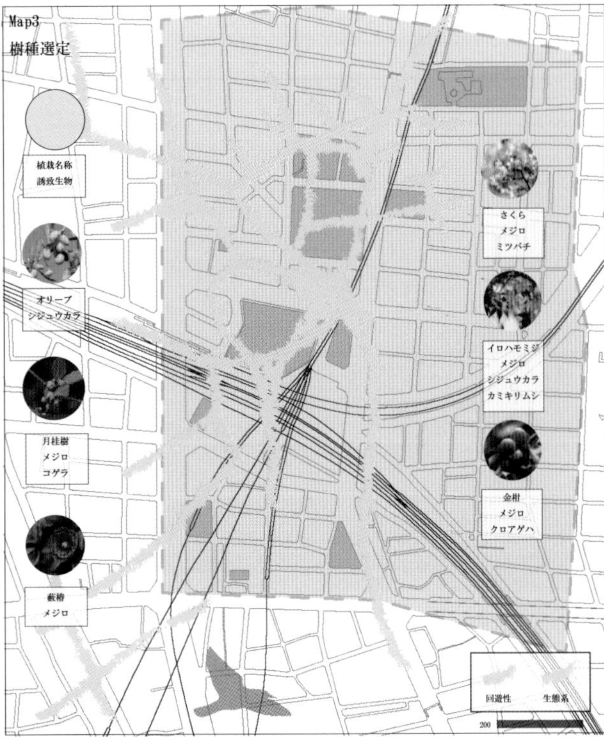

Map3
樹種選定
植栽名称
誘致生物
オリーブ
シジュウカラ
月桂樹
メジロ
コゲラ
藪椿
メジロ
さくら
メジロ
ミツバチ
イロハモミジ
メジロ
シジュウカラ
カミキリムシ
金柑
メジロ
クロアゲハ
回遊性
生態系
200

Phase 4

金山駅構内

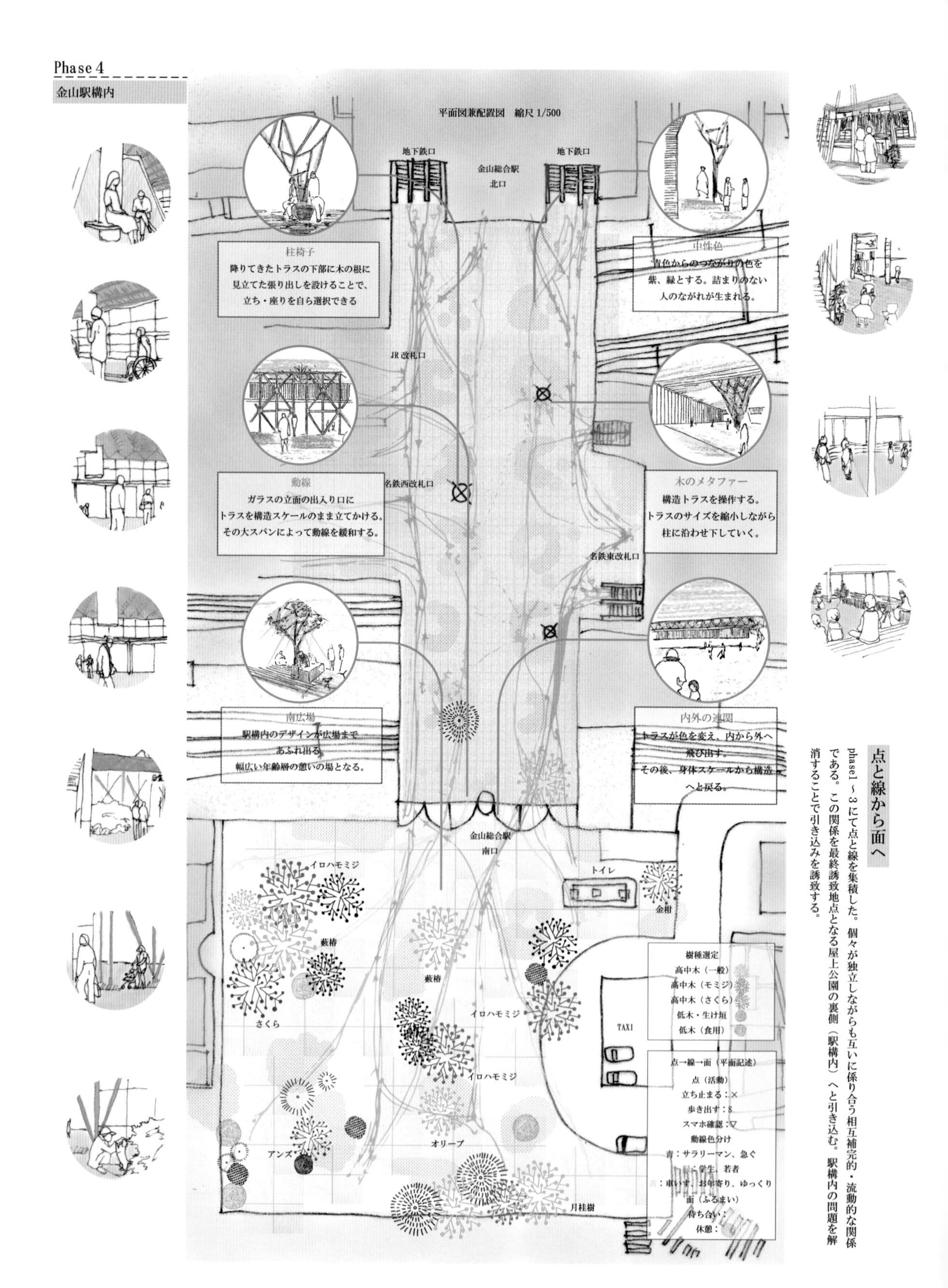
平面図兼配置図　縮尺 1/500
地下鉄口
地下鉄口
金山総合駅
北口
柱椅子
降りてきたトラスの下部に木の根に
見立てた張り出しを設けることで、
立ち・座りを自ら選択できる
中性色
青色からのつながりの色を
紫、緑とする。詰まりのない
人のながれが生まれる。
JR 改札口
名鉄西改札口
動線
ガラスの立面の出入り口に
トラスを構造スケールのまま立てかける。
その大スパンによって動線を緩和する。
木のメタファー
構造トラスを操作する。
トラスのサイズを縮小しながら
柱に沿わせ下していく。
名鉄東改札口
南広場
駅構内のデザインが広場まで
あふれ出る。
幅広い年齢層の憩いの場となる。
内外の連関
トラスが色を変え、内から外へ
飛び出す。
その後、身体スケールから構造へと戻る。
金山総合駅
南口
イロハモミジ
トイレ
金柑
藪椿
藪椿
さくら
イロハモミジ
イロハモミジ
TAXI
アンズ
オリーブ
月桂樹
樹種選定
高中木（一般）
高中木（モミジ）
高中木（さくら）
低木・生け垣
低木（食用）
点→線→面（平面記述）
点（活動）
立ち止まる：×
歩き出す：S
スマホ確認：▽
動線色分け
青：サラリーマン、急ぐ
学生、若者
車いす、お年寄り、ゆっくり
面（ふるまい）
待ち合い：
休憩：

点と線から面へ

phase1〜3にて点と線を集積した。個々が独立しながらも互いに係り合う相互補完的・流動的な関係である。この関係を最終誘致地点となる屋上公園の裏側（駅構内）へと引き込む。駅構内の問題を解消することで引き込みを誘致する。

Phase 5

コリオグラフィ

行動の振付計画ではバレーの振り付け（コリオグラフィ）をする一つの舞台としてまちを取り上げる。床面、斜面、階段などの垂直移動、ベンチ、手すりなどの付属物、大きな広場、商店街など多くの次元が考慮されるべきである。歩行者はときに川を流れる水のように渦巻を生み出したり、他人にぶつかったりする。それぞれのリズムは十人十色であり、独自な特徴を持っている。社会的、環境面、身体面など活動内容と同時に起こり得る空間のタイプをデザインすることが求められる。上記より、自由なふるまいを以下のように定義した。

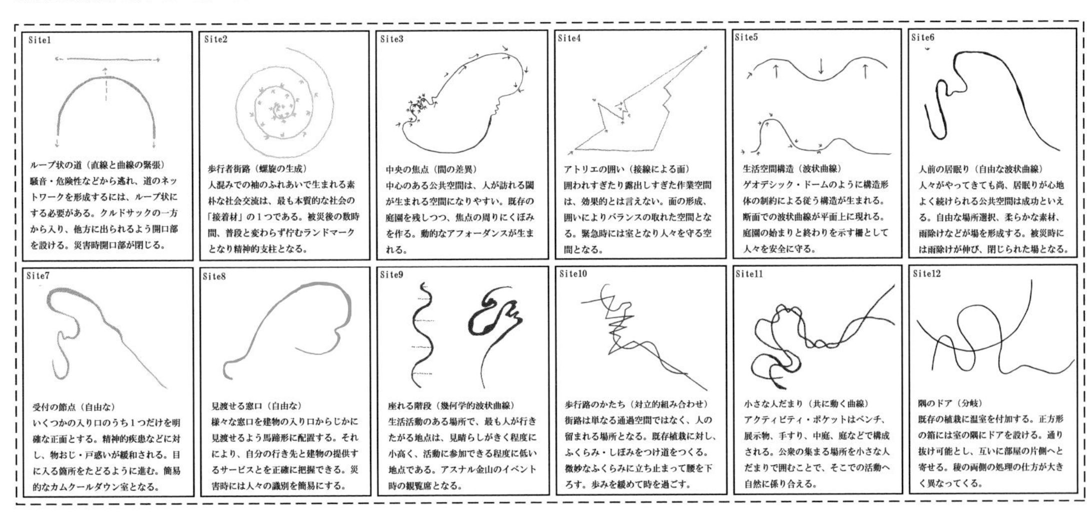
Site1
ループ状の道（直線と曲線の緊張）
騒音・危険性などから逃れ、道のネットワークを形成するには、ループ状にする必要がある。クルドサックの一方から入り、他方に出られるよう開口部を設ける。災害時開口部が閉じる。
Site2
歩行者街路（螺旋の生成）
人混みでの袖のふれあいで生まれる素朴な社会交流は、最も本質的な社会の「接着材」の1つである。被災後の数時間、普段と変わらず佇むランドマークとなり精神的支柱となる。
Site3
中央の焦点（間の差異）
中心のある公共空間は、人が訪れる閾が生まれる空間になりやすい。既存の庭園を残しつつ、焦点の周りにくぼみを作る。動的なアフォーダンスが生まれる。
Site4
アトリエの囲い（接線による面）
囲われすぎたり露出しすぎた作業空間は、効果的とは言えない。面の形成、囲いによりバランスの取れた空間となる。緊急時には室となり人々を守る空間となる。
Site5
生活空間構造（波状曲線）
ゲオデシック・ドームのように構造形体の制約による従う構造が生まれる。断面での波状曲線が平面上に現れる。庭園の始まりと終わりを示す柵として人々を安全に守る。
Site6
人前の居眠り（自由な波状曲線）
人々がやってきても尚、居眠りが心地よく続けられる公共空間は成功といえる。自由な場所選択、柔らかな素材、雨除けなどが場を形成する。被災時には雨除けが伸び、閉じられた場となる。
Site7
受付の節点（自由な）
いくつかの入り口のうち1つだけを明確な正面とする。精神的疾患などに対し、物おじ・戸惑いが緩和される。目に入る箇所をたどるように進む。簡易的なカムクールダウン室となる。
Site8
見渡せる窓口（自由な）
様々な窓口を建物の入り口からじかに見渡せるよう馬蹄形に配置する。それにより、自分の行き先と建物の提供するサービスとを正確に把握できる。災害時には人々の識別を簡易にする。
Site9
座れる階段（幾何学的波状曲線）
生活活動のある場所で、最も人が行きたがる地点は、見晴らしがきく程度に小高く、活動に参加できる程度に低い地点である。アスナル金山のイベント時の観覧席となる。
Site10
歩行路のかたち（対立的組み合わせ）
街路は単なる通過空間ではなく、人の留まれる場所となる。既存植栽に対し、ふくらみ・しぼみをつけ道をつくる。微妙なふくらみに立ち止まって腰を下ろす。歩みを緩めて時を過ごす。
Site11
小さな人だまり（共に動く曲線）
アクティビティ・ポケットはベンチ、展示物、手すり、中庭、庭などで構成される。公衆の集まる場所を小さな人だまりで囲むことで、そこでの活動へ自然に係り合える。
Site12
隅のドア（分岐）
既存の植栽に温室を付加する。正方形の箱には室の隅にドアを設ける。通り抜け可能とし、互いに部屋の片側へと寄せる。稜の両側の処理の仕方が大きく異なってくる。

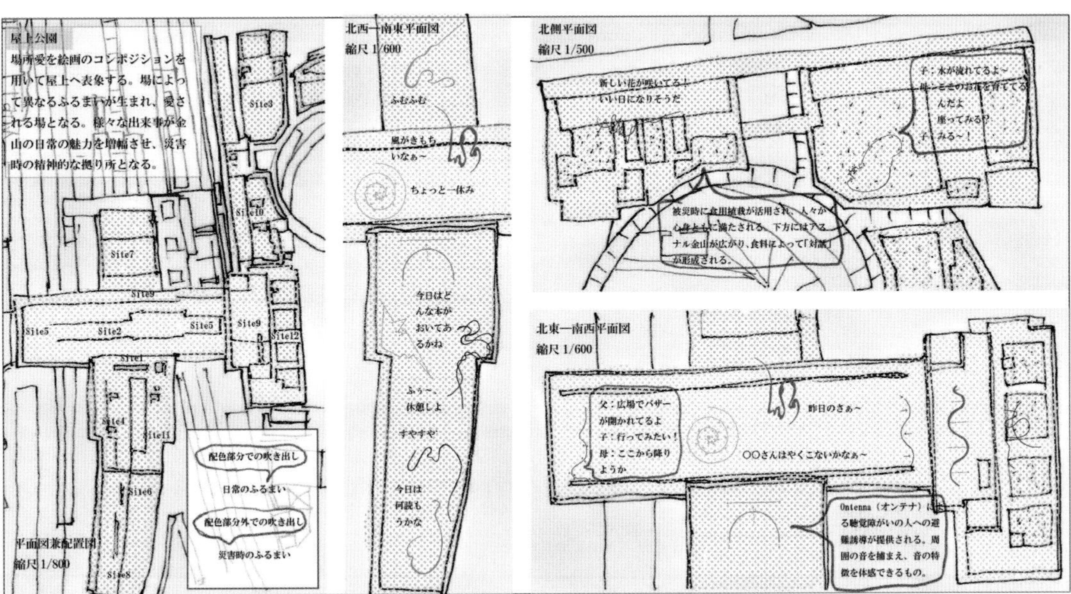
屋上公園
場所愛を絵画のコンポジションを用いて屋上へ表象する。場によって異なるふるまいが生まれ、愛される場となる。様々な出来事が金山の日常の魅力を増幅させ、災害時の精神的な拠り所となる。
平面図兼配置図
縮尺 1/800
配色部分での吹き出し
日常のふるまい
配色部分外での吹き出し
災害時のふるまい
北西一南東平面図
縮尺 1/600
ふむふむ
風がきもちいなぁ～
ちょっと一休み
今日はどんな本がおいてあるかね
ふぅ～、休憩しよ
すやすや
今日は何読もうかな
北側平面図
縮尺 1/500
新しい花が咲いてる！いい日になりそうだ
子：水が流れてるよ～
みる～！
被災時に食用植栽が活用され、人々は心身ともに満たされる。下方にはアスナル金山が広がり、食料によって「対話」が形成される。
北東一南西平面図
縮尺 1/600
父：広場でバザーが開かれてるよ
子：行ってみたい！
母：ここから降りようか
昨日のさぁ～
○○さんはやくこないかなぁ～
Ontenna（オンテナ）による聴覚障がいの人への避難誘導が提供される。周囲の音を捕まえ、音の特徴を体感できるもの。

トポフィリアからコンポジションへ

コンポジションという一般的調和的なモノが最大限に対立する若干の集合体から構成されることがある。量と質が向上し、何か柔らかで、ビロードのようなものを伴う。それによって、叙情的なモノが劇的なモノを上回って鳴り響く。避難動線確保から避難場所の計画までの軸を固定することで、定期的に複雑性・没入性がフラットになり、俯瞰した状態を保つことができる。つまり、Phase1～5までの詳細・複雑なコンテクストが最終提案時には単純・簡潔なコンポジションにより面へと昇華される。本提案が、災害大国の日本における避難動線確保・計画の雛形となることを期待している。

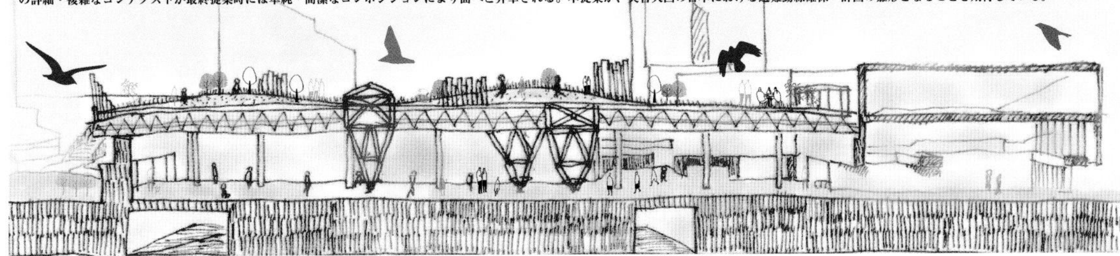

中島直人賞

[147]

都市の脈動をつまむ

― アクティビティの整頓による都市の変容録 ―

渡邉 麻里 Mari Watanabe [B4]

明治大学 理工学部 建築学科 構法計画研究室(門脇研究室)

目的及び提案：アクティビティ密度の一極集中

高層ビルや都市インフラの開発により、近年都市は爆発的な成長を遂げてきた。一方、都市空間の大きさとアクティビティの大きさは合致しておらず、都市的なアクティビティ密度は一極集中の状態になっており、現在の都市開発により人間活動は抑圧されている。

そこで、都市的アクティビティ密度の一極集中をなくし、分断されたアクティビティと空間を繋ぐことを目的とし、以下の提案を試みる。

本計画では**都市的なアクティビティの大きさの時間的遷移**を**「脈動」**と定義する。

STEP1: 現状の都市的アクティビティの時間的遷移を調査し、都市脈動図として立体的に記述することで可視化させる。
STEP2: 脈動を整頓するように都市脈動図上で操作を行う。
STEP3: 脈動図上での操作を建築や都市空間に翻訳する。

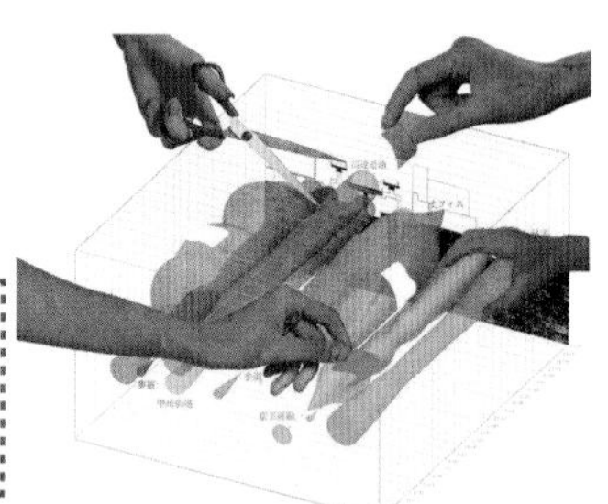

都市開発の副次的産物 －文化の境界 渋谷区初台－

初台は都心の郊外に位置し、戦後のインフラ需要や急激なインフラ建設に伴う**都市開発の副次的産物**であり、乱暴な都市開発により**帯状の機能の分断**がみられる。そのうえ、初台は歴史的・地理的に朱引と墨引の間に位置しており、**境界性を孕んだ地域**であり、中心性の欠如により**非常に幅広い種類のアクティビティ空間の供与と関係付けを許容するシステムになり得る可能性**を秘めている。

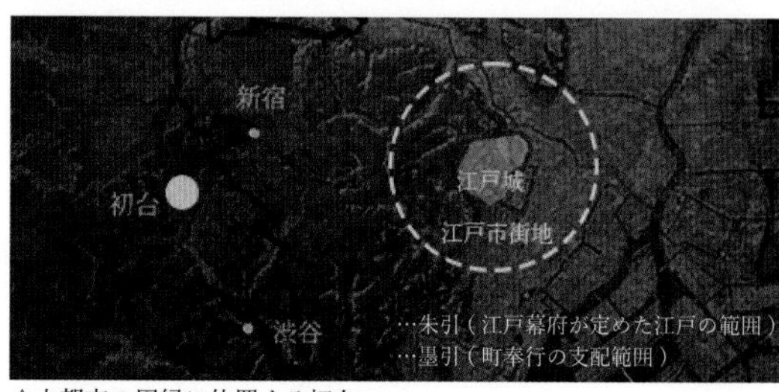
新宿
江戸城
江戸市街地
初台
渋谷
…朱引（江戸幕府が定めた江戸の範囲）
…墨引（町奉行の支配範囲）

△大都市の周縁に位置する初台

STEP1: デザインのための都市リサーチと都市的アクティビティの時間遷移の可視化

帯状の機能の分断が見られる**初台周辺の現状のアクティビティの分布及び時間遷移**を調査した。

≪アクティビティの調査方法≫
敷地である初台の中でも特徴の異なる３ヶ所を（①幡ヶ谷住宅地周辺、②初台駅周辺、③旧初台駅周辺）選び、歩道の利用者数と滞在人数、利用者の行動パターンの特徴などの観察・測定を行った。
１つの場所に対して、１時間内に 10 分間の利用者数測定を２回行い、その平均値をもとに１時間の利用者数及びプログラムの占有度を推定した。（推定には混雑度を表すグラフ、施設が公開している面積から想定した利用者数、現地調査で得たデータを用いた。）

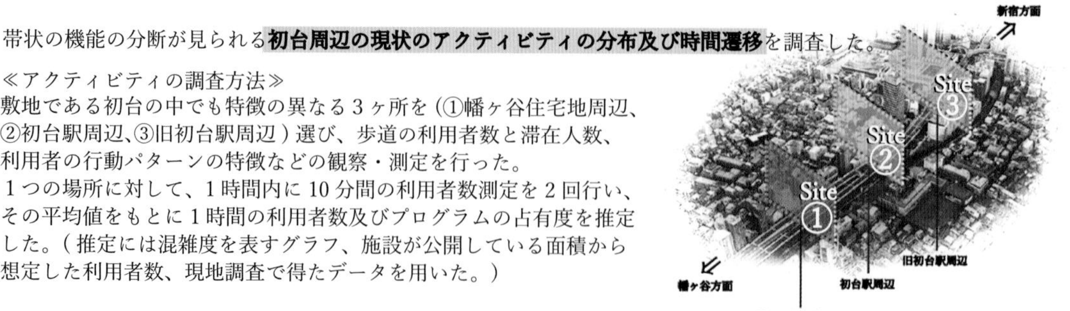
新宿方面
Site ③
Site ②
Site ①
旧初台駅周辺
初台駅周辺
幡ヶ谷方面
幡ヶ谷住宅地付近

△初台における調査対象地３ヶ所

取り扱うアクティビティ➡

歩道

劇場

電車

甲州街道

緑道

小学校

飲食店

住宅

高速道路

選定エリア:
東京都渋谷区初台

近年都市は爆発的な成長を遂げてきた一方、都市的なアクティビティ密度は一極集中の状態であり、人間の活動は抑圧されている。初台は郊外に位置し、戦後の急激なインフラ建設に伴う都市開発の副次的産物であり、乱暴な都市開発により帯状の機能の分断が見られる。そのうえ、初台は歴史的・地理的に境界性を孕んだ地域であり、中心性の欠如により非常に幅広い種類のアクティビティ空間の関係付けを許容するシステムになり得る可能性を秘めている。都市におけるアクティビティの集中を解決すべく、帯状の機能が分断が見られる初台周辺の現状のアクティビティの分布及び時間遷移を調査し、都市的アクティビティの時間遷移を「都市脈動図」として立体的に記述する。そして、都市脈動図上での「つまむ」操作により脈動を整頓し、その操作を都市空間に翻訳する。本手法とそれに基づく建物計画を通して都市的アクティビティの記法及び、あるべき都市計画を提示する。

現状の都市的アクティビティの時間的遷移の調査結果を**都市脈動図**として立体的に記述することで可視化させる。

《都市脈動図の作成方法》※調査方法についての詳細は敷地選定の方に記載。

①敷地（中心点から半径100mの範囲内）における1時間のアクティビティの大きさを円の面積で表し、敷地断面図にプロットし、アクティビティ分布レイヤーを24時間分作成する。

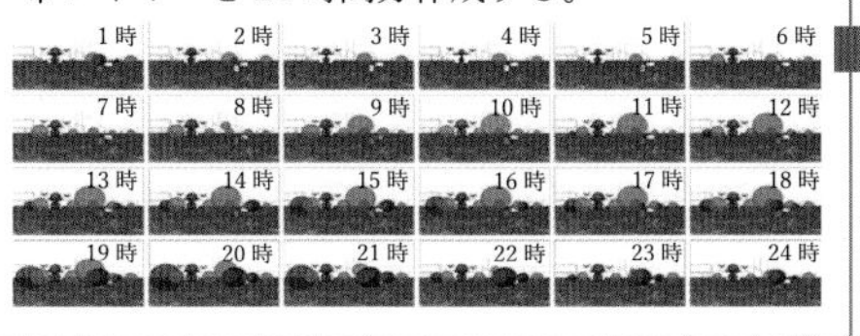
1時
2時
3時
4時
5時
6時
7時
8時
9時
10時
11時
12時
13時
14時
15時
16時
17時
18時
19時
20時
21時
22時
23時
24時

②時間列でアクティビティ分布レイヤーを等間隔に並べる。

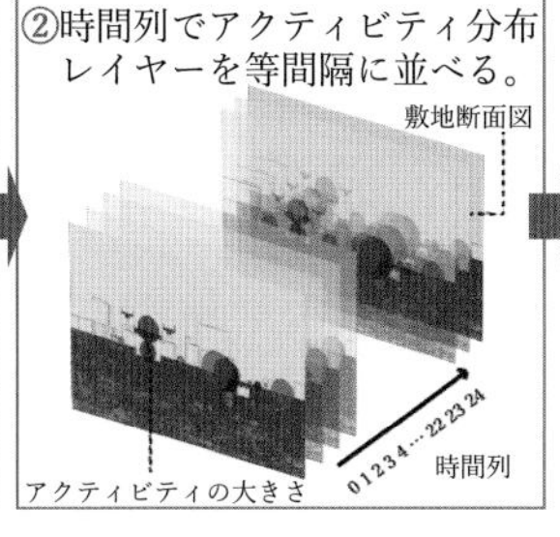
敷地断面図
アクティビティの大きさ
0 1 2 3 4 … 22 23 24
時間列

③24時間分の円をつなぐと特徴的な形をした立体が浮かび上がる。

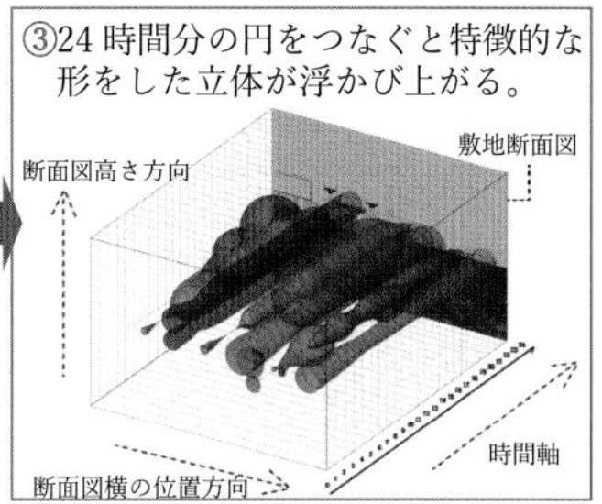
断面図高さ方向
敷地断面図
断面図横の位置方向
時間軸

STEP2: 都市脈動図上での操作

本設計では、都市脈動図上での脈動を整頓する操作を以下の3種類行う。

①**つまんで引き伸ばす**
操作の翻訳：
都市脈動のうねりを無くすように引き伸ばすことで、ある時間使用されていなかった空間が別の主体に利用され、空間が長時間有効活用される建築を構築する。

②**つまんで移植する**
操作の翻訳：
都市脈動の肥大箇所を切り取り、別の脈動を切り取った部分に移植することで、相容れないアクティビティが共存し、領域が時間によって拡大縮小するような建築を構築する。

③**つまんで複製する**
操作の翻訳：
都市脈動に生じる副次的な環境因子を利用して、同じような脈動を別に形成し、異なるアクティビティをつなげる媒介物となる建築を構築する。

《初台における都市脈動図の作成》

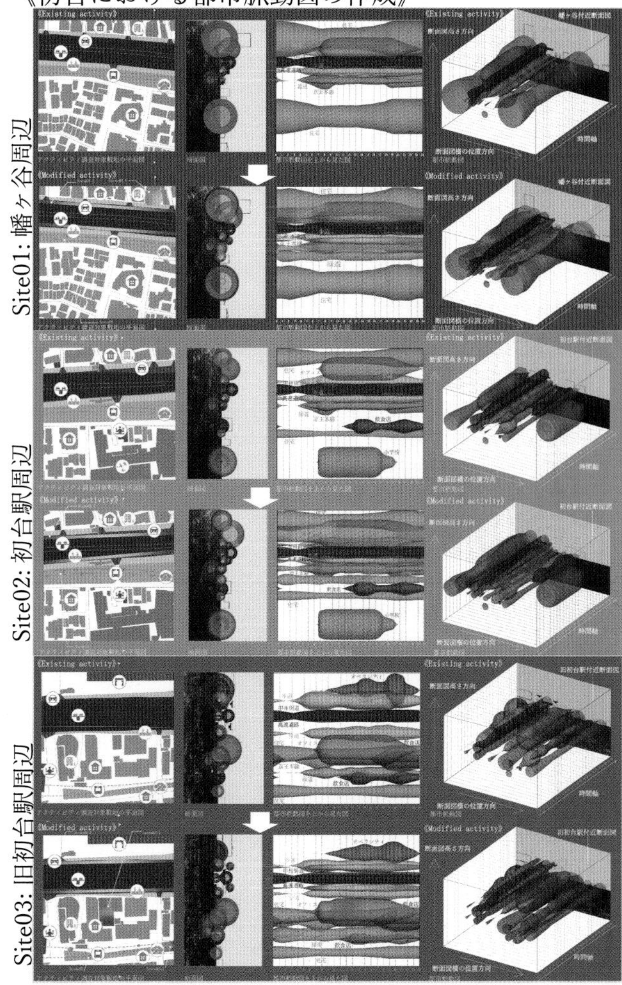
Site01: 幡ヶ谷周辺
Site02: 初台駅周辺
Site03: 旧初台駅周辺

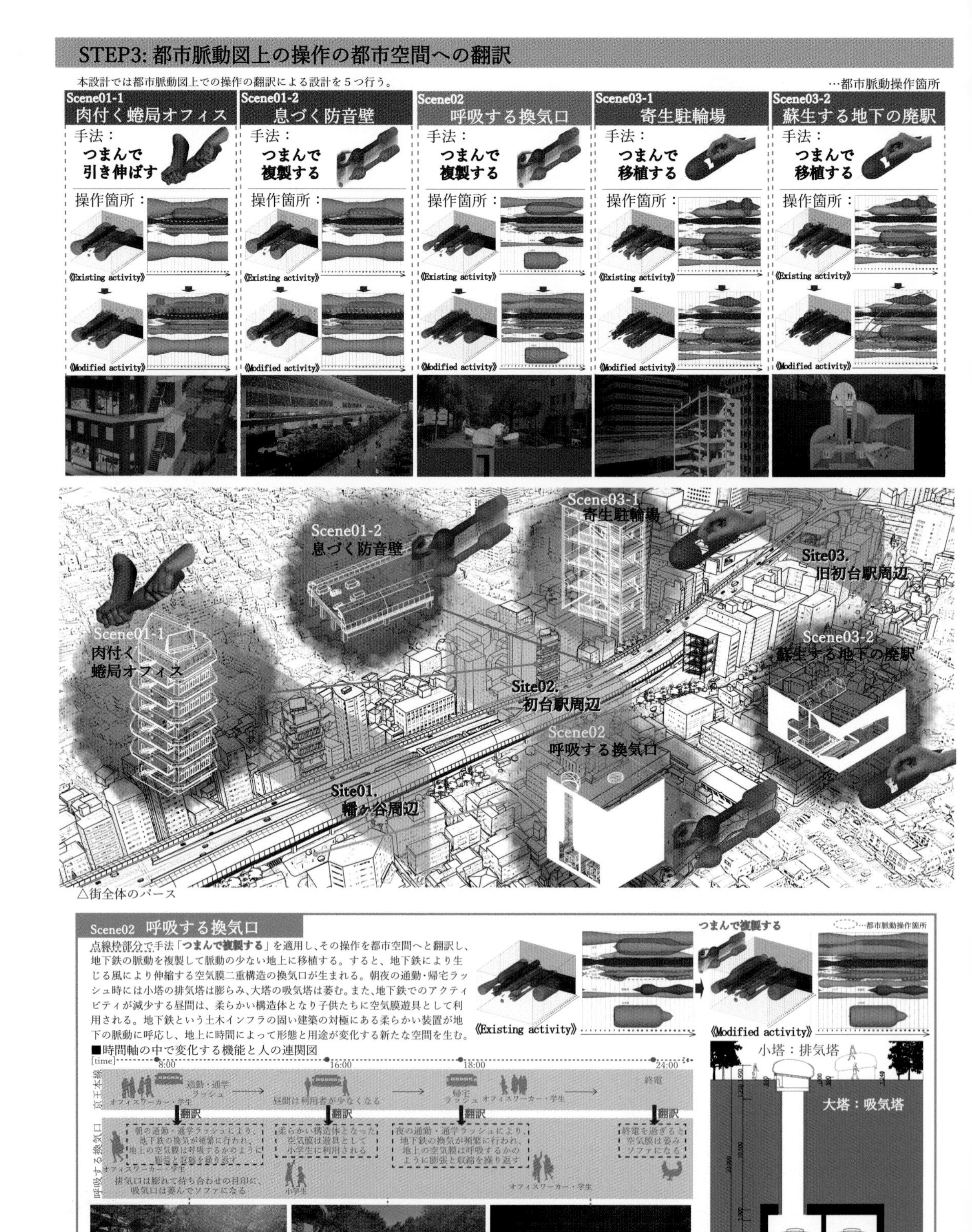

STEP3: 都市脈動図上の操作の都市空間への翻訳
本設計では都市脈動図上での操作の翻訳による設計を５つ行う。
…都市脈動操作箇所
Scene01-1 肉付く蜷局オフィス
手法：つまんで引き伸ばす
操作箇所：
《Existing activity》
《Modified activity》
Scene01-2 息づく防音壁
手法：つまんで複製する
操作箇所：
《Existing activity》
《Modified activity》
Scene02 呼吸する換気口
手法：つまんで複製する
操作箇所：
《Existing activity》
《Modified activity》
Scene03-1 寄生駐輪場
手法：つまんで移植する
操作箇所：
《Existing activity》
《Modified activity》
Scene03-2 蘇生する地下の廃駅
手法：つまんで移植する
操作箇所：
《Existing activity》
《Modified activity》
Scene01-2 息づく防音壁
Scene03-1 寄生駐輪場
Site03. 旧初台駅周辺
Scene01-1 肉付く蜷局オフィス
Scene03-2 蘇生する地下の廃駅
Site02. 初台駅周辺
Scene02 呼吸する換気口
Site01. 幡ヶ谷周辺
△街全体のパース
Scene02 呼吸する換気口
点線枠部分で手法「つまんで複製する」を適用し、その操作を都市空間へと翻訳し、地下鉄の脈動を複製して脈動の少ない地上に移植する。すると、地下鉄により生じる風により伸縮する空気膜二重構造の換気口が生まれる。朝夜の通勤・帰宅ラッシュ時には小塔の排気塔は膨らみ、大塔の吸気塔は萎む。また、地下鉄でのアクティビティが減少する昼間は、柔らかい構造体となり子供たちに空気膜遊具として利用される。地下鉄という土木インフラの固い建築の対極にある柔らかい装置が地下の脈動に呼応し、地上に時間によって形態と用途が変化する新たな空間を生む。
つまんで複製する
…都市脈動操作箇所
《Existing activity》
《Modified activity》
■時間軸の中で変化する機能と人の連関図
[time]
8:00
16:00
18:00
24:00
京王本線
通勤・通学ラッシュ
オフィスワーカー・学生
昼間は利用者が少なくなる
帰宅ラッシュ
オフィスワーカー・学生
終電
翻訳
呼吸する換気口
朝の通勤・通学ラッシュにより、地下鉄の換気が頻繁に行われ、地上の空気膜は呼吸するかのように膨張と収縮を繰り返す
オフィスワーカー・学生
排気口は膨れて待ち合わせの目印に、吸気口は萎んでソファになる
柔らかい構造体となった空気膜は遊具として小学生に利用される
小学生
夜の通勤・通学ラッシュにより、地下鉄の換気が頻繁に行われ、地上の空気膜は呼吸するかのように膨張と収縮を繰り返す
オフィスワーカー・学生
終電を過ぎると空気膜は萎みソファになる
△通勤ラッシュで排気の方は膨れ、吸気の方は萎む 8:00
△学校帰りに緑道にある空気膜遊具で遊ぶ子供たち 16:00
△終電時間を過ぎると萎みソファのようになる 24:00
小塔：排気塔
大塔：吸気塔
△断面図 S=1:800

△設計物の具体例：呼吸する換気口

都市脈動図上での操作により、都市に様々な迂回路が増築されていき、かつて文化の境界地として栄えていた街の姿が呼び起こされる。そして、人々とアクティビティが共鳴し時間的なランドスケープを生む装置が「都市開発により残された断片」に生まれていく。

△幡ヶ谷周辺 (Site 01) での都市脈動図操作後の様子

△初台駅周辺 (Site 02) での都市脈動図操作後の様子

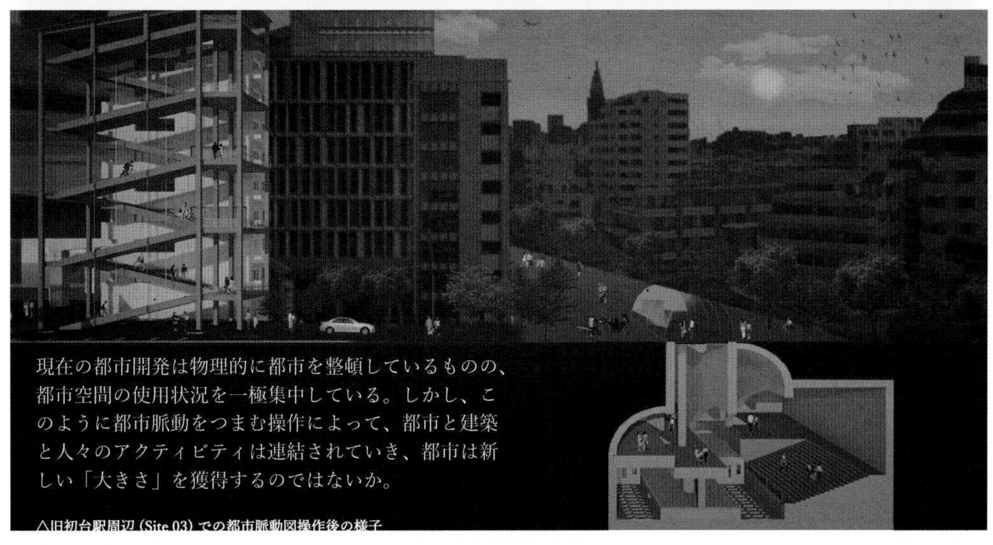

現在の都市開発は物理的に都市を整頓しているものの、都市空間の使用状況を一極集中している。しかし、このように都市脈動をつまむ操作によって、都市と建築と人々のアクティビティは連結されていき、都市は新しい「大きさ」を獲得するのではないか。

△旧初台駅周辺 (Site 03) での都市脈動図操作後の様子

中野恒明賞

[026]

かさなる五感

辻からまちへ

向井 菜々 Nana Mukai [B4]

福井工業大学 環境情報学部 デザイン学科 三寺研究室

文化の辻「寺町コンシェルジュ」

「寺町コンシェルジュ」では、寺社で働く住職や神主が寺社での過ごし方や礼儀作法など、越前市に根付く寺町文化を案内する。
ここから、街中の寺社に宿坊体験やお勤め体験などを案内する。気軽に寺町文化に触れることができる。

機能
- 寺町文化案内　・宿坊体験案内
- 寺社仏閣のお勤め体験
- 寺子屋　・瞑想所

空間
- 風を越前和紙で見る
- 畳と線香で香る
- 柔らかい窪みで安らぐ

寺町文化周知と住職後継者不足解消へ

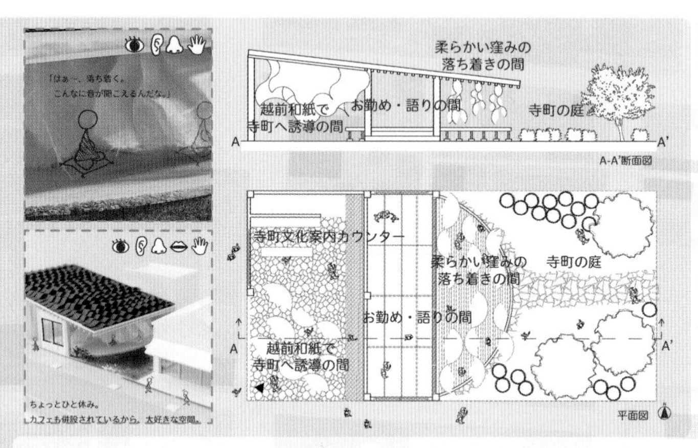
柔らかい窪みの
落ち着きの間
越前和紙で
寺町へ誘導の間
お勤め・語りの間
寺町の庭
A-A'断面図
寺町文化案内カウンター
平面図

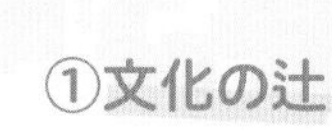
①文化の辻

商いの辻「五感の駅」

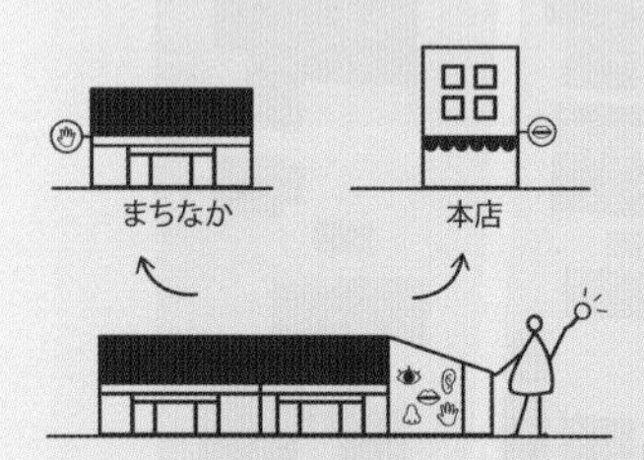
まちなか
本店

「五感の駅」では、五感スポット情報が集まる。五感情報を手に入れたら、街中の五感スポットへ。シャッターばかりの商店街には、現在入っている店にも協力してもらい、セミパブリックな商店庭を設ける。店の内側に通り庭を設けることで、表と裏の商いが楽しめる。商店街の空き店舗には、離れたところに店を持つ人が2号店を出したくなるよう、意匠を施す。

五感情報を手に入れて、まちへ

機能
- まちなか情報札
- 商店庭への入り口
- 休憩場　・飲食スペース
- イベント会場

空間
- 札で情報を手に入れる
- くねくね道で先が見えない
- 商店庭で2倍感じる

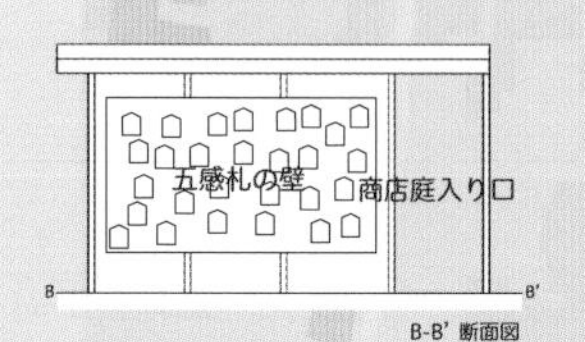
五感札の壁
商店庭入り口
B-B' 断面図

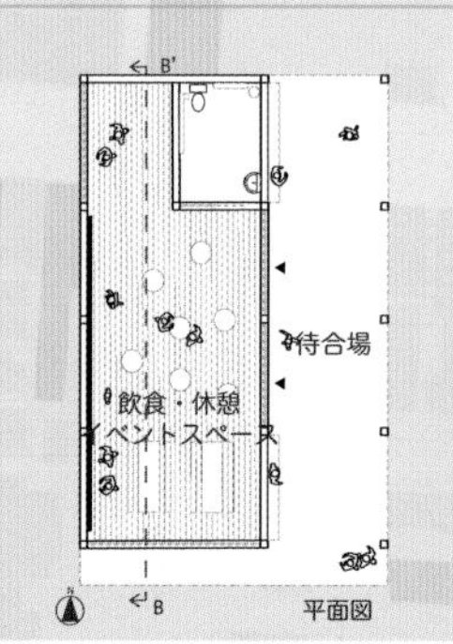
待合場
飲食・休憩
イベントスペース
平面図

越前和紙の柔らかな窪みで、自分だけの空間へ。
風の視覚化。諸行無常を感じる。
蔵の辻へも商店庭から直接行けちゃう。
商店庭。半屋外と屋外にイスを出して日向ぼっこ。
③商いの辻

選定エリア:
福井県越前市
中心市街地

記憶は視覚・嗅覚などの感覚が働き、それが何度も重なることで心に刻まれ、そしてその感覚とともに蘇る。近年では、まちに出ても空き家・空き店舗が目立ち、日常で五感が働く機会が少なくなっている。まちの記憶も減り、ただ淡々と送られる日常はつまらない。そこで、五感が働き、記憶に残るまちづくりと対象地域である福井県越前市中心市街地が抱える課題解決に取り組む。本制作では、人々の活動の滞留の場である「辻」に着目し、特に人の集まる3つの辻から五感を重ねる。そこから各辻、街中の五感スポットへと人を誘導、辻からまちへと五感が響く。この提案の検証として、個性豊かなペルソナたちが3つの辻から五感を働かせ、さまざまな人や出来事に出会う。多くの住民がまちの魅力を知り、まちに愛着を持つ。自分はこんなにいいところに住んでいるんだと心に響くことを期待する。3つの辻からたくさんの五感が響き、かさなり、たくさんのまちの記憶が生まれる。

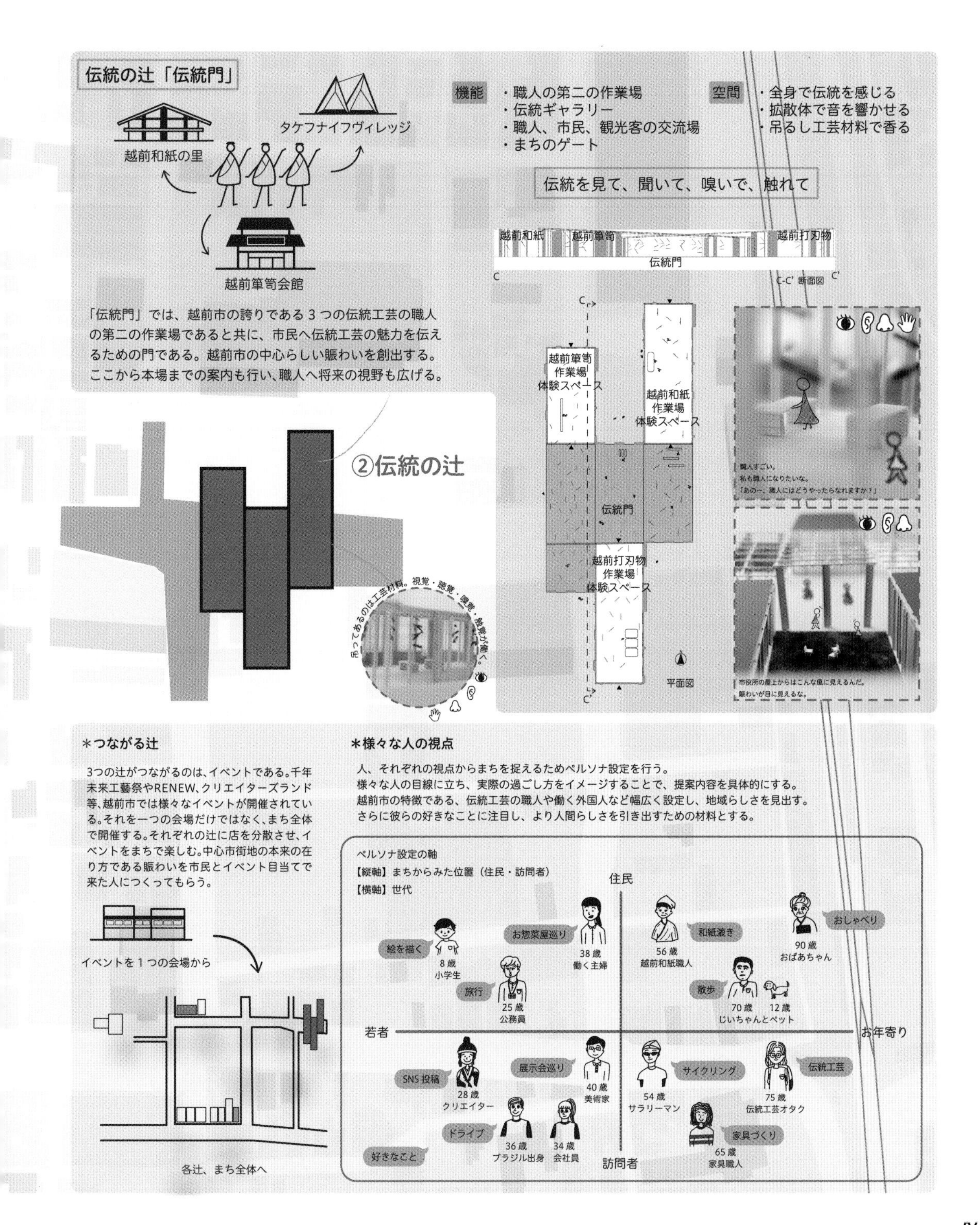

伝統の辻「伝統門」
越前和紙の里
タケフナイフヴィレッジ
越前箪笥会館
機能
・職人の第二の作業場
・伝統ギャラリー
・職人、市民、観光客の交流場
・まちのゲート
空間
・全身で伝統を感じる
・拡散体で音を響かせる
・吊るし工芸材料で香る
伝統を見て、聞いて、嗅いで、触れて
越前和紙
越前箪笥
越前打刃物
伝統門
C
C'
C-C' 断面図
「伝統門」では、越前市の誇りである 3 つの伝統工芸の職人の第二の作業場であると共に、市民へ伝統工芸の魅力を伝えるための門である。越前市の中心らしい賑わいを創出する。ここから本場までの案内も行い、職人へ将来の視野も広げる。
越前箪笥 作業場 体験スペース
越前和紙 作業場 体験スペース
伝統門
越前打刃物 作業場 体験スペース
平面図
②伝統の辻
吊ってあるのは工芸材料。視覚・聴覚・嗅覚・触覚が働く。
職人すごい。
私も職人になりたいな。
「あの一、職人にはどうやったらなれますか？」
市役所の屋上からはこんな風に見えるんだ。
賑わいが目に見えるな。

＊つながる辻

3つの辻がつながるのは、イベントである。千年未来工藝祭やRENEW、クリエイターズランド等、越前市では様々なイベントが開催されている。それを一つの会場だけではなく、まち全体で開催する。それぞれの辻に店を分散させ、イベントをまちで楽しむ。中心市街地の本来の在り方である賑わいを市民とイベント目当てで来た人につくってもらう。

イベントを 1 つの会場から
各辻、まち全体へ

＊様々な人の視点

人、それぞれの視点からまちを捉えるためペルソナ設定を行う。
様々な人の目線に立ち、実際の過ごし方をイメージすることで、提案内容を具体的にする。
越前市の特徴である、伝統工芸の職人や働く外国人など幅広く設定し、地域らしさを見出す。
さらに彼らの好きなことに注目し、より人間らしさを引き出すための材料とする。

ペルソナ設定の軸
【縦軸】まちからみた位置（住民・訪問者）
【横軸】世代
住民
訪問者
若者
お年寄り
絵を描く
8 歳 小学生
お惣菜屋巡り
38 歳 働く主婦
旅行
25 歳 公務員
和紙漉き
56 歳 越前和紙職人
おしゃべり
90 歳 おばあちゃん
散歩
70 歳 12 歳 じいちゃんとペット
SNS 投稿
28 歳 クリエイター
展示会巡り
40 歳 美術家
ドライブ
36 歳 ブラジル出身
34 歳 会社員
好きなこと
サイクリング
54 歳 サラリーマン
伝統工芸
75 歳 伝統工芸オタク
家具づくり
65 歳 家具職人

街中に五感が響きわたり、記憶に残るまちへ ―― 、

かさなる五感
辻からまちへ

01. まちの記憶

記憶は視覚・嗅覚などの感覚が働き、それが何度も重なることで心に刻まれ、その感覚とともに蘇る。
しかし、大型商店の郊外化や空き家・空き店舗の増加により、日常で五感が働く機会が少なくなっている。まちで生まれる思い出も減り、ただ淡々とした日常が送られ、どこか人間らしさを失っているのではないか。
そこで、まちを歩くだけで様々な感覚が働き、人間らしさを実感できるまちづくりと対象地域である越前市中心市街地が抱える課題解決に取り組む。

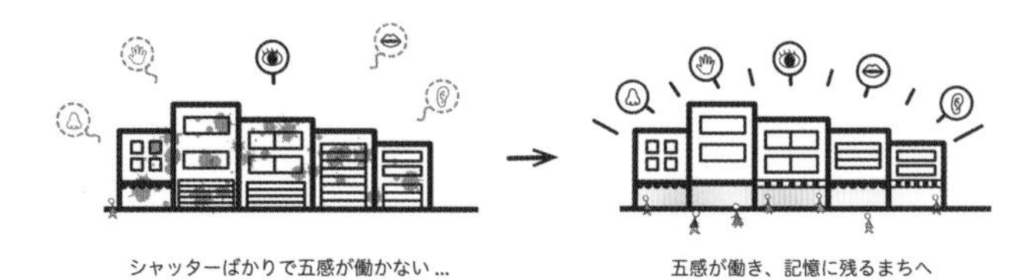

シャッターばかりで五感が働かない…　　五感が働き、記憶に残るまちへ

02. 辻の可能性

人々が行き交う街路の交差点である辻は、古くから市が立ち、近世では高札場や辻番が設けられる等、まちの要所であった。辻空間は、建物が辻に面して表情をつくり、空間に界隈を代表させる特異点としての力を生み出す。
本制作では、人々の活動の滞留の場、そして界隈の焦点である「辻」に着目する。対象である越前市は、"蔵の辻"や"卍が辻"など形に特徴のある辻が数多く存在する。特に人の集まる3つの辻を選び、辻空間も含めて計画・設計をし、そこから各辻、街中の五感スポットへと人を誘導する流れをつくる。

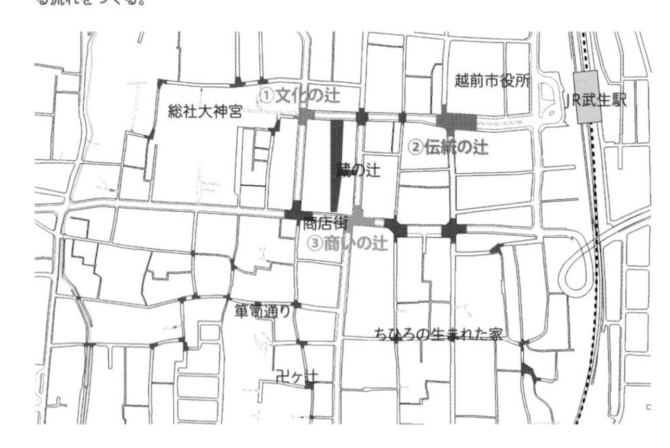
①文化の辻
越前市役所
JR武生駅
総社大神宮
②伝統の辻
蔵の辻
商店街
③商いの辻
箪笥通り
ちひろの生まれた家
卍ヶ辻

3つの辻の位置と課題

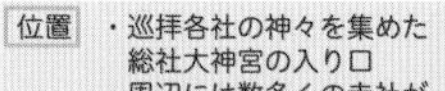

位置
・巡拝各社の神々を集めた総社大神宮の入り口
・周辺には数多くの寺社が立ち並ぶ
・寺町の文化が根付く

課題
・若者や外国人は寺社に参拝する機会が少ない
・まちの文化が知られていない
・住職の後継者がいない

①文化の辻

②伝統の辻

位置
・まちの玄関口であるJR武生駅につながる
・越前市役所前
・都市機能が集まる

課題
・人通りが少ない
・越前市の魅力が見られない
・閑散としたまちの入り口
・中心市街地としての賑わいがない

位置
・越前市中心市街地の商店街
・自動車交通量が多い
・高札が置かれている
・情報が集まる

課題
・商店街はシャッターが目立つ
・人通りが少ない
・自動車が通り過ぎるだけ

③商いの辻

03. 五感スポットと人の行動

①五感（視覚・聴覚・嗅覚・味覚・触覚）に注目して、まちを見る

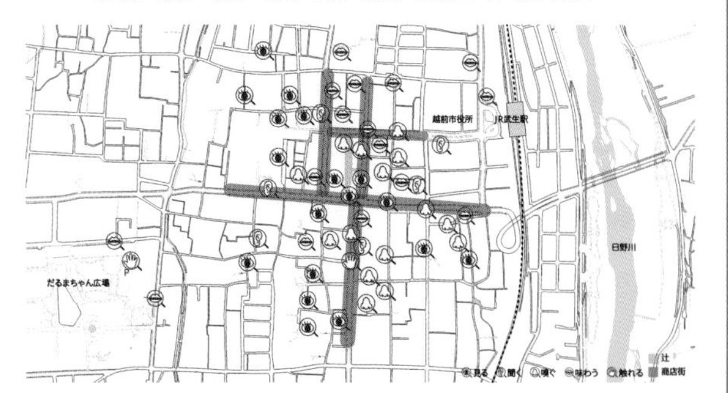
越前市役所
JR武生駅
日野川
だるまちゃん広場
辻
商店街

・五感スポットは多く存在したが、うまく活かせていない。
・商店街はシャッターが多く、人通りがない。
・ほとんど車だけの通り道になっている
・マップに載っていない五感スポットも見られた。
・寺社が多く、それに合わせた舗装や街灯となっている。
・特徴的な看板が連なり、歴史を感じる商店街である。

②人間が本能的に行う基本的行動パターンをまちで見る

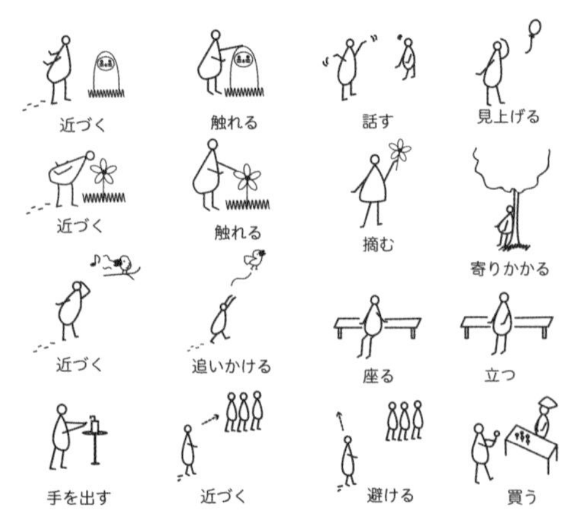
近づく
触れる
話す
見上げる
近づく
触れる
摘む
寄りかかる
近づく
追いかける
座る
立つ
手を出す
近づく
避ける
買う

人の行動パターンからより自然に行動を引き出すヒントを得る。

04. まちでの出来事

個性豊かなペルソナたちが越前市でたくさんの五感を響かせる。彼らが起こす行動が市民にとってまちでの活動の新しい発見につながる。

今日も来てしまったわ。
暇さえあれば来てしまうから、ここは第二の家になったわい。

わたしゃ「こんにちは」
お隣さん「ほやのー、
ああ！ちょうど
良かった良かった」
わたしゃ「なんやの」

こうやってると幸せだわ。

今日は定期健診じゃ。
悪いとこがなければいいのじゃが…

医者「大丈夫ですよ、調子いいですね」
わし「ほうか、良かった！朝のお勧めの効果かの…」
医者「そうですね」

気分がいいから、友達のじいさんと話してこうかの。

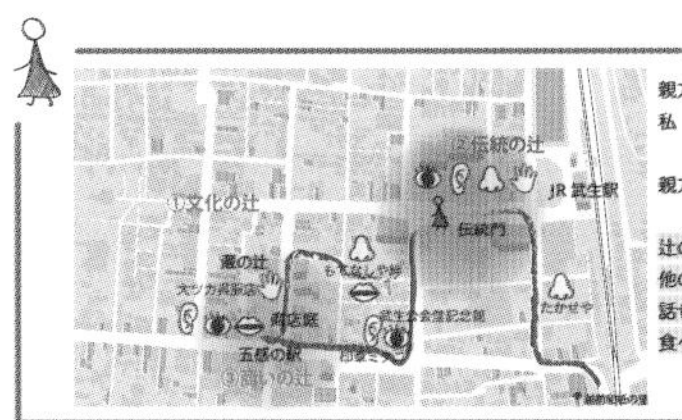

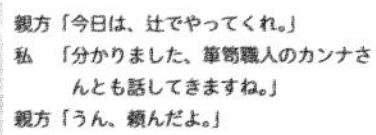

親方「今日は、辻でやってくれ。」
私「分かりました、筆筒職人のカンナさんとも話してきますね。」
親方「うん、頼んだよ。」

辻の作業場の方が好き。
他の職人やお客さんとも
話せるし、お昼も歩いて
食べに行けるし！

じいちゃんの朝のお勧めについてきた。
ここに来ている人はみんな健康そうだな…

じい「よし、散歩の続きじゃ」
僕「わん！わん！わん！」

最近のじいちゃんは調子がいいから、
長いこと散歩してくれて、
嬉しいんだ。

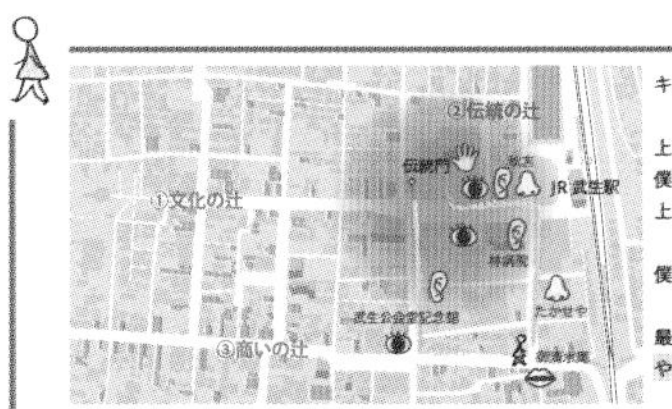

キーンコーン、カーンコーン。

上司「おい、飯でも行くか」
僕「行きます！行きたいです！」
上司「おすすめの蕎麦屋があるから
ついてこい。」
僕「はい！」

最近、市役所前が明るい。
やっぱ越前市がいいな。

僕「お母さん、僕ここ行きたい！」
お母さん「あら、おいしそうね」
僕「あー君も行ってる！」
お母さん「ほんとね、行ってみましょ」

いつもここでお店を探すよ。
友達の札もあるから、学校では
いつも札の話をしてるんだ。

今度はあー君と行こーっと！

市役所に書類出さなきゃ。
平日夕方は混んでいるかしら。

ん？にぎわってる？
何がやっているのかしら。

キッチンカーが並んでいるわ！
夕飯でも買って帰ろうかしら。

よし、料理の手間が省けたわ。

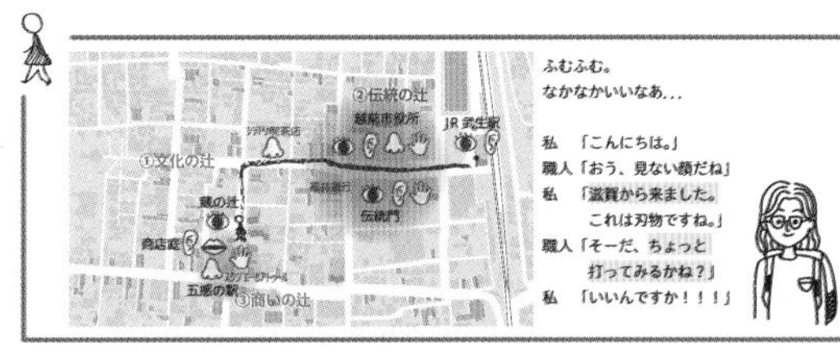

ふむふむ。
なかなかいいなあ…

私「こんにちは。」
職人「おう、見ない顔だね」
私「滋賀から来ました。
これは刃物ですね。」
職人「そーだ、ちょっと
打ってみるかね？」
私「いいんですか！！！」

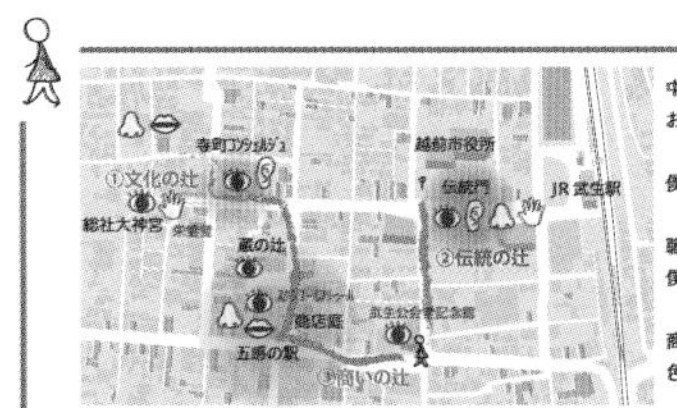

中心市街地だけあって、にぎわってるな。
お腹も空いたし、飲食店の情報はと…

僕「すみません、飲食店の情報はどこで得られるでしょうか？」
職人「商店街のとこにあるよ！」
僕「ありがとうございます。」

商店街か…
色々ありそうだな、よし行こ！

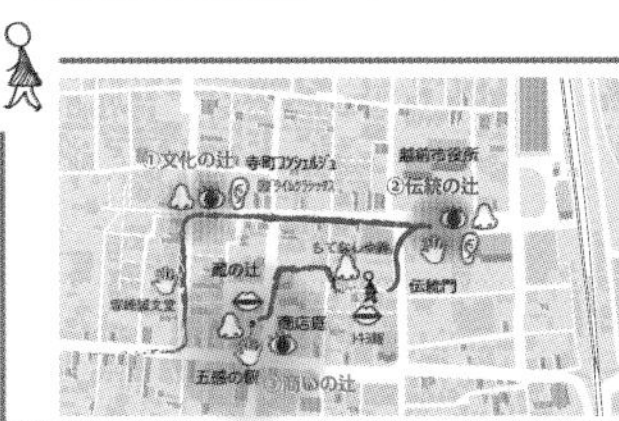

わー、すげー
ここに来れば、まちの情報が隅々まで知れるじゃねーか。

お、ここのすし屋うまそうだな…
札でも好評だし、行ってみよう。

俺「うめえー。俺も札書いて
帰ろう。」

また来たいな。

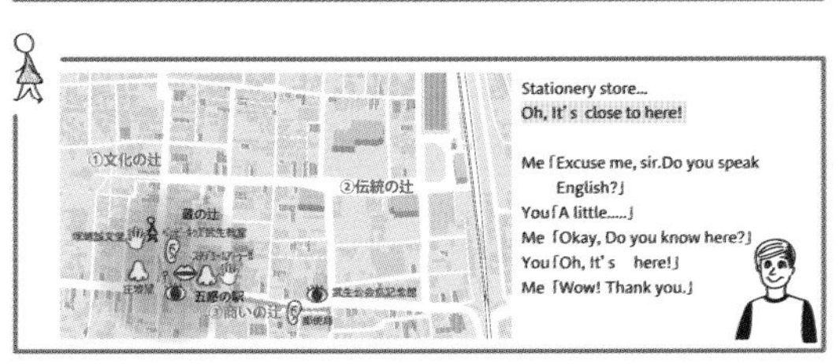

Stationery store...
Oh, It's close to here!

Me「Excuse me, sir.Do you speak English?」
You「A little.....」
Me「Okay, Do you know here?」
You「Oh, It's here!」
Me「Wow! Thank you.」

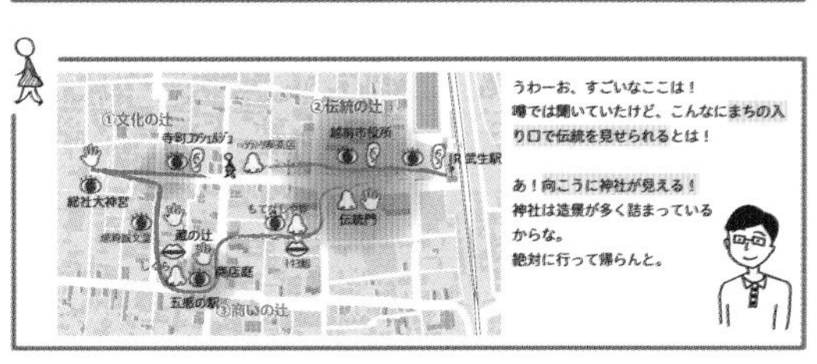

うわーお、すごいなここは！
噂では聞いていたけど、こんなにまちの入り口で伝統を見せられるとは！

あ！向こうに神社が見える！
神社は造景が多く詰まっている
からな。
絶対に行って帰らんと。

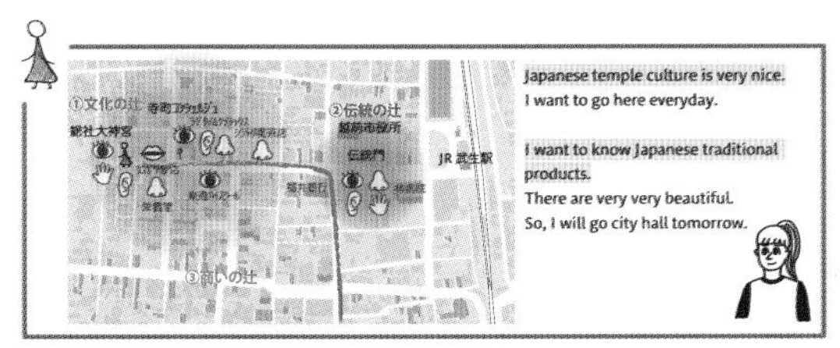

Japanese temple culture is very nice.
I want to go here everyday.

I want to know Japanese traditional products.
There are very very beautiful.
So, I will go city hall tomorrow.

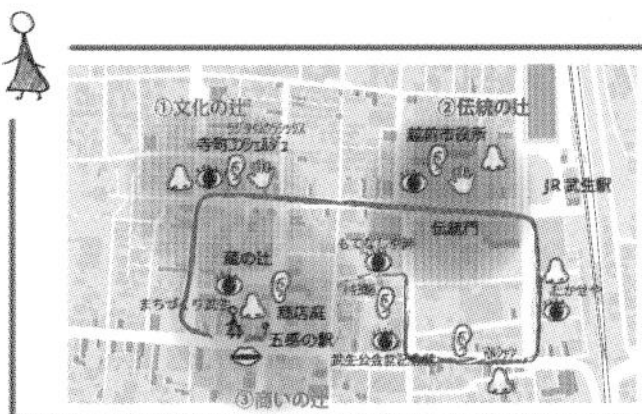

クリエイターランド当日。
いつもはサンドームだけだけど、今年はまちでできるなんて、楽しみ！

いつもより店の数が多いな…
うちの作品にも参考になるのが
あるかも！さがそーっ！

うち「わあ、これどうやって
つくったんですか？」

猪里孝司賞

[135]

花渦

― イキバのない花たちの再資源化場 ―

櫻田 留奈 Luna Sakurada [B4]
立命館大学 理工学部 建築都市デザイン学科 建築計画研究室

flower loss

まだ 生きている 花 が 殺されること　64% の 花たち は 死ぬ前に 殺される

01 現状 flower loss

農林水産省によると、現代の日本においてフラワーロスは年間1000万t以上あるとされており、花の総生産量の64%以上である。これは年間612万トンである食品ロス（食べることのできる食品が破棄されること）の2倍以上であり、これらの廃棄された花たちは焼却処分されているが、その際に有毒ガスを発生し、燃え切らずに水質汚染などの環境問題を引き起こしている。

これは日本だけの問題ではなく世界各地で起こっている深刻な問題である。しかし、現代の社会においてはフラワーロスの認知度は非常に低く、この問題に対し対処せず、放置されている現状がある。

現状 家畜の飼料不足

近年日本国内で家畜の飼料不足が問題となっており、年間で消費される飼料のうち、74%が国外からの輸入に頼っているという現状がある。そのため飼料代が酪農業の資金の60%を占めており酪農業の経営を圧迫している。

○牛の1日に食べる飼料量

30kg（1頭） × 250万頭 =7万5000t 年間2740万t

選定エリア:
北海道札幌市
中央区大通西13丁目

現代の日本においてフラワーロスは年間1000万t以上あるとされており、花の総生産量の64%以上である。フラワーロスはさまざまな環境問題を引き起こしているにもかかわらず世の中での認知度は低く具体的な解決方法がない。そこで本計画ではフラワーロスを家畜の飼料に転換するとともにただ捨てられる花に生きる意味を持たせる施設を提案する。また、日本人は花に対し特別な日だけのものという意識が強く花に対しての感心が低いためフラワーロスへの認知度も低いと考える。そこで花に気軽に触れられる施設をつくることで花への関心を上げフラワーロスへの解決を目指し環境問題解決を目指す。

03 敷地 site

北海道札幌市中央区大通公園西 13 丁目 を計画敷地とする。 本計画では、 酪農業 (牧場)、 花を扱う施設 (冠婚葬祭場・花屋・市場・花農家など) が多数あり、 かつ集客性や発信性のある場としてこの敷地を選定した。

この敷地は札幌市の中心にある全長約 1.5km の大通公園の最終地点であり、 雪まつりやよさこいソーランまつり、 クリスマス市やオータムフェスタ等四季折々の美しい植物やイベントなどにより、 1 年を通して多くの観光客、 市民に親しまれている。

また、 大通公園は、 国際都市札幌のシンボルであり、 『花』『つどい』『フロンティア』『オアシス 』『交流』 の5つのテーマと5つのゾーンで構成されており、 今回の計画敷地は 『花』 ゾーンの西 12 丁目の続きの土地、大通 西 13 丁目である。

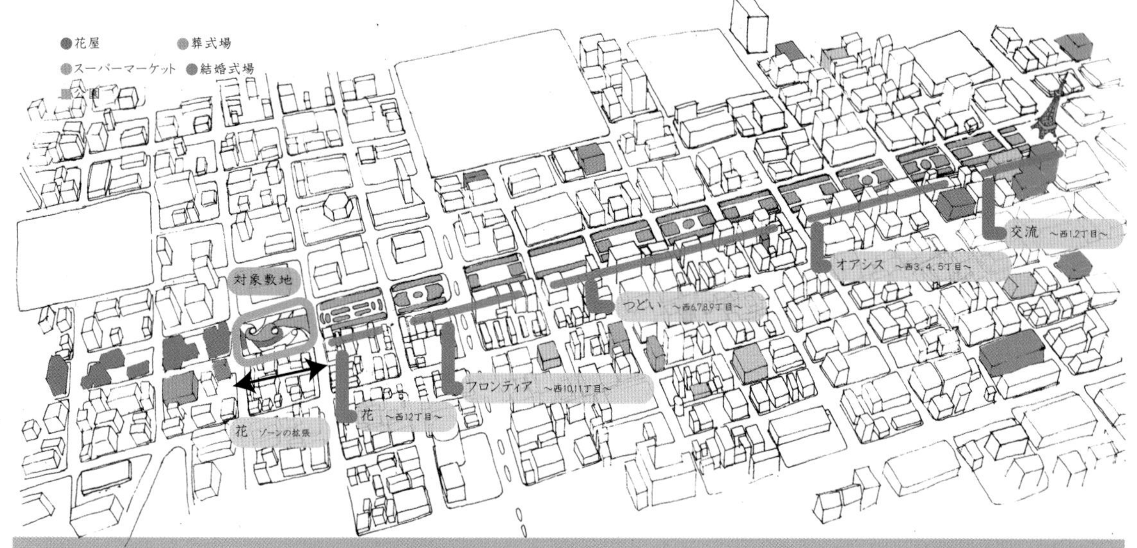
●花屋
●葬式場
●スーパーマーケット
●結婚式場
■公園
対象敷地
花 ゾーンの拡張
花 ~西12丁目~
フロンティア ~西10,11丁目~
つどい ~西6,7,8,9丁目~
オアシス ~西3,4,5丁目~
交流 ~西1,2丁目~

03 敷地 site 都市的サイクル

今回のプログラムである、 花を集め花に触れ、 やがて動物の餌になり、 腐葉土に戻るサイクルが大通公園→円山原生林 (腐葉土)→円山動物園 (堆肥) という Cycle が都市的にも行われる。

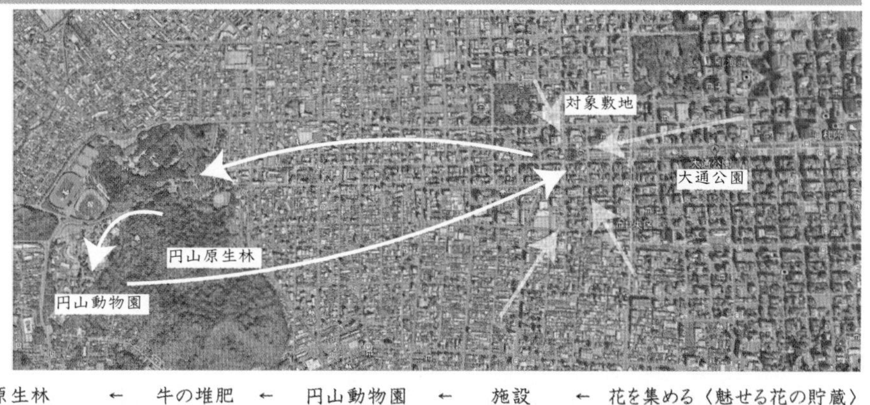
対象敷地
大通公園
円山原生林
円山動物園

腐葉土 ← 円山原生林 ← 牛の堆肥 ← 円山動物園 ← 施設 ← 花を集める〈魅せる花の貯蔵〉

05 プログラム

現状ではフラワーロスは2段階にわかれ1段階目は農家で、 2段階目は花屋で発生する。 また、 それぞれの段階で焼却処分が行われており、 それらは燃えきることができずに環境問題などを引き起こしている現状がある。 提案する新FlowerCycleでは、 花屋、 農家それぞれで発生したFlowerLossを綺麗な花と残りの死が近い花に分ける。 綺麗な花はワークショップで人々と触れる機会を作り、 残りの死が近い花は花びらと茎葉に分け、 花びらは染料に利用し、 茎葉はサイロに入れ、サイレージにし、牛の餌に変換し堆肥にする。また、それらの腐葉土、堆肥を屋上の畑に利用することでただ捨てられる花が新しい命に生まれ変わる。

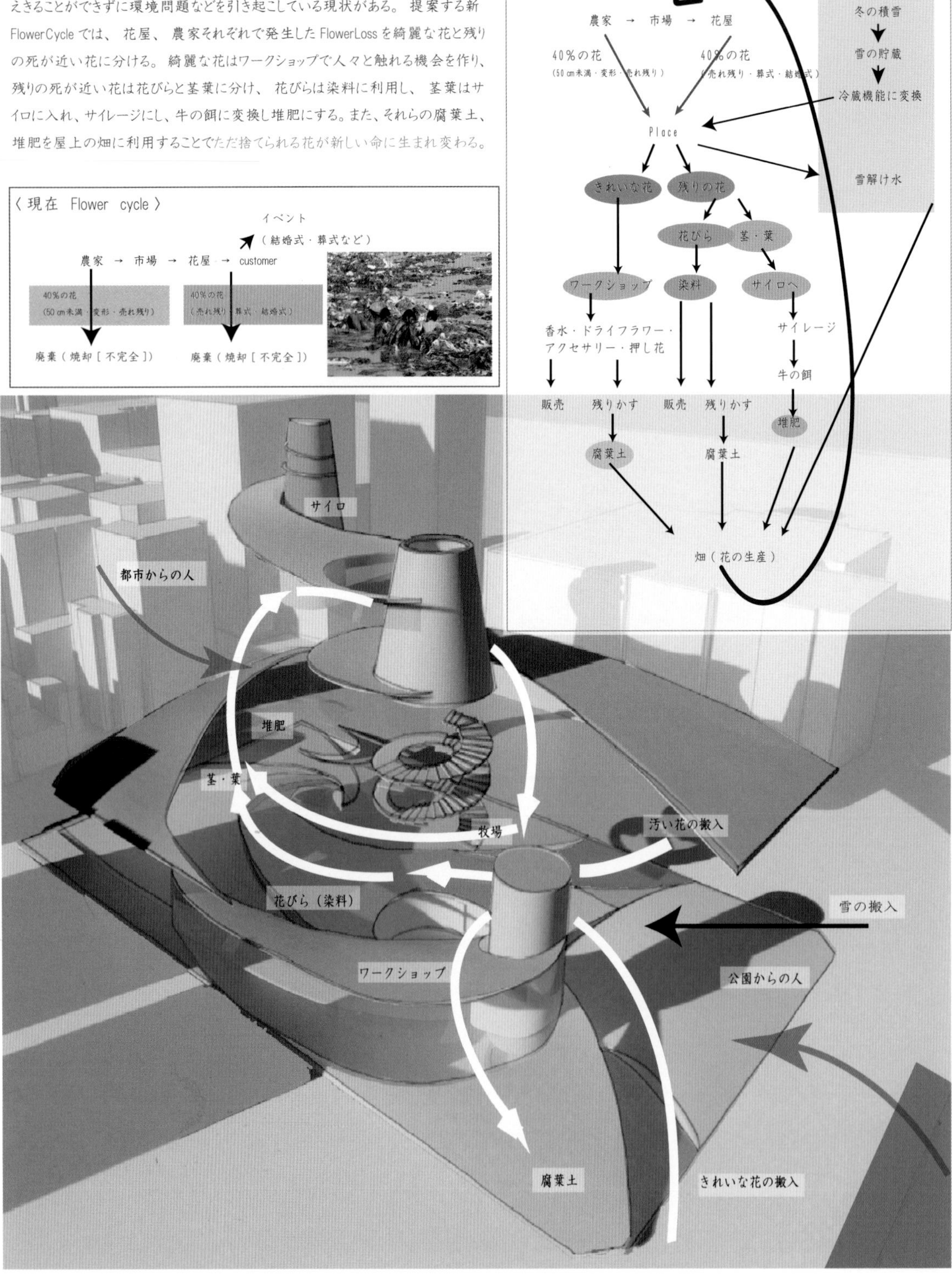
〈 現在 Flower cycle 〉
イベント
（結婚式・葬式など）
農家 → 市場 → 花屋 → customer
40％の花
（50 cm未満・変形・売れ残り）
40％の花
（売れ残り・葬式・結婚式）
廃棄（焼却［不完全］）
廃棄（焼却［不完全］）
〈新 Flower cycle〉
農家 → 市場 → 花屋
40％の花
（50 cm未満・変形・売れ残り）
40％の花
（売れ残り・葬式・結婚式）
冬の積雪
雪の貯蔵
冷蔵機能に変換
Place
雪解け水
きれいな花
残りの花
花びら
茎・葉
ワークショップ
染料
サイロへ
香水・ドライフラワー・アクセサリー・押し花
サイレージ
牛の餌
販売
残りかす
販売
残りかす
堆肥
腐葉土
腐葉土
畑（花の生産）
サイロ
都市からの人
堆肥
茎・葉
牧場
汚い花の搬入
花びら（染料）
雪の搬入
ワークショップ
公園からの人
腐葉土
きれいな花の搬入

05 形状ダイアグラム

1. 都市と公園の幅から発生する人の動線の渦

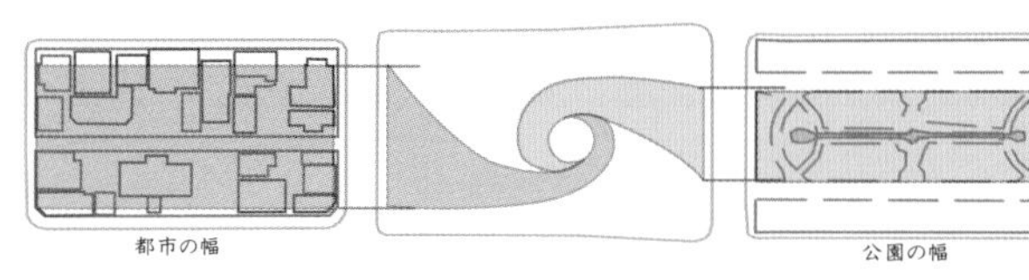
都市の幅
公園の幅

つぼみ

→花びらが強く巻きつきびら、雄蕊雌蕊を守る（花粉を作る工場）

→工場部に巻きつき、守る

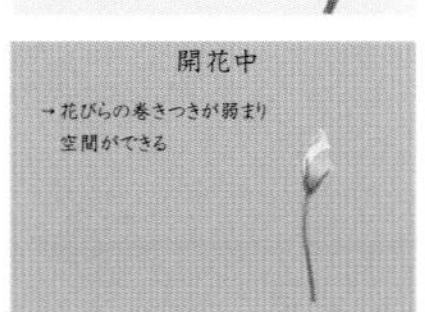
開花中
→花びらの巻きつきが弱まり
空間ができる

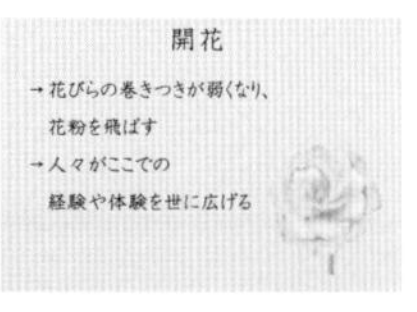
開花
→花びらの巻きつきが弱くなり、
花粉を飛ばす
→人々がここでの
経験や体験を世に広げる

2. プログラムから発生する綺麗な花の渦と残りの花の渦

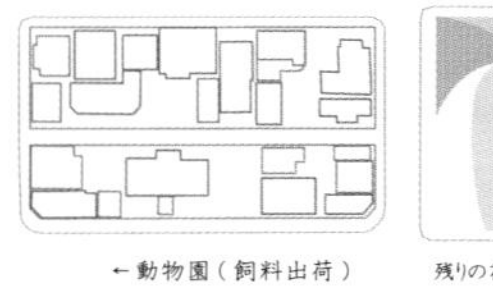

←動物園（飼料出荷）

残りの花の渦　綺麗な花の渦

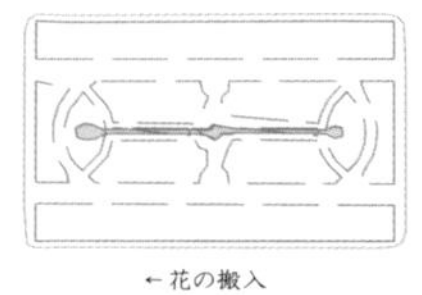

←花の搬入

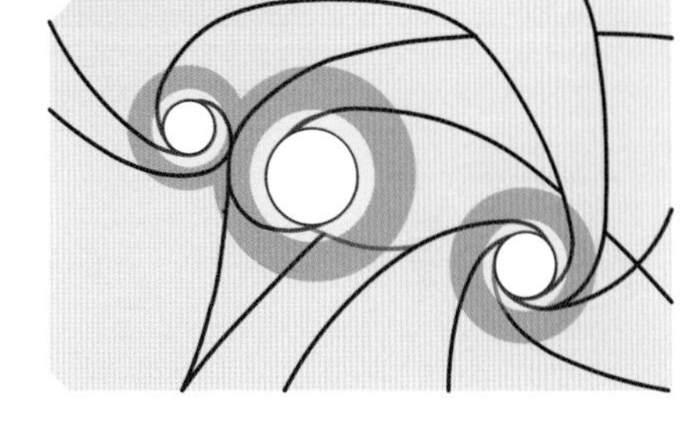

3. それぞれの渦の中心に発生するサイロ

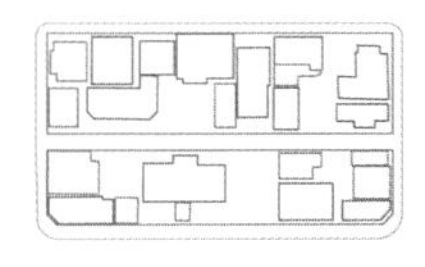

飼料のサイロ
（花でサイレージを作る花の貯蔵庫）

動線のサイロ
（螺旋階段）

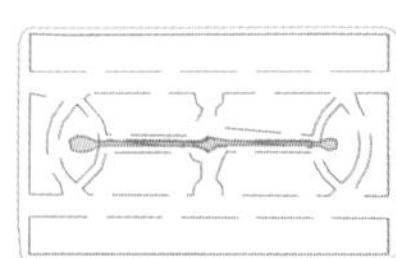

雪のサイロ（雪の貯蔵庫）

FLOWER

FLOWER

1：最優秀賞「半鐘響く街、よみがえれ児童館」宮西 夏里武（信州大学）／2：優秀賞「海と共に生きる」小野寺 湧（長岡造形大学）／3：優秀賞「マチナカホワイエ」鎌田 南穂（東京大学）／4：小林正美賞「高円寺再反転」山田 康太（東海大学）／5：柴田久賞「ゆとり荘」井本 圭亮（九州大学）／6：有賀隆賞「Urban Village Building"S"」宮澤 哲平（法政大学）／7：総合資格賞「邂逅する生命体」横山 達也（芝浦工業大学）

8
9
10
11
12
13
14
15

8：8選「連響ノ塀」福田 凱乃祐（信州大学）／9：小林英嗣賞「Hverdag med “Hygge”」冨田 真央・志賀 あゆみ・中原 正隆・藤村 稚夏・石村 拓也・木村 聡太・堀江 きらら（崇城大学）／10：江川直樹賞「『数寄間』に暮らす」近重 慧・友光 俊介・村松 大地（早稲田大学大学院）／11：角野幸博賞「サカリバヤクバ」平田 颯彦（九州大学）／12：北川啓介賞「余白」竹内 勇真・前村 真太郎・堀江 僚太・奥田 裕貴・笹川 智哉（日本福祉大学）／13：中島直人賞「都市の脈動をつまむ」渡邉 麻里（明治大学）／14：中野恒明賞「かさなる五感」向井 菜々（福井工業大学）／15：猪里孝司賞「花渦」櫻田 留奈（立命館大学）

山田 康太
法則
以上
都市・まちづくり
コンクール
柴田 久

都市まちづくりコンクール

Chapter 2

Urban Design & Town Planning Competition 2021 ／ 公開審査

最終討議

2021年3月12日（金）16:20〜17:25

本選に進んだ出展32組のプレゼンテーション・質疑応答が全て終わり、非公開による審査・投票によって最優秀賞を決める議論の俎上に載せる8選が決定した。最終討議ではその8名に対して、各審査員より質問が投げかけられ、作品をさらに掘り下げていく。そして最後の決選投票で最優秀賞に選ばれるのは、いったいどの作品なのか！？

最終討議選抜作品（8選）

No.	出展者	作品名	得票数
003	**宮澤 哲平**（法政大学）	「Urban Village Building"S"」	7
056	**福田 凱乃祐**（信州大学）	「連響ノ塀」	4
065	**小野寺** 湧（長岡造形大学）	「海と共に生きる」	5
070	**井本 圭亮**（九州大学）	「ゆとり荘」	3
083	**鎌田 南穂**（東京大学）	「マチナカホワイエ」	5
125	**山田 康太**（東海大学）	「高円寺再反転」	3
176	**横山 達也**（芝浦工業大学）	「邂逅する生命体」	4
184	**宮西 夏里武**（信州大学）	「半鐘響く街、よみがえれ児童館」	8

提案をどう動かしていくか　都市に対して必要な視点

柴田 投票の結果、最優秀賞を決める公開討議の対象とする8選が決まりました。公開討議では、各審査員より8選への質問をしていただき、議論していきたいと思います。小林正美先生からお願いします。

小林(正) 既存のまちをブロック単位でどう解明していくかという提案や、災害に対する提案など、いろいろなタイプの提案があって選ぶのが非常に大変でした。皆さんは今回、模型によるスタディはどれくらいできたでしょうか？

柴田 では宮澤さんから順番にお願いします。

宮澤 僕は模型のスタディしかできませんでした。ボリュームのスタディもしましたが、街区全体の模型を1/100でつくって、それを壊しながら最終的な模型をつくっていきました。

福田 模型によるスタディは行っていないのですが、その代わりに、塀に着目して家の中の人がどう見えるのかを考え、3DのCADを応用しながらどのように空間が外とつながるかを確認しました。街区での調査ではスケッチなどによるスタディも行いました。

小野寺 空間を把握するうえで模型を制作しました。デザインの面では模型とスケッチを活用して空間をつくっていきました。

井本 地域住民が敷地内を通れるような圧迫感の少ないデザインにしようと思い、そこをスタディ模型で重点的にやりました。その後の詳細なデザインやイメージはスケッチや3Dモデルを用いて行いました。

鎌田 スタディの一番最初の段階ではスタイロを用いて模型をつくったのですが、最終的な模型はつくっていません。その先の詳細な部分は3Dや、実際にまちに行ってスケッチや想像をしながらつくっていきました。

山田 最初の段階ではボリュームスタディから始めて、テーマの一つでもある内外の要素や内外の反転という部分での素材については、なるべくわかりやすいように大きな模型をつくってスタディしました。

横山 周囲との関係でどれくらい高さが出せるか、おおまかなボリュームスタディだけをして、基本的には3Dで検討しました。

宮西 1/30のスケールの模型で検討しました。復興というものに住民自身がなかなかポジティブになりきれていないところがあったので、まちにある火の見櫓を実測調査して、1/30スケールで模型をつくることによって、住民がイメージしやすい共通言語として模型を用い、設計を進めていこうと考えました。

柴田 ありがとうございます。それでは次は小林英嗣先

生お願いします。

小林(英) 全員に聞きたいのですが、それぞれの提案に対して、「実際に事業を進めてください」と言われたらどのように進めますか？

柴田 では次は逆の順番で答えていただきましょう。宮西さんから。

宮西 僕は建築家の立場として参加していこうと考えています。行政にとっても、まちのなかに溢れている解体ゴミや災害ゴミの行き場に困っているという課題があるので、そういったものを児童館の欠片として活用できるということを示す意味で関わっていけたらいいなと思っています。

横山 渋谷はいろいろな計画をしたうえで再開発が行われていることは理解しているので、自分の案が渋谷区の考えと反りがあっていない気はするのですが、その擦り合わせから始めたいと思っています。

山田 まちを読み込んでいくなかで、細かな魅力を継承するためにこの計画を考えています。一方で、大規模な事業が動いている状態にあるので、それに対して自分のこの提案はどうですかと促すような形で一緒に取り組めたらいいなと思っています。

鎌田 公共文化施設に関する提案なので、主体は武蔵野市や文化事業団になると思います。まちづくりを市民に開いている部分もあるので、自分も一市民として参加できればいいなと考えています。また、最初は公共が主体となって進めていくのですが、計画がどんどん展開していくなか

で、住人やシェアオフィスの方々などが文化事業に携わる主体として定着することを図っていくということもあるので、そういった人へどんどん輪を広げながら進めていけたらいいと考えています。

井本 仮設生活をする場合、これまでは都心部の人は郊外に移るためそれまでの生活が途切れることが多かったので、仮設生活を身近で送れることが被災者の負担を減らすことだと考えています。日常から地域の人が既存のコミュニティに打ち解けていけるようなデザインが必要だと思うので、建築家として自分が設計をする際に地域の人にヒアリングをしたり、どのような場所がコミュニティを続けていくのに良い空間なのか、いろいろ検討をしたうえで事業を進めていくべきだと考えています。

小野寺 実際につくるとなった際は、ハード的な施設は行政に託して、維持管理や運営といったソフトの面を民間に担ってもらい、自分はその仲介役として参加していければと考えています。「まちがこうなってほしい」という被災者の願いが、つくる側に行き届いていないのが現状だと感じました。そのため、市民の声を尊重してつくる側と協議して、住民にとっても行政にとってもより良いまちになるようにしていきたいと考えています。

福田 堀を使った提案ですが、住民は堀に可能性を感じていないと思うので、たとえば堀沿いに花を育てたり、段差を使って座り込んだり、宿題をやっている子どもがいるなど、堀には多様に使える能力があり、可能性があると働きかけるところから始めたいと考えています。「蔵の町並みキャンパス」という、企業や地元の学生が参加する既存の取り組みがあるので、そこから企業や住民に働きかけて、自分は提案者として、また「蔵の町並みキャンパス」の一員としても提案に携わっていくという立場を取ることになると思います。

宮澤 ビルのオーナーたちが主体で動くのですが、それをサポートする形で僕は関わっていきたいと思っています。そのうえで、公共や民間が援助をするという形になります。

柴田 続いて中野先生お願いします。

中野 質問ではなくコメントになりますが、皆さん本当に力作揃いで頑張っていると感じました。先ほどの小林正美さんの質問が決定的ですが、私たちは模型世代なんです。私は槇文彦さんの事務所に入って、つくれつくれと言われて模型をつくりまくった世代ですが、最近の若い人たちは模型をつくらないことが多くなってしまっています。その理由の一つにはCGの進化がありますが、模型は往々にして鳥瞰的な見方をしてしまうのに対して、CGはアイレベルまでスケールを確認できるというメリットがあります。私は両方使うべきだと言ってきているのですが、おそらく皆さんは大学の製図室に泊まり込むといったことができなかったと思うので、自宅がよほど広くないと模型がつくれないという厳しい状況にあったのではないかと推察します。そういう意味では必ずしも模型だけが全てではなくて、都市には必ずヒューマンスケールやアイレベルでの視点が必要だと常に言い続けてきました。

柴田 ありがとうございます。

重要な2つのプロセス そこから発見したもの

柴田 それでは続きまして、オンラインで参加されている先生に伺いたいと思います。江川先生お願いします。

小林 英嗣

新垣宣樹
柴田 久
ミュート
ビデオの停止
ここに入力して検索

江川 先ほど小林英嗣先生からも実現のためのプロセスについて質問がありましたが、とても重要なことだと思います。もう一つ重要なのが、建設のプロセスや工事中のプロセスを考えることです。そういうことをどれくらい考えたかということと、そのなかからどのような新しい提案が出てきたのか、建設プロセスを考えることで発見したことがあれば聞かせてください。

柴田 では全員に聞いてみましょう。宮澤さんからお願いします。

宮澤 僕はビルの提案ですが、オフィスビルは働く人がその場所を解体できないような仕組みになっていると思っていて、解体できる場所を1階部分に設けました。自分で建築を解体できたり組み換えできるような作業場を設けることで、働く人が働く空間を自分で構成できるように設計しました。それによって、自分で働く場を構築できるやり方を発見できました。

福田 僕の場合は、たとえば塀を変える際に領域を操作するとなった場合、道の空間に自然物が溢れたり、その逆もあるので、そういった土木的な操作が必要な場合はアスファルトの解体を市に委託します。逆に危険な塀の取り壊し工事に関しても市が主導で行います。一方で神社と寺の間にあるスペースやキャノピーといった場所に関しては、たとえばそのような材は住民が一人ひとり携わって、休日に集まってみんなでつくっていくことが可能なので、場所を整える役割とその場で営みを響き合わせる役割というものをつくるプロセスでは、上手い具合に分担しながら協力してつくっていくことを考えています。

小野寺 私の場合は規模も大きく、自然を扱っているため、時間が掛かる作業になってくると思います。砂浜に関しても、河川に砂を運んでもらい、ゆっくり時間を掛けて砂浜を形成していくという形になっているため、この海を形成する前に道路や商業施設といった生活に困らないようなものを優先して建設し、そこから海をつくっていくというプロセスを考えています。

井本 この作品をつくるプロセスで発見したことで一番大事だと思うのは、仮設住宅の段差が450mmで、これが座るときに丁度いい高さだということです。また、仮設住宅に住む人は縁側でコミュニケーションを取ることが多いということを知って、掘り下げた基礎が450mmであることと縁側でコミュニケーションを取ることを考えて、縁側コミュニケーションの場をつくるという案に至りました。このように基礎が掘りごたつのような場所になって、既存の住民や地域の人が囲った縁側で交流できるような空間をつくって、コミュニティを維持していくことを考えています。

鎌田 武蔵野公会堂を先に北側の敷地に移して、それが完成してから南側の敷地に手を付けて、それがつながってさらにまちへ広がっていくという形になっています。公会堂は1964年にできたもので、公共施設のなかでも特に老朽化が進んでいます。建て替えの話は以前から出ているのですが、公共施設のサービス停止がネックになっていて話が進まないという現状があるので、現在の場所での建て替えではなく移転という形を取ることにしました。考えていくなかで、東京のまちのなかで十分な用地を確保するのはとても難しいことに改めて気がつきました。そういった際に、高架下の倉庫になっている部分や、まちの裏側に散在している駐輪場といった低利用地を効果的に利用して、まちに開いていく場所にしていくことが大切なのではないかと思います。現に、吉祥寺にたくさんある公共文化施設は、どれも広場やアプローチなどの屋外空間があまり豊かに取れていません。それがまちなかから団らんを排除していたり、公共文化施設を日常的にフラッと立ち寄るような形で利用する障壁になっているととても感じたので、こういったこともホワイエをまちに開くという設計の軸につながったと思います。

山田 減増築が基本的な操作ですが、大規模な減築や増築をする部分というのは、ネガティブに捉えられる要素として挙げられますが、壁のセットバックのような細かな反転、扉の撤去といったものはあまり生活のなかで支障をきたさない短期的なものと捉えています。また減築をする際にも、既存の街区にゲストハウスが２箇所あるので、そういう部分を使って少しずつ街区を変化させていくことを考えています。

横山 内部の改築や外部への拡大のように増築・減築が頻繁に行われるという想定ですが、全体に関しては最初に構造部分からつくっていって、ある程度形ができたらどんどん開放して、常に工事中のようなイメージです。その工事中から、たとえばエフェメラの発生によってデッドスペースが生まれたり、開口の変化によって行き止まりが生まれるような、そういった変化を工事でできる通行止めなどでも発生するようなイメージでいます。

宮西 僕の場合は、まちに溢れた「繕い」というものを住民たちが集めてトラックに載せて、それを火の見櫓に集積させ、具体的にどのような空間が必要なのかを建築家と住民が話し合いながら設計していくというイメージです。いきなり建築が現れるのではなくて、使わない古材などは１階部分にあるストックの場所に貯めながら、イメージを住民と建築家が共有できたときに少しずつ設計を進めていくといった建設プロセスを考えています。この提案はトップダウン型の復興へのアンチテーゼの意味も込めていまして、住民が建設現場に関わることができるというのがボトムアップの強みだと思っています。トップダウン型では建設現場にずっと仮囲いがしてあって、いつの間にか復興建築が立ち上がってしまっているという問題があると思います。仮囲いがなく重機も極力使わずに、少しずつ建築が立ち上がっていくという、住民と建設現場が密接に関わる復興のあり方を提案したいと思いました。

江川 はい、ありがとう。

時間の概念の捉え方　計画の終着点はどこ？

柴田 それでは続いて角野先生お願いします。

角野 今の質問に少し関係しますが、時間の概念をどのように理解していますか？ 提案によってはかなり時間が掛かりそうです。それから過去の歴史を踏まえた提案もありますが、過去の時間をどのように提案に取り入れているのか。また、皆さんの提案が最終形を迎えるまでのプロセスでは「途中の段階」が続くわけですね。むしろ「途中の段階」のほうが長いかもしれない。その「途中の段階」のデザインについて考えたことがあるのかどうか、少し抽象的な質問かもしれませんが、答えられる方だけで結構です

全員合格
86.5%

のでご回答ください。

柴田 では答えられる方はお願いします。はい、宮西さん。

宮西 時間の概念については、児童館の本館が設計されるまでの間の中継ぎという言葉を使ったのですが、児童館が出来上がるまでにとりあえず必要な外の場所という意味で、火の見櫓を活用した子どもの居場所を提案しています。この火の見櫓はもともと、共同倉庫やバス停など地域のコミュニティの小さな拠点からできたもので、その機能を拡張するという意味で少しずつ継ぎ足しをしていくという提案になっています。完成形がどこになるかというと、この場所はもともと低地で水害に多く見舞われてきた地域なので、火の見櫓自体が次に災害が起きたときに、まちに対して繕うためのストックの場所になると考えています。具体的には、まちにいろいろな繕いがあってそれを火の見櫓に集積させるのですが、次に水害が起きたときはここに貼り付けた繕いが個々の再生に用いられる材料となって、またまちに広がっていくという新陳代謝を考えています。そういう意味では、災害が起きて人が繕うというサイクルのなかで完成と未完成の状態を繰り返すというイメージでいます。

柴田 他にどなたかいかがでしょうか？ はい、宮澤さんお願いします。

宮澤 まず過去の歴史を踏まえたかという質問ですが、この提案でなぜ一街区にしたかという部分にも通じてきます。神田はもともと100m×50mの職人街コミュニティがこの一街区で成立していたので、その歴史を踏まえたうえで一街区を選定して設計しています。そうすると人数が150人程度となって、それがコミュニティを生みやすい人数なので一街区にしました。2つ目の質問ですが、最終形の時間的概念は、僕はこのようにフェーズ1、フェーズ2、フェーズ3、フェーズXと設定していて、この設計には終わりがないと考えています。その時代に合わせて、働く人がどのように空間を配置したいかによってヴィレッジがずっと更新されていくようなものを考えています。

柴田 はい。その他いらっしゃいますか？ では福田さんどうぞ。

福田 僕はこの提案で3段階のプロセスを考えています。まず住民がまちの整備と認知を行い、その後に実際に住民が領域づくりに参加して、最終的に連響する公共空間ができていくというプロセスを取っています。時間の概念ということでは、公共的な空間のスケールと住民のお隣さん同士の空間のスケールがあるので一概には言えませんが、段階としては1段階目が1年、2段階目が2～3年、3段階目が5～10年の時間軸で考えています。そもそも須坂は蔵の街並みということで、昔は非常に美しい街路があったのですが、街道の部分は今は車の通りが激しい場所になってしまっています。こういった街路を歩行空間に変化させていって、大規模な商業空間にもう一度再編するというやり方もあるかもしれないのですが、僕はそういうところではなくて、住民一人ひとりがささやかな空間の操作からまちづくりに参加できるというところにフォーカスを置きたいと考えています。そのため、時間の異なる建物がポンポンと建っている状態が続いて、街路沿いにも新しい建物が次々と建ってしまっていて、建物一つひとつには固有の時間があるのに、その間に揺らぎがないということにとても違和感を覚え、時間軸の異なる建物の間をつなぐ塀という要素に着目してこういったプロセスで空間を再編することを考えました。

柴田 はい、では他に手が挙がっていたのは横山さん。

横山 内部の改築と外部への拡大といった常に変化をし続ける想定でタイトルに「生命体」と付けました。完成というよりは、構造的に崩れるまでが最後の到達点のようなイメージです。100年この建物があると想定したとき、100年間ずっと残り続けるテナントもあるかもしれないし、逆に時代に合ったテナントがどんどん入ってくるとも思うのですが、100年後に100年前の古いまちを再現しようというような動きが行われたり、生命体のように、メタボリズムのように常に工事が行われて変化していくようなイメージでいます。

柴田 はい。他にはいかがでしょうか？ では井本さん。

井本 この建築は日常時から仮設建設時、災害後の増設時と時間の変化をしていくのですが、一番重要なのは災害が発生する以前の日常時のデザインだと思っていて、これから起こるかもしれない災害に対して、どれだけコミュニティを築いておけるかというものとして、基礎の部分で日常時に会話がしやすいデザインにしています。それから、この建物は完成はしないと思っています。災害後に仮設住宅が建てられ、その後は仮設住宅に住んでいた人が自分で解体して、ファニチャーにすることでそこに残り、愛着が湧くものになることを考えていて、それによってもともと住んでいた人が、災害が終わってからもこの地に根付いていけるようなプロセスを考えています。

柴田 続いて鎌田さんどうぞ。

鎌田 提案している範囲での計画の完成は、3つ目の段階の敷地Sができたときで、そこで建設自体は終了すると考えています。1964年にできた公会堂が使われているので、目安としては60年後に当たる2024年、今から3年後程度を目指していければと思います。手が離れた以降も、このマチナカホワイエ自体は完成形が明確にはないのでずっと続いていくものだと考えています。公共文化施設とホワイエが常にまちの創造性を刺激していくことで、まちや時代に合わせて更新されたり、周りに与える響き方自体も変わっていくと考えています。たとえば、今挙げている公共文化施設のなかで一番新しいのは吉祥寺シアターですが、2004年にできたもので公会堂とは40年の差があります。今新しいものもいずれは古くなって建て替えるということになると思うのですが、そのときにマチナカホワイエの存在が長く響きを残すことで次にできる建物に影響を与えたり、逆にマチナカホワイエ自体が新しくできた施設に影響を受けながら、新しいつながり方に変えていけるかもしれません。最終的な形は明確にはないのですが、ホワイエとまちの溶け合い具合もどんどん高まっていくのではないかと思っていて、まちとの境目がどんどんなくなっていくような提案になると考えています。

柴田 はい。その他いらっしゃいますか？ では山田さん。

山田 歴史とどう結びつけているかという質問に対しては、高円寺は戦後形成された新興のまちとして、今もまちの人々や機能、活動などが変化しながらまちが営われていて、この計画も終わりがないと考えています。自分の提案は歴史の流れの一部として捉えていて、解体や機能が改変し続けることが高円寺らしさではないかと思います。途中の段階にこそ若者が介入する場や生業を見つけられるようなきっかけ、新たな文化の創出が生まれるのではないかと思います。

柴田 ありがとうございます。それでは以上でよろしいでしょうか？ はい、では小野寺さんどうぞ。

小野寺 過去の時間軸としては、大昔に海だった場所を再び海に返すという考え方が一つ、また過去の時間として、震災前にあった住民の特別な場所や景観といったものを考えてこのような形でつくりました。最終形態については私も固定して決めていません。建物には完成形はあるのですが、自然は常に成長し変化し続けるものであるため完成形は考えておらず、途中の段階としては、建設している最中に災害がやってくるかもしれないと考えて、道路など避難のアプローチを最優先に計画していくという形になっています。

柴田 ありがとうございました。全員答えてくれましたね。

ポジティブでない意見にどう対応する？
さまざまな角度から飛び出す指摘

西沢立衛
003 070 176
056 083 184
065 125

柴田 では続いて北川先生お願いします。

北川 力作が多くて、バリエーションも豊かで地域もさまざまなので、皆さんのプレゼンを聞いていて旅をしているようで楽しかったです。一つ質問ですが、答えるのは先に手を挙げた２～３名だけで構いません。仮に皆さんが構想している提案に対して、地元の人があまりポジティブではなかったときにどういうアクションをしますか？

柴田 早い者勝ちで３名までにしましょう。では福田さんからお願いします。

福田 そもそも「蔵の町並みキャンパス」という取り組みで、設計案を発表して住民に聞いてもらうという形を取っているのですが、今年はコロナの影響でそれが叶わなかったので、調査していくうえで住民の方と話す機会は数えるくらいしかありませんでした。そのなかでは「面白そうな提案だね」というコメントはいただけたのですが、現実にやるとなった際にどういう声が上がるかはわかりません。僕の感じたまちに対する視点を、新しい視点として住民と共有することに価値があると思っているので、もしポジティブに受け取ってもらえなかった場合は、自分はこういう風にまちを見てこういう風に考えたんだということを再認識してもらいます。たとえそれで突っぱねられたとしても、自分たちの生きている場所に対して「そういう見方もあるんだ」と少しでも考える機会を与えられるのであれば、それでいいのではないかと思っています。ただ、やはり実現はしたいので、自分の意見は自分の視点から通すべきだと思っています。

柴田 はい。続いては鎌田さん。

鎌田 提案の対象が公共文化施設で、それ自体が市民の生活を総合的に豊かにすることが目的のものなので、たとえポジティブでない意見があったとしても、市民の意見というのは慎重に検討するべき対象だと考えています。「吉祥寺グランドデザイン」というまちづくりの指針を見ても、ワークショップを通して得た市民の意見が反映されているという吉祥寺の市民参加のあり方というのもありますし、それについては積極的に取り入れていきたいと考えています。ただ、公会堂は築60年近く経っていて、かつその場での建て替えだとサービス停止ということになってしまうので、移転が現実的というのを踏まえて少し強調する必要はあるかなと思います。それ以外のレジデンスの部分やこどもアトリエ、図書館といった部分に関しては敷地のなかでも柔軟な対応ができますし、新しい意見が出た場合は、対象としている2つの敷地以外の低利用地なども今後変化する対象として考えているので、そういうところで取り入れるなどして、より幅広い人の心に響く場所になるようにホワイエをつくっていければと考えています。

柴田 はい。最後は井本さん。

井本 僕は実際に熊本地震に遭い、避難生活もして、どれだけそれが負担があるかを知り、早く仮設住宅ができてほしいという思いを経験しています。日常から準備するというのは大事で、絶対に必要だと考えているのですが、このようなネガティブな将来に向かっての設計に対して、地域住民はよく思わないのではないかとも考えました。逆に「日常時にこういう場所があったらいいよね」とポジティブに話して、あくまで住民に伝えるときは「楽しい日常の場が、災害時には実はきちんと役に立つんですよ」という言い方をして、実現に向けて地域住民と話をしていけたらいいのではないかと考えています。

柴田 ありがとうございました。では次の質問は中島先生お願いします。

中島 4名の方に質問します。まず小野寺さんですが、インナーハーバーは防災や減災の役に立ちますか？

小野寺 東日本大震災レベルの災害の場合は、インナーハーバーは浸水するため防災としての役割を果たすことはできないのですが、防潮堤の前の緑地空間といったもので減災計画を考えて設計しています。

都市・まちづく
コンクール
ちづくり
ール

中島 わかりました。次に井本さん。これはあくまでモデルで他にも展開するということですが、この敷地に隣接している高校との関係性は考えていますか？

井本 高校は本当に危険なときの一時的な避難場所として、地域の人が集まれるような場所と認識しています。隣接していることで、高校から仮設住宅に移る際に、身近な場所での移行ができると考えてこの敷地を選んでいます。

中島 ありがとうございます。次に山田さんの作品ですが、タイトルに「再反転」とありますが「再」というのは何ですか？

山田 もともと高円寺のまち自体が、外部空間に対して外階段など、なかの活動を外に開くといった一度反転が起きているので、起きていない部分に対して自分が操作するという意味で「再」と付けています。

中島 わかりました。最後は横山さんですが、この場所にもともとあったもので、地形以外に何かこの提案で継承したものはありますか？ 渋谷という全体ではなくてこの場所で継承したものです。

横山 まず敷地調査をした際に、自分のなかでエリア分けが見えてきました。敷地を選んだ理由としては高低差といろいろなエリアに囲まれた複雑なエリアということがあります。入口に対して各エリアから多様な人を引き込む、たとえば飲食店街から人を引き込んだり、奥渋谷からは文化的な人、繁華街からは賑やかな人を引き込んだりというのを想定しています。

中島 はい、ありがとうございます。

提案の弱点を突く なぜこの道を志したか

柴田 それでは有賀先生お願いします。

有賀 この8作品は立面・断面、アクソメも含めた立体的な提案あるいは表現がわかりやすい、効果的な作品が多かったと思います。一方で、「都市・まちづくりコンクール」という観点からすると、地域のなかでの位置や場所の意味、特異点や特徴、場所そのものが持っているポテンシャルといったものをどう提案に反映したかというところがやや弱かったかなというのが率直な印象です。これはもしかしたらコロナの影響で現地に行けなかったということもあるのかもしれません。そこで質問したいのは、まずは小野寺さんの作品について、インナーハーバーという面白いコンセプトでこの場所の特徴をもとにしながら提案していますが、漁業に対してどう貢献できるかの説明があまり

なかったので、その点について一言お聞きしたいと思います。それから鎌田さんの作品ですが、武蔵野プレイスを始めとして、吉祥寺周辺では市民のコミュニティの拠点というものは小さなスケールでたくさん面白いことをやっているように思います。マチナカホワイエをつくるアイデアやプログラムはとても興味深いのですが、こういう場所をつくっていく際には、ランドスケープや屋外空間のデザインがとても大事だと思います。そこについては「形があまり明確でない」とご自身でも言っていたし、プレゼンであまり触れていなかったので補足があればお願いします。その他の方々については、平面についてや、自分たちの考えている場所の特異性やポテンシャルが何なのか、あるいは周辺の位置関係にどのような影響を与えられるのか。一言ずつで結構ですのでお願いします。まずは小野寺さんと鎌田さんからどうぞ。

小野寺 漁師からは、津波に対する恐怖はあるもののやはり仕事場に近い場所に自宅や仕事場を設置してほしいという意見がありました。そこで漁港の周辺にそういった室を設けて、もし大きな津波が来た場合はすぐに避難できるような動線を考えて計画しました。

鎌田 「形があまり明確でない」という発言ですが、敷地外の手から離れる部分に対して言及したつもりだったので訂正させていただきます。敷地内については市民からの意見に応じて変えることも考えるのですが、基本的には決めた形で考えています。屋外空間やランドスケープについては、北側の敷地は主に高架下の空間になるので半屋外空間を考えています。高架は6mと決まった高さなのですが、それを緩やかに掘り下げていくことでさまざまな天井高を生んだり、地表面との視点の交わる交わらないというものを生んでいくことを考えています。また、劇場側ではさらに3m掘り下げて天井高が合計で9mになり、テキスタイルで柔らかに照らすことで、半屋外空間ならではの風通しはいいけれど何か光があるといった柔らかいホワイエを考えています。あとは既存の吉祥寺シアターの部分ではすでに都市回廊というデッキがあるのですが、目の前にビルが建ってしまっていて眺めが良くないところを、前の部分を併せて整備することで視線が音楽ホールまで抜けていくような視点場を設けたいと考えています。もう一つの敷地に関しては、先ほどの敷地とは対照的に開放的な芝生のホワイエを考えています。このホワイエはクラフトホールが旧オーディトリウム建物を活用したもので、柱のスパンを活かしたレンガの隙間が入って、たとえばイベント時に使用するテントの基礎や照明などを収納するなど、普段は開放的に使いつつ、時と場合によってはイベントの中心となる使い方も考えています。

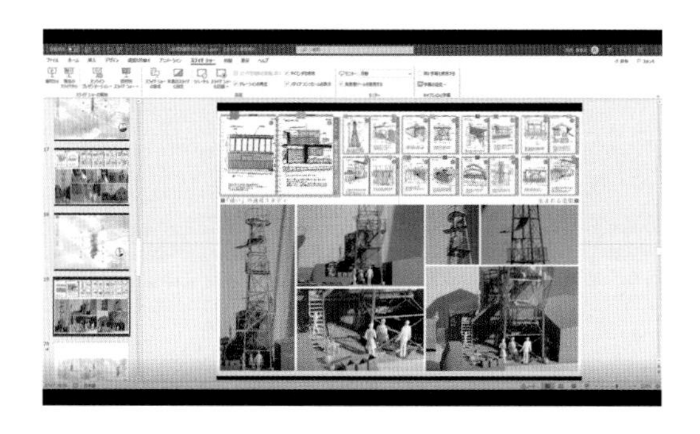

有賀 では他の方々への質問ですが、全員でなくて結構ですので、我こそはという方は手を挙げてください。

柴田 では宮澤さん。

宮澤 地域の特異性について挙げさせていただきます。敷地は神田ですが、祭りや神社を大切にするルールを設けて設計しています。

柴田 他にどうしてもという方いますか？ はい、では横山さん。

横山 補足ですが、この提案の肝は多様なエリアに囲まれているということです。そのためエリア内で完結している部分があって、渋谷全体をマクロで見ると多様なのですが、ミクロで見ると結構固まっている部分があり、それらが混ざり合う空間になるよう設計しました。

柴田 ありがとうございました。それでは最後に猪里先生お願いします。

都市・まちづくり
コンクール
都市・まちづくり
コンクール

猪里　力作揃いで圧倒されています。皆さんは建築なり都市計画なりを勉強していますが、どうしてその道を選んだかを一言で結構ですのでお答えください。

柴田　それでは一言ずつ、宮西さんからお願いします。

宮西　テレビ番組で建築の特集をやっていて、建築家は格好いいと思い、人の人生を背負うような仕事をしたくて建築学科に進みました。

横山　デザインやアートが好きでそれを表現する場がたまたま建築でした。もしかしたら全然違う道もあったのかなとふと思うこともあります。

鎌田　文系から理転したのですが、本が好きということもあり、まち一つひとつにストーリーがあって、それを読み解いてさらに形にすることに面白さを感じました。それから、吹奏楽やアカペラをずっとやってきたのですが、ものづくりや空間づくりを通して人の心を動かすことに興味を持ち、その2つの点で都市工学科に進学しました。

井本　僕もテレビ番組を見て、建物でこんなに人をワクワクさせることができるんだというところから建築への興味が始まりました。地震を経験したときに、建物は人を守るものでもあるということを痛感して、自分のなかで建築の意義というものが固まった瞬間でもあり、他の人に貢献できるような人間になりたいと思って建築学科を志望しました。

小野寺　小学6年のときに東日本大震災を経験しました。当時は子どもで、何もできずただ変わりゆくまちを見ているという感じでした。まちのために何かしたいという強い気持ちは消えることがなく、ものづくりが好きで、地元が好きだということもあり、このまちのために何かできないかと考え建築やまちづくりを志望しました。

山田　祖父の影響もあり、小さい頃からものづくりに身体的に触れてきたことが一番大きな理由です。ものを完成させたときに得られる感覚を、大工などではなく、設計するという部分でも体感できるのではないかと考えて建築に進みました。

福田　小さい頃から絵を描いたり、建物や風景を見たりというのが好きな子どもでした。小学校高学年の頃に情熱大陸で安藤忠雄さんの特集を見て、建築でこんなことができるんだと幼いながらも感動したことを覚えていて、その感触のまま建築学科を選びました。

宮澤　僕は概念や生き方や暮らしといったものを変えたいと思って今生きているのですが、それができるのは建築だと思っています。この設計で概念や暮らし方の思考実験ができたのはとても楽しかったです。

柴田　はい、ありがとうございました。それでは以上で公開討議を終了したいと思います。

最後の決選投票
第8回「都市まち」最優秀賞決定！

柴田　これまでの審査を踏まえて、審査員の皆さんに投票していただきました。さっそく結果を見てみましょう。

＊　＊　＊　＊　＊

柴田　最多得票は184番宮西さんで19票です。続いて、11票の83番鎌田さん。そして9票の65番小野寺さんです。3番宮澤さんが8票と僅差ですがよろしいでしょうか？ はい、では最優秀賞は宮西さん、優秀賞は鎌田さんと小野寺さんで決定とさせていただきます。おめでとうございます！

最終討議投票結果

	小林英嗣	小林正美	江川直樹	角野幸博	北川啓介	柴田久	中島直人	中野恒明	有賀隆	猪里孝司	合計
003 **宮澤**(法政)		1		3					3	1	**8**
056 **福田**(信州)					2						**2**
065 **小野寺**(長岡造)	2						1	3		3	**9**
070 **井本**(九州)						2	2				**4**
083 **鎌田**(東京)	1		2	1	1	3		2	1		**11**
125 **山田**(東海)		2	1								**3**
176 **横山**(芝浦工)									2	2	**4**
184 **宮西**(信州)	3	3	3	2	3	1	3	1			**19**

受賞作品

賞	No.	出展者	作品名
最優秀賞	184	宮西 夏里武(信州大学)	「半鐘響く街、よみがえれ児童館」
優秀賞	065	小野寺 湧(長岡造形大学)	「海と共に生きる」
	083	鎌田 南穂(東京大学)	「マチナカホワイエ」
小林英嗣賞	036	冨田 真央・志賀 あゆみ・中原 正隆・藤村 稚夏・石村 拓也・木村 聡太・堀江 きらら(崇城大学)	「Hverdag med “Hygge”」
小林正美賞	125	山田 康太(東海大学)	「高円寺再反転」
江川直樹賞	100	近重 慧・友光 俊介・村松 大地(早稲田大学大学院)	「『数寄間』に暮らす」
角野幸博賞	165	平田 颯彦(九州大学)	「サカリバヤクバ」
北川啓介賞	016	竹内 勇真・前村 真太郎・堀江 僚太・奥田 裕貴・笹川 智哉(日本福祉大学)	「余白」
柴田久賞	070	井本 圭亮(九州大学)	「ゆとり荘」
中島直人賞	147	渡邉 麻里(明治大学)	「都市の脈動をつまむ」
中野恒明賞	026	向井 菜々(福井工業大学)	「かさなる五感」
有賀隆賞	003	宮澤 哲平(法政大学)	「Urban Village Building"S"」
猪里孝司賞	135	櫻田 留奈(立命館大学)	「花渦」
総合資格賞	176	横山 達也(芝浦工業大学)	「邂逅する生命体」

受賞者インタビュー＆授賞式

審査会終了後、日を改めて最優秀賞、優秀賞、総合資格賞の4名に
「都市・まちづくりコンクール」（以下、「都市まち」）への応募のきっかけや
オンラインでの審査について、今後の展望などを聞いた。
また併せて、各賞の授賞式が行われ、賞状とトロフィー、副賞が贈呈された。

最優秀賞
▶P.12

「半鐘響く街、よみがえれ児童館
― 千曲川水害後1年目の街の修復風景の集積による児童館再生 ―」

宮西 夏里武（信州大学）

Q 昨年に続いての出展でしたが、応募のきっかけは何ですか？

宮西：建築単体で考えるよりも、地域に対して建築がどのような役割を担うかというまち全体を含めた提案をしたいという想いを常々持っていました。それを評価してもらえる場所が「都市まち」だと思い応募しました。

Q 昨年は岸トラベル賞を受賞されましたが、その経験から今年に活かしたことはありますか？

宮西：昨年の経験から、まちづくりには地域に愛されるデザインが必要だと感じたので、敷地調査を入念に行いました。昨年の作品では１～２週間程度だったサーベイの期間を、今回は１ヶ月ほど時間を掛けています。また昨年は、審査員の先生方から「デザインはいいけれど、実際に誰がつくるのか」と言われて、そこまで深く考えられていなかったと痛感しました。住民がどう実践できるかというところまで触れて考えなければいけない、広い視野を持って提案することが大事だと学び、それをずっと考えながら１年間取り組んできました。

Q コロナ禍で苦労したことはありますか？

宮西：製図室の利用が制限されたため、決められた時間内に完成させなければいけないというプレッシャーがありました。学校からは模型はつくらなくても良いと言われていましたが、それは「逃げ」のように感じて、制限のあるなかでも模型をつくろうと考えました。大学では模型をつくり、自宅では図面を描くというメリハリができたのは良かったです。

Q この作品に取り組んだきっかけは何ですか？

宮西：災害時にボランティア活動に参加したのですが、実際にできることは些細なことしかなくて、建築を学んでいるのに役に立てない無力感がありました。自分の提案でまちに元気を与えたいという想いと、役に立てなかった悔しさを設計にぶつけたというところはあります。

Q 他の設計展と「都市まち」を比べて、出展の際の意識の違いはありましたか？

宮西：他の設計展では建築のデザインや中身のディテールに焦点を当てますが、「都市まち」ではどういうプロセスを経て、まちのどのような人たちが関わっていくのかについて触れて提案するよう意識しました。住民がどのように参加していくのかや、建築ができるまでの時間軸、段階を順序よく説明することを心掛けました。

Q オンラインでの審査会はいかがでしたか？

宮西：模型を見せられないことが一番難しかったです。逆に、スライドで見せたいものをピンポイントで見せることができたので、イメージの共有はしやすかったです。

Q 審査員の言葉で印象に残っていることはありますか？

宮西：中島直人先生から、「建築家というのは復興した後の最終段階のことを考えがちだけれど、そこまでどう進めるのかというプロセス、完成させるために何が必要なのかまで提案しているところが素晴らしい」と評価していただいたことです。まさに自分のやりたかったことが評価されてとても嬉しかったです。

Q 「都市まち」での経験を今後にどう活かしますか？

宮西：提案して評価されるというのは一つの終わりではあるけれど、その次に、その提案を実際に実現できるかが建築家に求められているところだと思います。まずは住民に自分の案を知ってもらって、まちにどう活かせるかをまちの人たちにもっと投げかけていきたいです。大学院に進学するので、修士の２年間でまちに対して実際にプロジェクトを動かしていくところまでできれば、本当の完成形だと思います。

優秀賞
▶P.16

「海と共に生きる
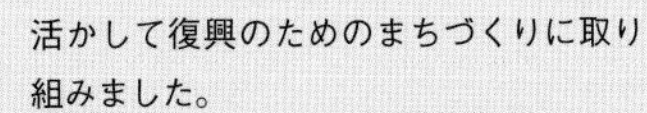
— 魅力資源と防災の活用におけるエコロジカルな街への復興計画 — 」

小野寺 湧（長岡造形大学）

Q「都市まち」に応募したきっかけは何ですか？

小野寺：研究室の先生に勧められて応募しました。テーマの「響」に沿って研究を進めることができたので良かったです。

Q この作品に取り組んだきっかけは何ですか？

小野寺：小学６年生のときに東日本大震災を経験したのですが、まだ子どもということもあり何もすることができませんでした。地元が被災したことで、地元のために何かできないかとずっと心に思い続けていたので、卒業設計という機会を活かして復興のためのまちづくりに取り組みました。

Q「都市まち」に向けて準備したことはありますか？

小野寺：「響」というテーマに沿ってコンセプトや内容・構成を考えました。設計に関しては、防災計画も並行して取り組んでいたので、その点については大学の先生からいただいたアドバイスを元にブラッシュアップしていきました。

Q オンラインでの審査会はいかがでしたか？

小野寺：大学の授業や卒業研究の発表はリモートだったので、オンラインに慣れていたため難しさは感じませんでした。必要な資料を手元に準備することができ、審査員からの質問に対応することができた点は良かったです。

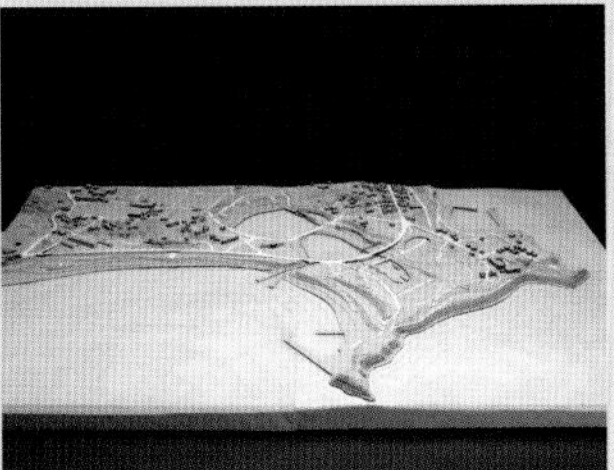

Q オンラインでのプレゼンで意識していることはありますか？

小野寺：声の聞き取りやすさと表情に気をつけています。私の提案のテーマが震災からの復興だったので、具体的な設計の内容も重要ですが、被災者の想いというものも見ている人たちに伝えたいという気持ちがありました。声や表情でそれが伝わればと意識して取り組みました。

Q 審査員の言葉で印象に残っていることはありますか？

小野寺：被災地に巨大な防潮堤が建てられていることに対する意見がたくさんありましたが、審査員の先生方も防潮堤についていろいろ考えていることを知り、地元の人だけでなく、そういった方々も同じような問題意識を持って考えていたのだと感銘を受けました。

Q「都市まち」での経験を今後にどう活かしますか？

小野寺：まちの復興に携わりたいという想いがこの研究に至った出発点でした。仙台で仕事に就くので、それを実現するためにこの経験を今後に活かしていきたいです。

優秀賞
▶P.20

「マチナカホワイエ 文化団欒の街・吉祥寺」

鎌田 南穂（東京大学）

Q「都市まち」に応募したきっかけは何ですか？

鎌田：審査員である中島直人先生の研究室に所属していたことです。私の作品は公会堂や音楽ホールも扱っているので、「響」というテーマに合うのではないかと声を掛けていただきました。卒業後は就職のため、コンペに出すのは最初で最後の機会なので出展したいという気持ちもありました。

Q この作品に取り組んだきっかけは何ですか？

鎌田：これが個人として最後の作品になると思い、地元で縁があり、好きなまちである吉祥寺を扱いたいというのが出発点でした。

Q 大学での評価はいかがでしたか？

鎌田：模型をつくらず図面での表現だったのでどう立体的に見てもらえるかを考え、アイソメ図に注力したのですが、先生方からはとても評価していただけました。まちと呼応するような都市計画を目指していたのですが、先生方からは、「実際にまちとどう関わり合っていくのかをもう少し見せたほうがいい」と指摘されました。「響」という部分でもその点はとても重要だと考えたので、そこはブラッシュアップしています。

Q オンラインでの審査会はいかがでしたか？

鎌田：自分が描いた空間像をきちんと審査員に見てもらえているのか最初は不安でしたが、意外とやりやすかったです。先生方の表情が見えなかったり、会場のリアル感や雰囲気を感じるという面での難しさはありました。図面の実際のスケールでは見せられないので、縮尺があまり気にならないアイソメ図は有効だったのかなと思います。

Q 審査員の言葉で印象に残っていることはありますか？

鎌田：「住民に反対されたらどうするか」という質問は、公共施設を扱っている私の作品にとっては特に重要な点だと感じました。地域に望まれるのか、地域とどのように折り合いをつけて馴染ませていくのか、考えさせられるものがありました。

Q「都市まち」での経験を今後にどう活かしますか？

鎌田：多角的な作品を通してまちを見る経験がたくさんできたので、その視点を大事にしていきたいです。また「響」というテーマにあるように、まちづくりは１点で完結せず、呼応し合うことが大事な視点だと学ぶことができました。

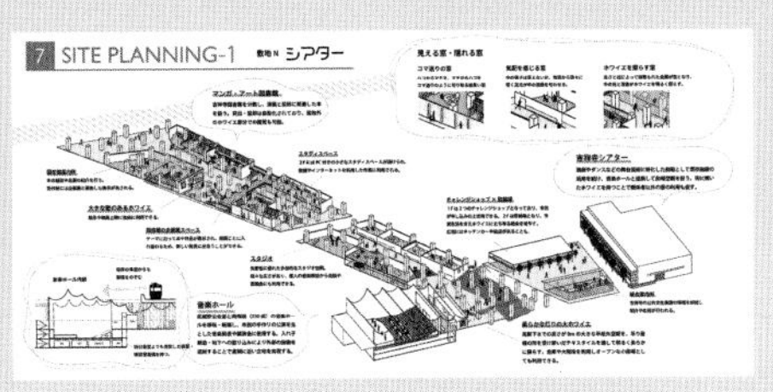
7 SITE PLANNING-1

総合資格賞
▶P.36

「邂逅する生命体
— 特異な谷地形を模した渋谷文化の維持・発展を促す商業施設 — 」

横山 達也（芝浦工業大学）

Q「都市まち」に応募したきっかけは何ですか？

横山：友人から聞いて存在を知りました。いろいろな設計展に出展したのですが、日程的に準備が間に合わなかったり、パースなども中途半端な状態で出すことが多く、あまり良い評価を得られませんでした。それではもったいないと思い、きちんと完成した状態で出展したくて「都市まち」に応募しました。自分の作品は異色だと思っているので、「都市まち」では他の設計展とは違う評価を得られるのではないかという期待もありましたが、まさか賞を取れるとは思っていませんでした。

Q この作品に取り組んだきっかけは何ですか？

横山：渋谷でバイトしていたので、よく知っているまちということが取っ掛かりです。渋谷はいろいろな特徴があるので、調べていくうちにテーマを絞り込めていきました。再開発には影響されないよう少し触れるだけに留めて、オリジナリティのある提案を目指しました。

Q：「都市まち」に向けて準備したことはありますか？

横山：他の設計展に比べると堅い印象、真面目なコンペという印象を持っていたので、十分に提案を理解してもらえるようなるべく文章を多めにして、全体の構成を練り直しました。

Q 審査員の言葉で印象に残っていることはありますか？

横山：質疑応答で、設計が終わった後の運用方法まで深堀りされたことが印象的でした。正直そこまできちんと考えていたわけではなかったので、その場で考えて答えたのですが、設計が終わってからどう実現していくのか、運営方法も含めて設計しなければいけないということを学びました。

Q「都市まち」での経験を今後にどう活かしますか？

横山：学内の講評会や他の設計展ではあまり評価されず自信をなくしていましたが、「都市まち」では高い評価をいただけたので、もう少し建築をやっていけるのではないかと自信を得られました。これまで奇抜な作品ばかりつくってきたのですが、なかなか評価されず、デザインができれば建築でなくてもいいのかもしれないと思ったこともありました。「都市まち」に出展して建築でももっとできることがあると気づけたので、これからも頑張ろうと思います。

都市まちづくりコンクール

Chapter 3

Urban Design & Town Planning Competition 2021／本選出展作品紹介

[001]

木造密集地域再編計画

～地下を利用した土の家を構成し、地上に公園を作る提案～

宮下 幸大 Koudai Miyashita [M1]

金沢工業大学大学院 工学研究科 建築学専攻 蜂谷研究室

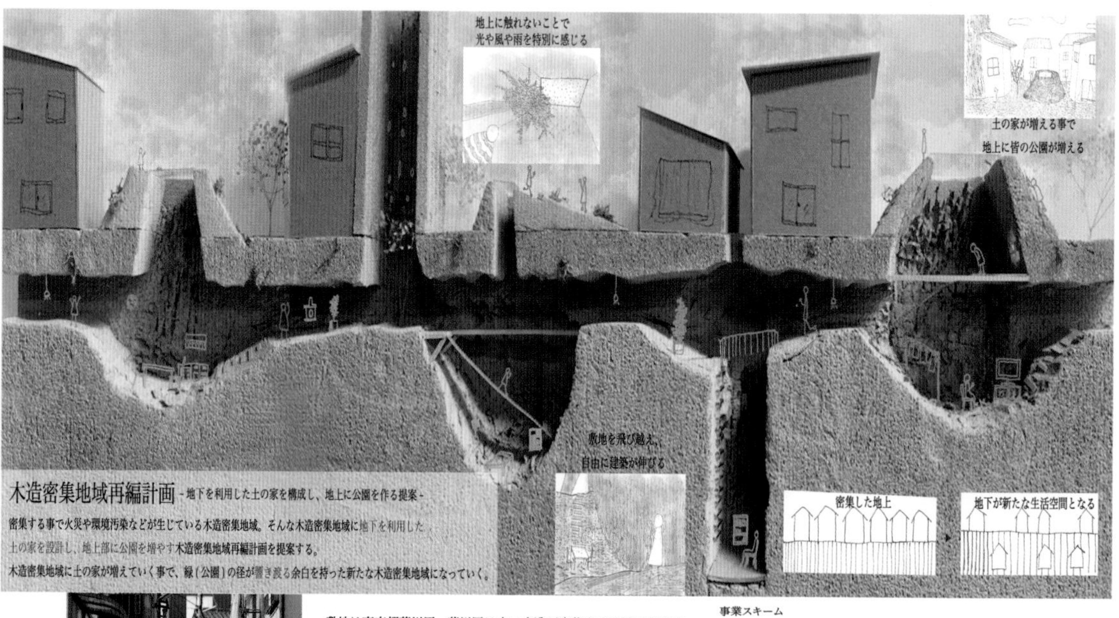
地上に触れないことで
光や風や雨を特別に感じる
土の家が増える事で
地上に皆の公園が増える
敷地を飛び越え、
自由に建築が伸びる
密集した地上
地下が新たな生活空間となる
木造密集地域再編計画 - 地下を利用した土の家を構成し、地上に公園を作る提案 -
密集する事で火災や環境汚染などが生じている木造密集地域。そんな木造密集地域に地下を利用した
土の家を設計し、地上部に公園を増やす木造密集地域再編計画を提案する。
木造密集地域に土の家が増えていく事で、緑(公園)の径が響き渡る余白を持った新たな木造密集地域になっていく。

選定エリアと選定理由

敷地は東京都荒川区。荒川区は古い木造が密集する地域で典型的な「木造密集地域」である。木造密集地域は道路や公園等の都市基盤が不十分なことに加え、老朽化した木造建築物が多く、地震・火災などに際して大きな被害が想定される地域である。
また、荒川区は東京都の木造密集地域の中で最も危険老朽建築物が多く、空き家も増え始めており、劣悪な環境へと変わり始めている。

危険老朽建築物の除却費助成(荒川二･四･七丁目地区、町屋･尾久地区)

区	面積（ヘクタール）	区の面積に占める割合
品川	767	33%
荒川	591	58%
足立	589	11%
北	493	24%
墨田	478	35%
葛飾	464	13%
豊島	460	35%
大田	425	7%
世田谷	400	7%
中野	398	26%

助成対象者
- 危険老朽建築物の所有者（共有の場合にあっては、全ての共有者の代表者）である事。
- 危険老朽建築物の存する土地の所有者（危険老朽建築物の所有者の承諾）である事。

危険老朽建築物（解体する建築物）
- 昭和56年5月31日以前の建物。
- 国、東京都、区等が行う他の助成金の交付を受ける建物ではない事。
- 荒川区危険老朽建築物等除去検討委員会で危険であると判定された建物。

助成金額
- 危険老朽建築物及びこれに付属する工作物除却工事並びに除却工事後の敷地に要する費用の100%（上限費用・1平方メートルあたり26,000円）（上限述べ面積・1000平方メートル）

2015年度末、東京都まとめより

荒川区は東京都の中で区の面積に占める危険老朽建築物の割合が最も高い地区である。そのため、荒川区は独自に危険老朽建築物に対し、除去費助成をしている。この除去費助成と新しくできる「土の家」を事業スキームによって関係づけることで、建設費用の面でも新たな木造密集地帯のあり方ができないかを考察する。

事業スキーム

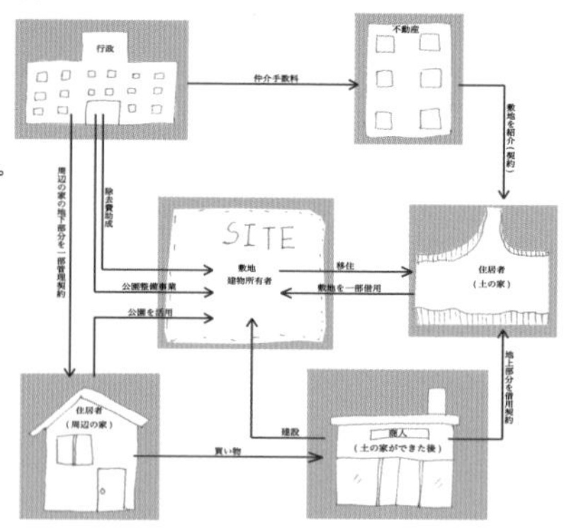
行政
不動産
仲介手数料
敷地を紹介(契約)
周辺の家の地下部分を一部管理契約
除去費助成
SITE
敷地
建物所有者
公園整備事業
公園を活用
移住
敷地を一部借用
住居者
(土の家)
住居者
(周辺の家)
建設
商人
(土の家ができた後)
買い物
地上部分を借用契約

行政は荒川区の木造密集地帯を防火の観点から公園事業を促進させている。敷地は土の家やお店の「公開空地」として行政が管理する。そうすることで、あたかも公園に建物が建っているようになる。

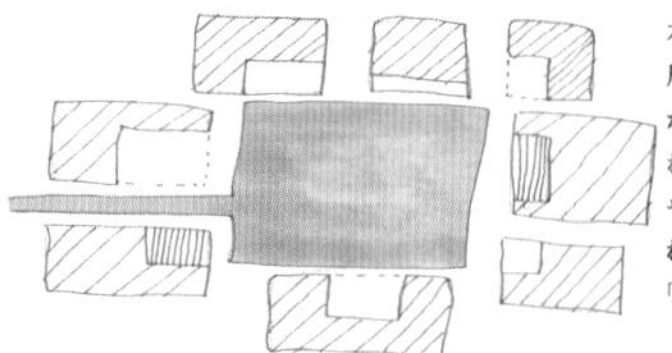

木造密集地域に土の家が建つことで周辺にも変化が現れる。今まで建物が建っていた場所にヴォイドが生まれ、それに対し、周辺の建物も減築や改築を行い、ヴォイドに対し、開かれた住宅の建ち方をし、ヴォイドが「みんなの庭」のようになる。

土の家が増えることで
木造密集地域
に緑の径が生まれる

建築操作

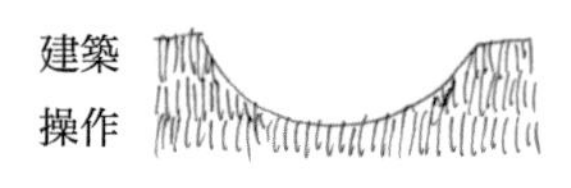

掘る

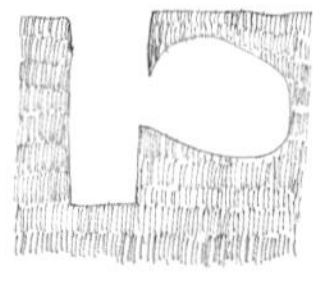

横掘り

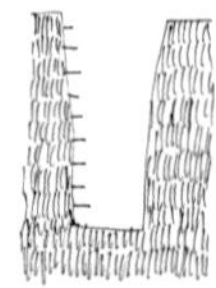

直下掘り

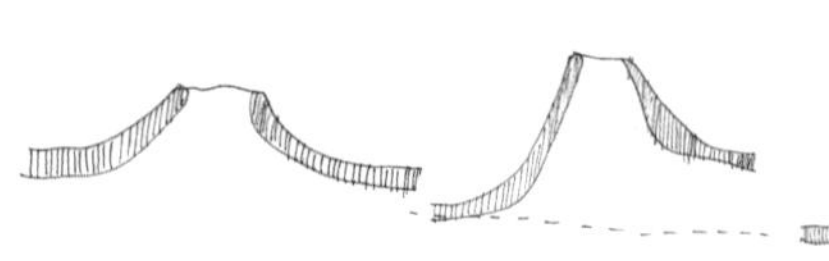

盛り土

GL上げ

煙突盛り土

選定エリア:
東京都荒川区

密集することで火災や環境汚染などが生じている木造密集地域。そんな木造密集地域に地下を利用した土の家を設計し、地上部に公園を増やす木造密集地域再編計画を提案する。
木造密集地域に土の家が増えていくことで、緑（公園）の径が響き渡る余白を持った新たな木造密集地域になっていく。

ケーススタディ

□・・・PlanA
■・・・PlanB
■・・・PlanC

敷地は東京都荒川区２丁目。土の家のケーススタディを３パターン行った。（設計は別ボード参照）

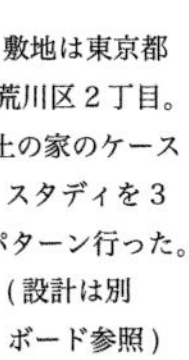

■・・・所有部分
住宅街を分断する空き家がある場所を「planA」
近い距離に空き家が三軒ある場所を「planB」
解体が決まっている廃ビル跡地を「planC」

Plan A: 土断線の家

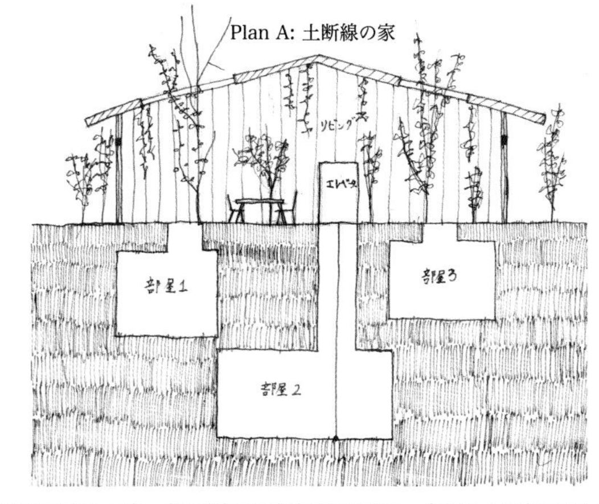

リビング
エレベータ
部屋1
部屋3
部屋2

空き家を改修した家。空き家部分の屋根だけを残し、部屋は土の中に埋める構成とした。自然に囲まれた快適な家でありながら、地域に開かれた公園にもなる。

Plan B: トンネルの家

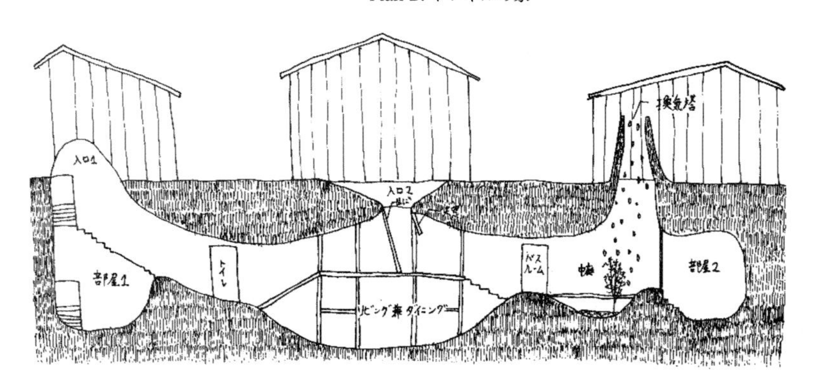

入口1
入口2
換気塔
部屋1
トイレ
リビング兼ダイニング
バスルーム
部屋2

小さな敷地を３つ所有している距離の長い家。地上部は公園とし、盛り土から家の中に入る構成とした。家がＵの字になっているため、家の中でシークエンスを楽しめる家になっている。

Plan C: 大穴の家

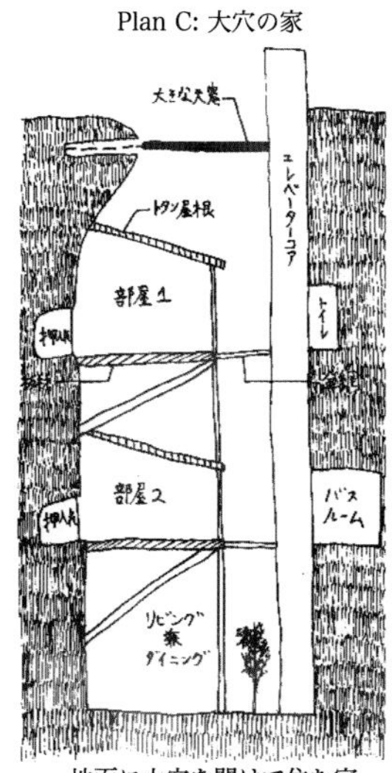

大きな大穴
トタン屋根
エレベーターコア
部屋1
押入
トイレ
部屋2
バスルーム
リビング兼ダイニング

地面に大穴を開けて住む家。大穴を開けた事で大穴から風や雨といった自然現象が家の中に入ってくる構成。

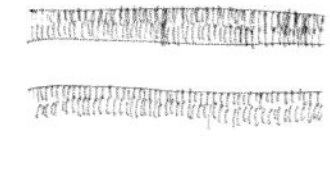

平行通路

斜め通路

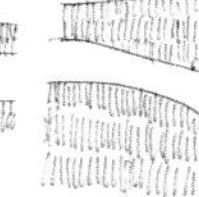

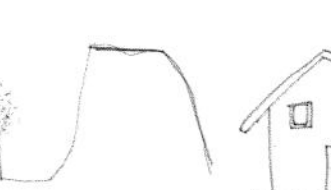

庭広げ

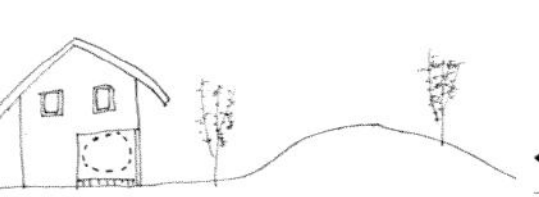

減築テラス

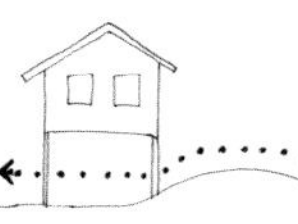

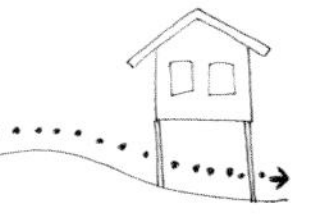

抜け道

[005]
混淆のゆくえ
― 相反する空間の共存 ―

甘利 優 Yu Amari [M2]
関東学院大学大学院 工学科 建築学専攻 柳澤研究室

1. 背景：神社がもつ領域

・私は幼少期から実家近くの「神社」周辺の道端で遊んでいた。私にとって「神社」は参拝目的ではなく、友人との待ち合わせや談笑の場として認識しており、「隠れ家」のような生活に馴染みのある場であった。
・神社が持つ領域には、宗教観と建築様式と深い関係がある。それら「権威的」な空間の領域が現代では異質な雰囲気に変化してきた歴史を持つ。

2. 神社がもつ不変的な構成と参道

・神社には「信仰の為の参拝」という「プログラム」がある。現代での参拝は行事となり、「プログラム」が所作などのカタチとしてのみ残ることからみても「聖」が抜け、「虚」の空間となりつつあるのではないだろうか。
・それら「信仰」と「商い」の性格を持つ道である「参道」に着目する。

3. 選定敷地周辺（表参道）

人の行動が「効率化・目的化していく都市」であること。街が「神社との関係が深い」という二つから，表参道を敷地対象とする。

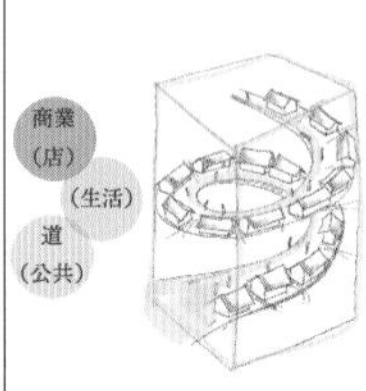
商業
（店）
（生活）
道
（公共）

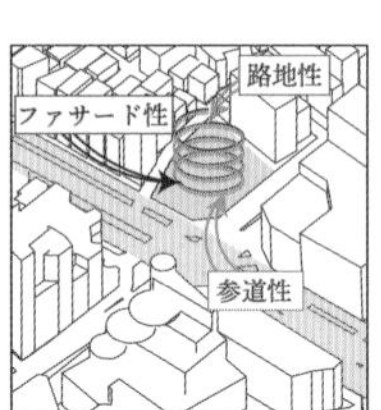
路地性
ファサード性
参道性

原宿駅
明治通り
明治神宮
参道
対象敷地
表参道駅

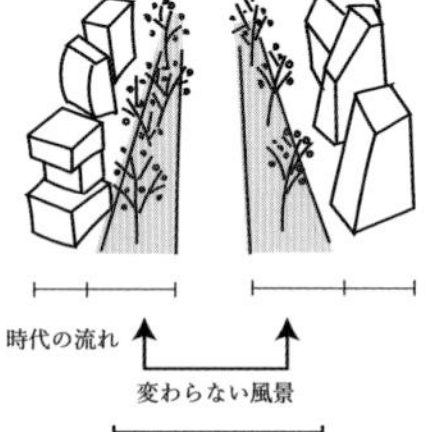

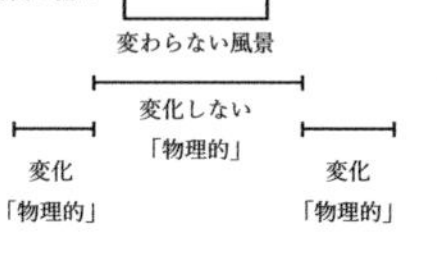
時代の流れ
変わらない風景
変化しない
「物理的」
変化
「物理的」
変化
「物理的」

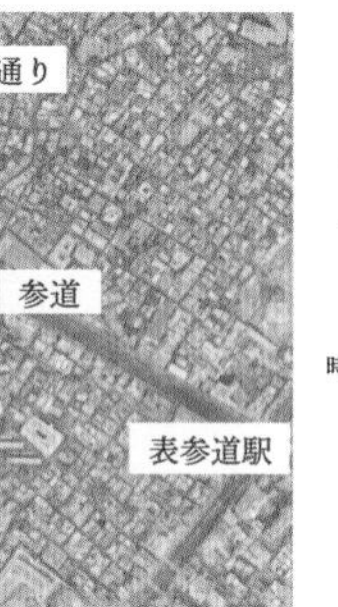
参進
手水
参拝

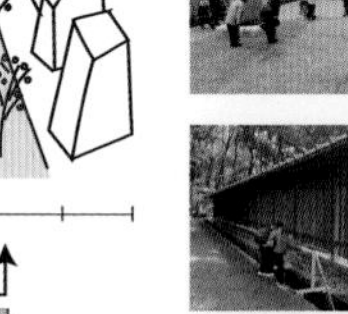

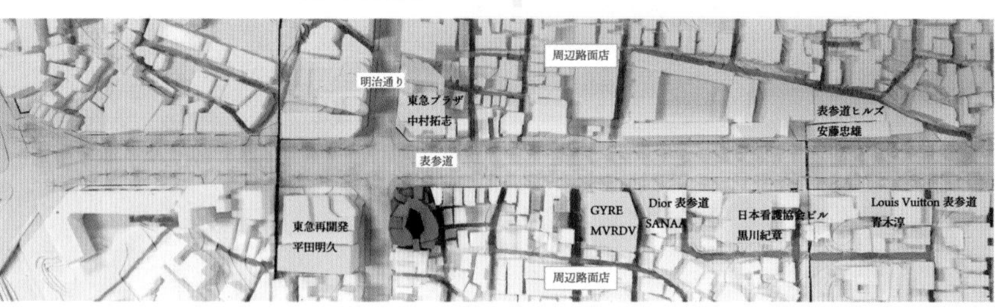
周辺路面店
明治通り
東急プラザ
中村拓志
表参道ヒルズ
安藤忠雄
表参道
GYRE
MVRDV
Dior 表参道
SANAA
日本看護協会ビル
黒川紀章
Louis Vuitton 表参道
青木淳
東急再開発
平田明久
周辺路面店

4. 周辺建築ファサード分析

[illegible]

5. プログラム（商業）と建築形態

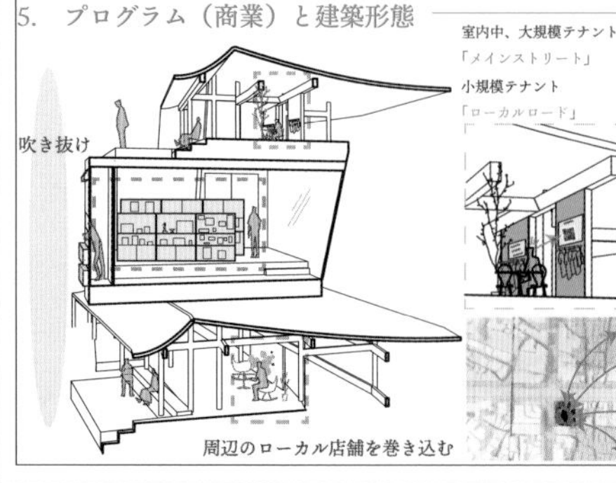
吹き抜け
周辺のローカル店舗を巻き込む

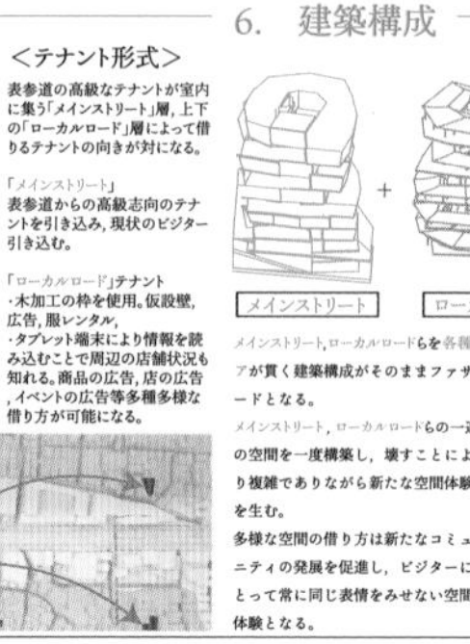

室内中、大規模テナント
「メインストリート」
小規模テナント
「ローカルロード」

<テナント形式>
表参道の高級なテナントが室内に集う「メインストリート」層，上下の「ローカルロード」層によって借りるテナントの向きが対になる。

「メインストリート」
表参道からの高級志向のテナントを引き込み，現状のビジター引き込む。

「ローカルロード」テナント
・木加工の枠を使用，仮設壁，広告，服レンタル，
・タブレット端末により情報を読み込むことで周辺の店舗状況も知れる。商品の広告，店の広告，イベントの広告等多種多様な借り方が可能になる。

6. 建築構成

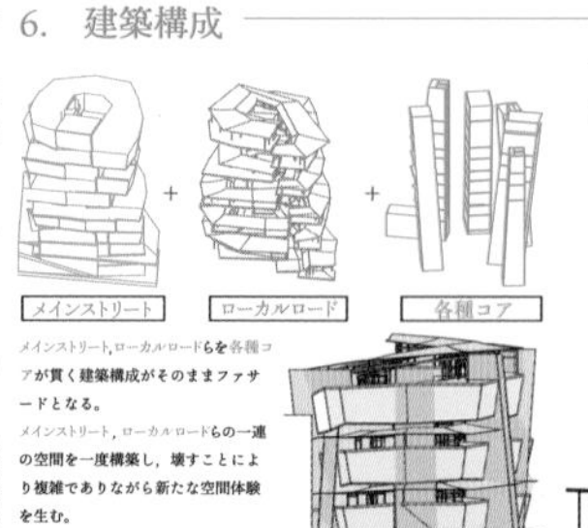
メインストリート
ローカルロード
各種コア

メインストリート，ローカルロードらを各種コアが貫く建築構成がそのままファサードとなる。
メインストリート，ローカルロードもの一連の空間を一度構築し，壊すことにより複雑でありながら新たな空間体験を生む。
多様な空間の借り方は新たなコミュニティの発展を促進し，ビジターにとって常に同じ表情をみせない空間体験となる。

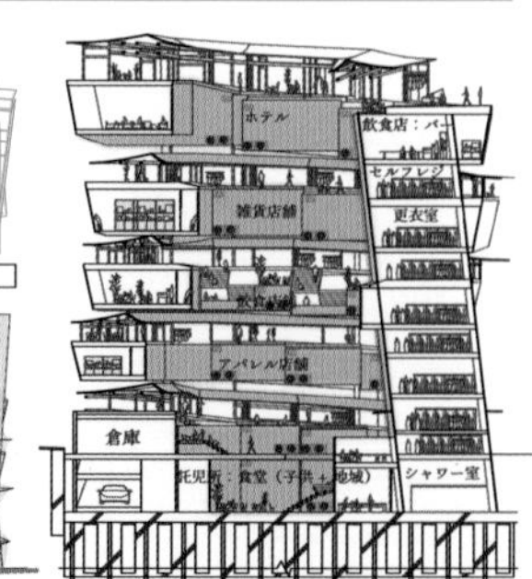
ホテル
飲食店
更衣室
飲食店舗
アパレル店舗
倉庫
託児所
シャワー室

選定エリア:
東京都表参道

高度成長期を経て、社会が前進した一方で、都市での行動は効率化･目的化していき、結果として都市での「自由な場所」も少なくなっているのではないだろうか。本提案は都市の現状に対し、「物や情報の遮断された『虚』の空間」と「現実の社会」が対立的にあるのではなく、表裏一体に共存している状態を商業建築で表現することに挑戦する。

本研究は大きく分けて二つある。一つ目は、近代社会の状況とは別に、継承され続ける文化としての「神社の性質」を、「構成」と「存在意義」の視点から研究した。そこから神社の「信仰」と、強い社会性を持つ「商い」が入り混じる「参道」に着目した。二つ目は、明治神宮と関わりの深い「表参道」を敷地選定し、建築家らが設えた建築のファサード構成に着目した。本提案は、神社の「虚」の性質、表参道周辺のファサードの性質を設計の手掛かりとし、表裏一体に共存しながら用いる。

混淆のゆくえ
相反する空間の共存
建築で人間の心身に自由を与えることはできないのか。
混淆のゆくえ
相反する空間の共存
高度成長期を経て，社会が前進した一方で，都市での行動は効率化・目的化していき，
人びとの本来的な自由な営みやふるまいは少なくなってきていると考える。
都市での「自由な場所」も少なくなっているのではないだろうか。
神社と都市の関係が強く表れていると思われる「表参道」に「静けさ」を持つ空間を内包した商業建築を提案する。
通常，都市の建築は「裏側」を持つ。その「裏側」を「表」で囲うことにより，「裏側」でなく，裏の「空間」として設える。

[012]

私的分居

出町学生下宿

佐古田 晃朗 Teruaki Sakoda [研究生]
京都大学大学院 工学研究科 建築学専攻 柳沢研究室

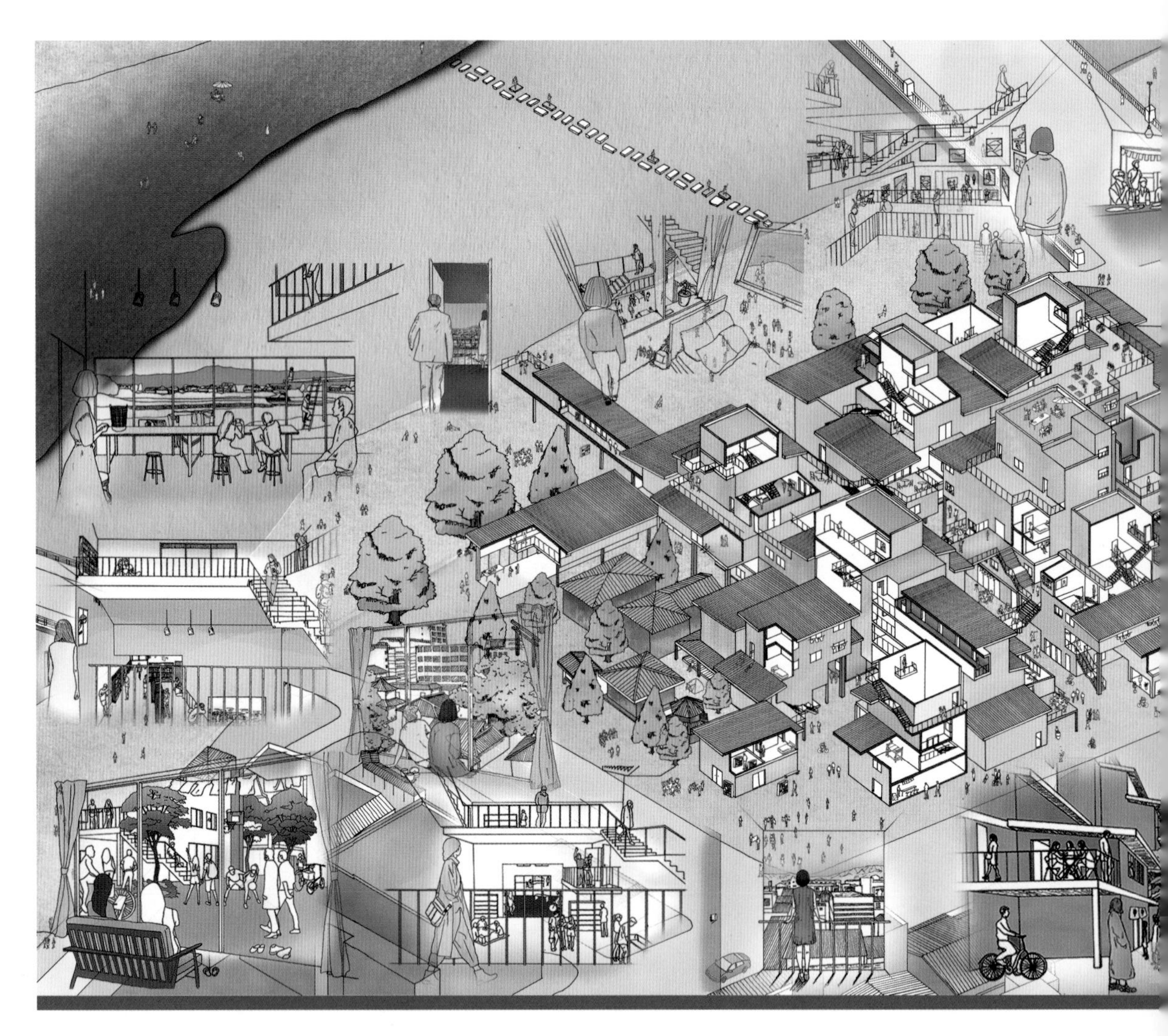

東西方向　Section Perspect

選定エリア：
京都府京都市出町

選定地は、学生の街、京都において、どの時代のどの大学の学生にも共通する原風景のひとつ、鴨川デルタの横である。周辺にはさまざまな大学があり、友人と、サークル活動で、時にはひとりで、実に多くの学生が多くの時間をこの場所で過ごす。一方で、その西側の街区は川原と分断されており、共鳴し合っているとは言い難い現状である。そこで、京都の資源とも言える、「入れ替わり立ち代わりやってくる学生とその住まい」を媒質として計画をすることで、彼らの活動とこの象徴的な場所がより共鳴し合えるのではないか。そして、それは学生のみならず、この場所を訪れる多種多様な人々にとっても魅力的な影響を与えるものになるのではないかと考え、学生の下宿を計画した。

ometric Section 及び各 Scene Perspective
Plan GL+1500
南北方向　Section Perspective

[030]

耕す建築

～小さな場の連なりで暮らしの地形を造成する～

鈴木 徹 Toru Suzuki [M2]

京都工芸繊維大学大学院 工芸科学研究科 建築学専攻 木下研究室

対象計画地

雄島（大湊神社）
雄島橋
漁村集落
ニュータウン化
安島漁港
安島地区
大湊神社（陸ノ宮）
日本海
福井県坂井市三国町安島地区

基礎により醸成されるまちの風景

現状
10年後
改修
（基礎の新設・増し打ち）
30年後
改修
新築
ランドスケープ

10年以内に基礎の新設・増し打ちと木造部分の改修を行い、30年後には基礎を活かしながら住人が自律的な生活を営む風景を目指す。建築（主に基礎）が少しづつ新たなインフラ（ランドスケープ）を創り出すことで崖条例の法規的な条件をクリアしていくことが可能となる。

斜面地における基礎あるいは擁壁

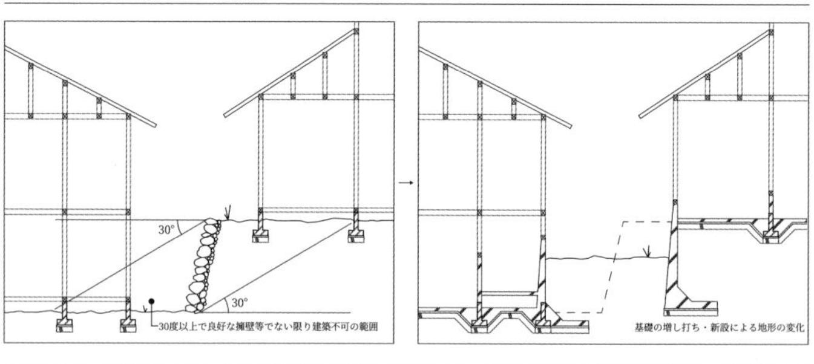
30°
30°
30度以上で良好な擁壁等でない限り建築不可の範囲
基礎の増し打ち・新設による地形の変化

崖条例により、高さ2m以上かつ、斜面の勾配が30度を超える崖について、通常は劣化のない安全性を確認できる擁壁でない限り、その範囲に建築はできない。この地域では建築基準法制定以前に建築された住戸があり、その樹条件を満たせていない。また、石垣や擁壁が今後劣化する可能性も十分に考えられる。本提案では、もともとそこにあった斜面を復元するように基礎の増し打ち、盛り土を行い、新たな暮らしの風景を考える。

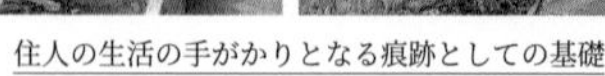
住人の生活の手がかりとなる痕跡としての基礎

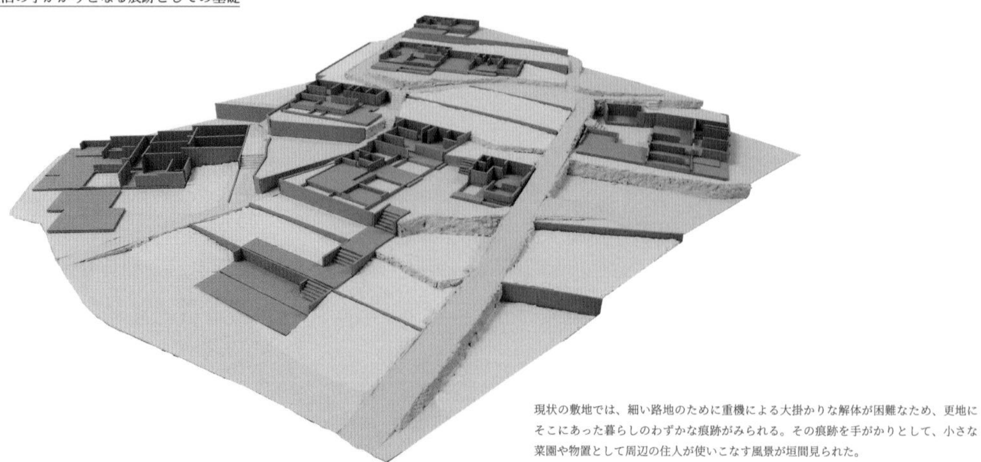

現状の敷地では、細い路地のために重機による大掛かりな解体が困難なため、更地にそこにあった暮らしのわずかな痕跡がみられる。その痕跡を手がかりとして、小さな菜園や物置として周辺の住人が使いこなす風景が垣間見られた。

選定エリア：
福井県坂井市
三国町安島地区

計画は福井県坂井市三国町安島地区の漁村集落で、安島地区では過疎化・高齢化が進み、地区東側ではニュータウン化が進む現状が見られます。この場所で暮らす本来の良さを認知したうえで暮らしてもらえるよう、この地域での生活を自律的に営みながら、新たな循環を生みます。そのために、10年以内に滞在促進施設や生業を持続させる施設による場に魅力の認知拡大を行い、30年以内に地域におけるインフラや、地場産業の持続可能な状態（地域内循環社会）を目指します。10年以内に基礎の新設・増し打ちと御籭う部分の改修を行い、30年後には基礎を活かしながら、住人が自律的な生活を営む風景を計画します。

接合部組み立て方

①

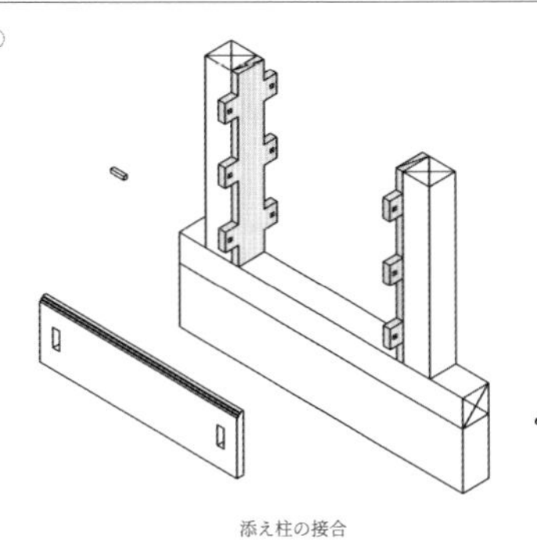

添え柱の接合

②

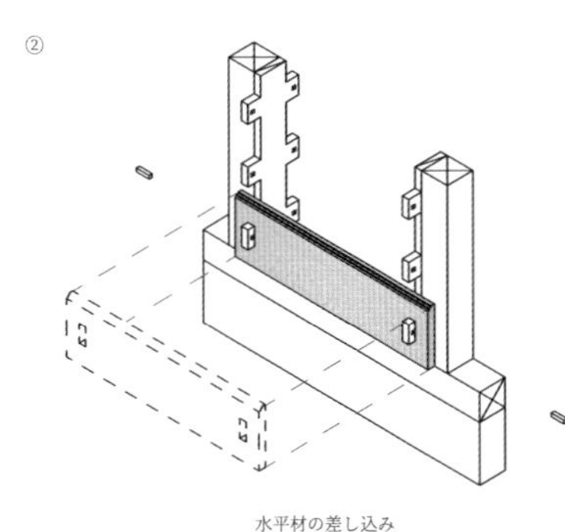

水平材の差し込み

③

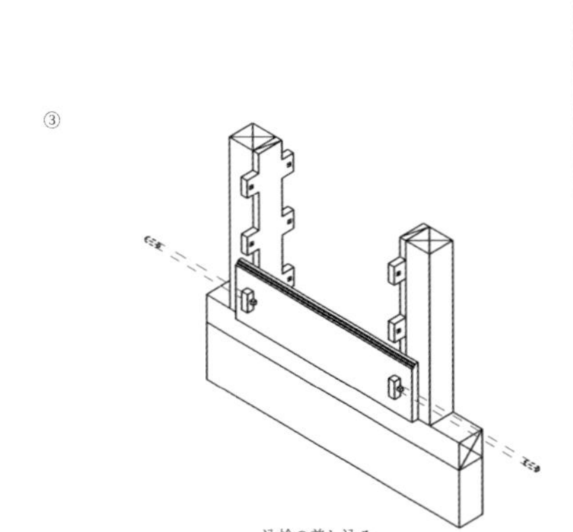

込栓の差し込み

添え柱と貫の考え方を応用したジョイント

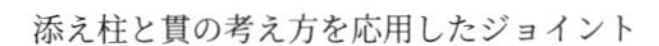

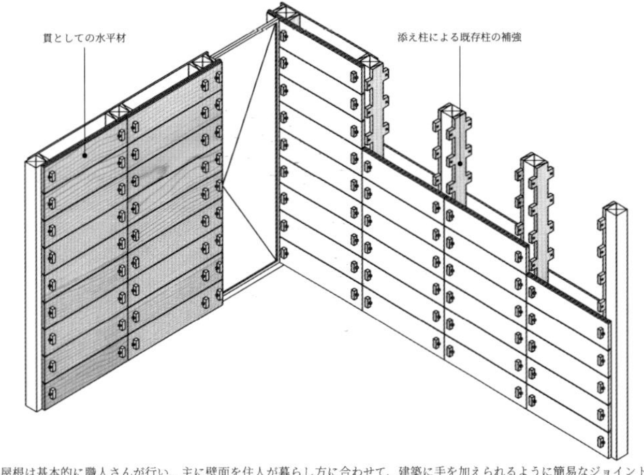
貫としての水平材
添え柱による既存柱の補強

躯体や屋根は基本的に職人さんが行い、主に壁面を住人が暮らし方に合わせて、建築に手を加えられるように簡易なジョイントを用いる。手を加えることが躯体の補強になるよう、添え柱や貫の考え方を応用した形とした。これらの板材はデジタルファブリケーションを活用し加工、住まい手が自由に壁面を構成することが可能となる。

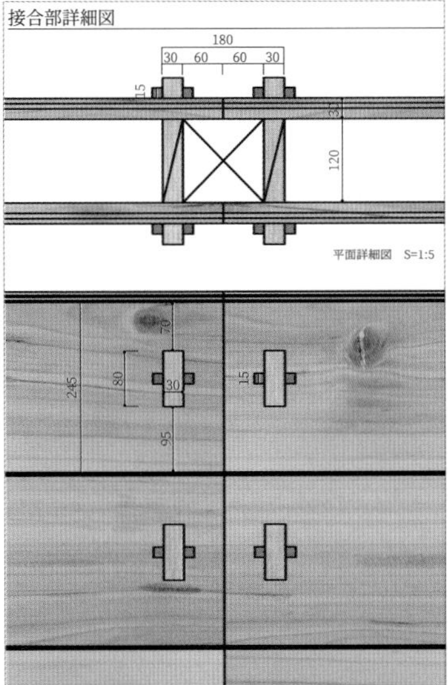
接合部詳細図
180
30
60
60
30
15
30
120
平面詳細図 S=1:5
70
245
80
30
15
95
立面詳細図 S=1:5

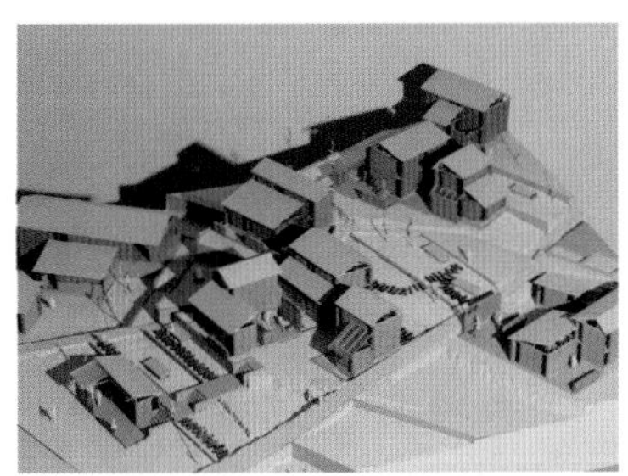

[034]

ほころぶまちの隙間

縮退していく中山間都市における“まち”の転写的記述

戎谷 貴仁 Takahito Ebisuya [B4]

東北大学 工学部 建築・社会環境工学科 石田研究室

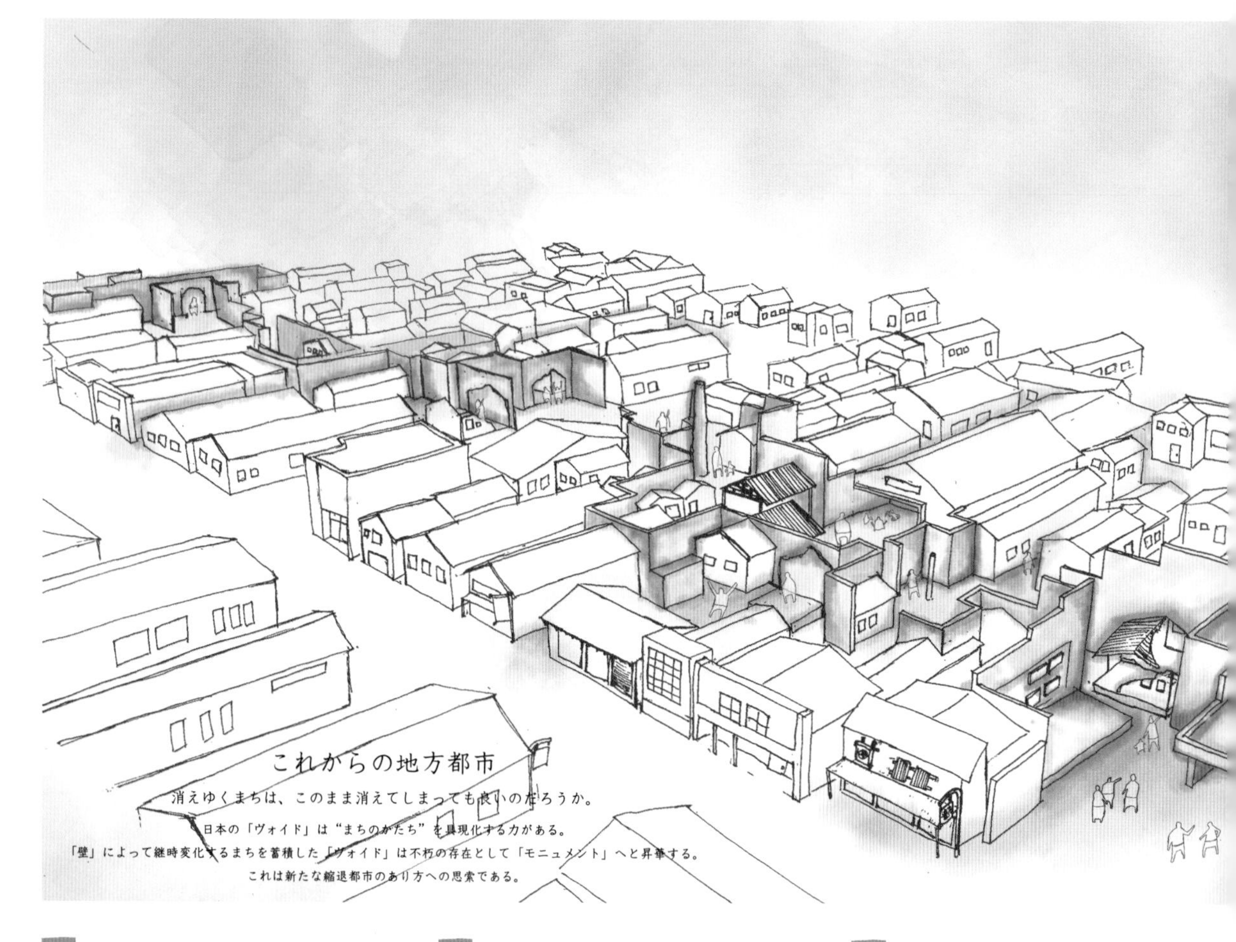

これからの地方都市
消えゆくまちは、このまま消えてしまっても良いのだろうか。
日本の「ヴォイド」は“まちのかたち”を具現化する力がある。
「壁」によって継時変化するまちを蓄積した「ヴォイド」は不朽の存在として「モニュメント」へと昇華する。
これは新たな縮退都市のあり方への思索である。

地方都市の在り方と人々の暮らし

まちが最終予想形を向かえ、まちと人がともになくなってしまうことを避けるため、人は市街地へ移住しつつも、まちはモニュメントとして保存する。

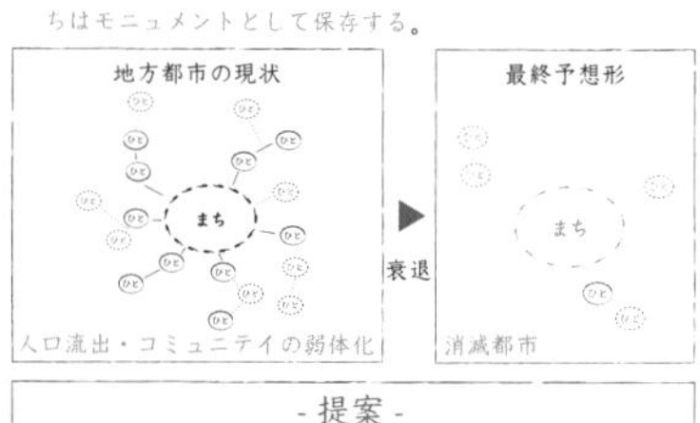

地方都市の現状
まち
人口流出・コミュニティの弱体化
衰退
最終予想形
まち
消滅都市

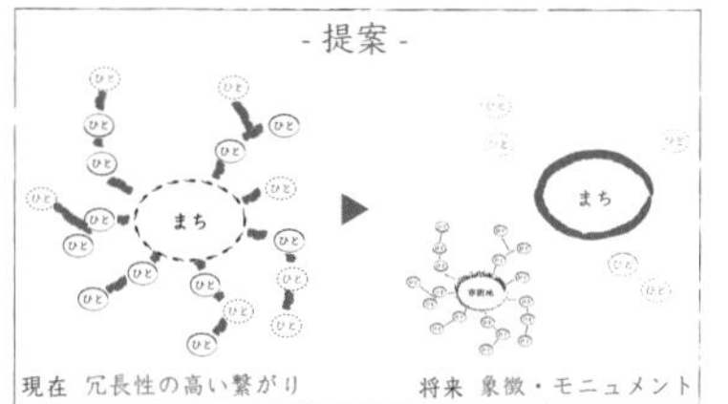

- 提案 -
まち
まち
現在 冗長性の高い繋がり
将来 象徴・モニュメント

敷地選定 宮城県 - 加美郡 - 加美町 - 中新田

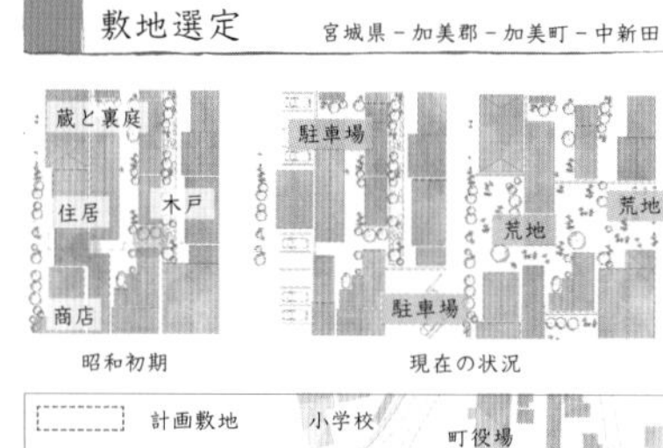

蔵と裏庭
住居
木戸
商店
昭和初期
駐車場
荒地
荒地
駐車場
現在の状況

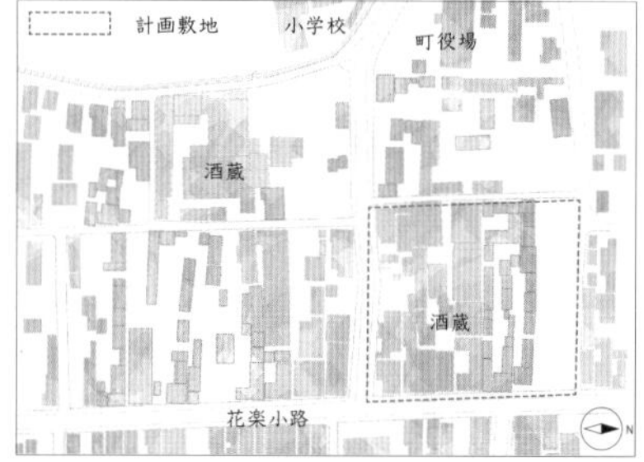

計画敷地
小学校
町役場
酒蔵
酒蔵
花楽小路

「壁」のタイムスケープ

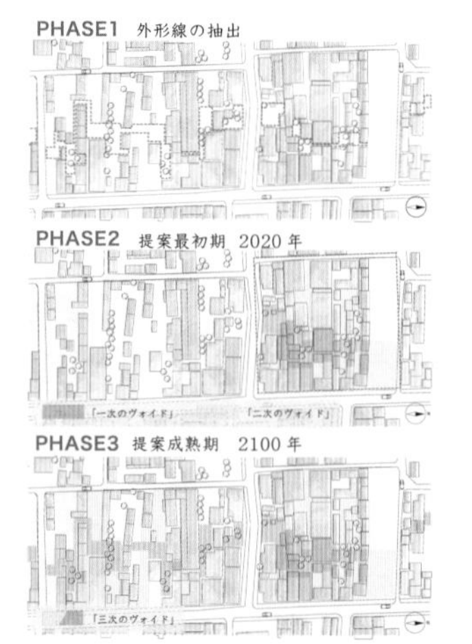

PHASE1 外形線の抽出
PHASE2 提案最初期 2020 年
PHASE3 提案成熟期 2100 年

選定エリア:
宮城県加美郡
加美町中新田

人口減少時代の到来による「都市の縮退」は現代における大きな課題であり、都市デザインの手法は転換期を迎えている。本提案では、「まちのヴォイド」に着目した、ヴォイドを転写的に記述、蓄積していく「壁」のタイムスケープを提案する。この壁による巨大な構造物を主軸として、まちをモニュメント化することで、「都市のほころびかた」とも表現できる、新たな戦略的縮退のあり方への実験的思索を行うことができるのではないだろうか。敷地は、中山間に位置し、縮退を始めている宮城県加美町中新田を対象とする。日本では、建物ではなく「ヴォイド」にモニュメント性が宿るとされており、このまちの衰退によって生じたヴォイドは、モニュメント性を獲得する依り代となる。転写的記述により、継時的に変化するまちを蓄積したヴォイドは、ほころぶまちにほころぶ関係・ほころぶかたちを生み出しながら、まちの「生きた遺産」へと昇華する。

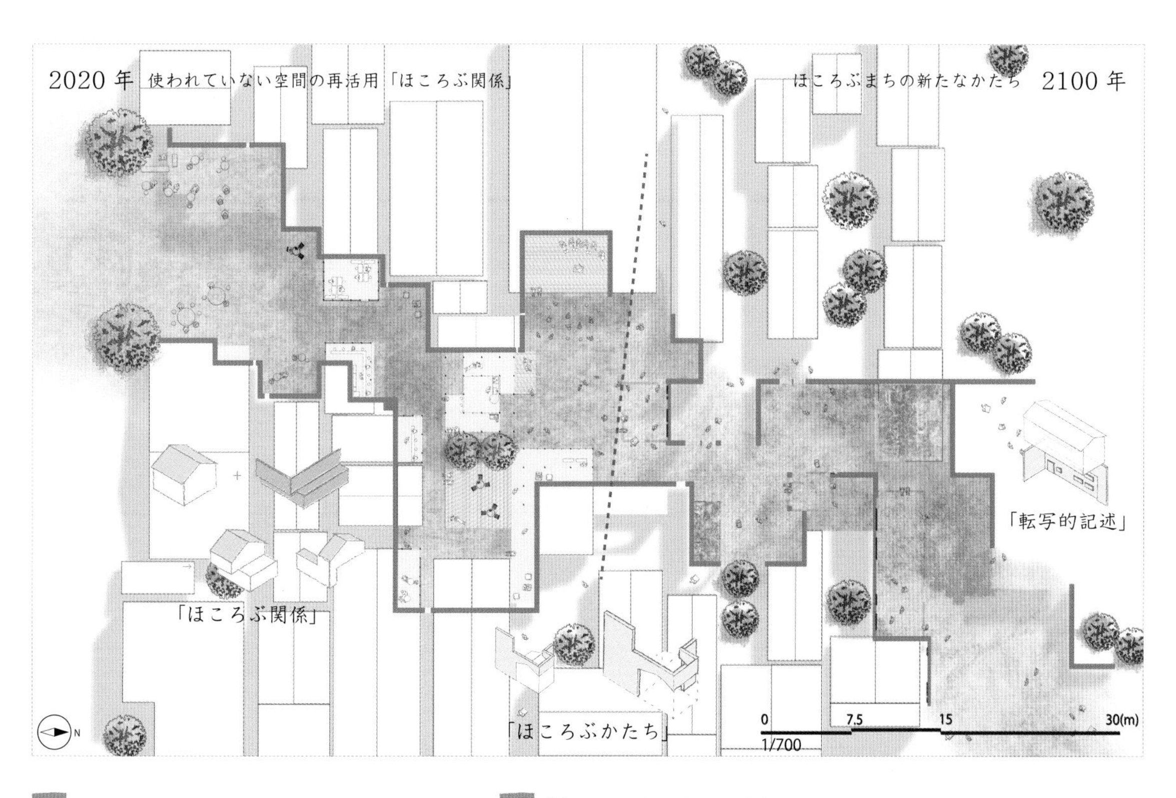
2020 年 使われていない空間の再活用「ほころぶ関係」
ほころぶまちの新たなかたち 2100 年
「転写的記述」
「ほころぶ関係」
「ほころぶかたち」
N
0
7.5
15
30(m)
1/700

転写的記述

生物が遺伝子を転写して継承していくように、建築の表層を「壁」に転写し蓄積していく。

転写

「転写とはDNAの塩基配列をコピーすること」

－転写的記述－

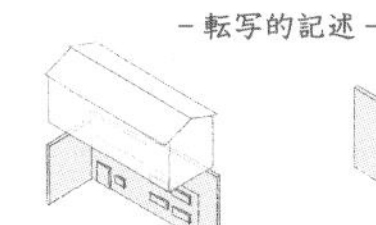
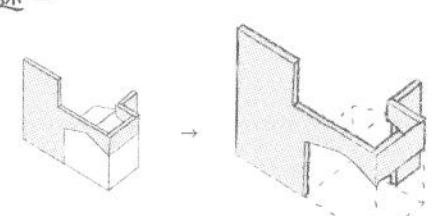

壁が表層を写しとる　壁が既存建築の「型」となる

「壁」ができるまでの流れ

縮退を始め、必要最低限な機能のみを備えたコンパクトなまちのネットワークを目指すのではなく、戦略的にまちを離れる。残されたまちは、壁によって型取られながらほころんでいくことで、逆説的にまちは不朽のモニュメントになる。

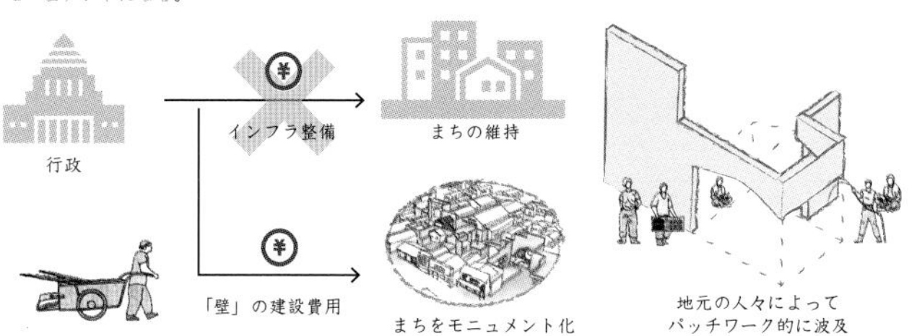
行政
インフラ整備
まちの維持
「壁」の建設費用
まちをモニュメント化
地元の人々によって
パッチワーク的に波及

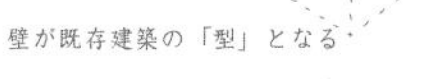

2020 年
2100 年

酒蔵のまちの夜「ほころぶ関係」　不朽のヴォイドの境界線は揺らぐ「転写的記述」「ほころぶかたち」

[081]

『一隅』による多重「層」

～坂本におけるもうひとつの“さんど”う空間～

[B4]
髙尾 拓実 Takumi Takao　池田 瑚子 Koko Ikeda　時澤 直輝 Naoki Tokizawa
早稲田大学 創造理工学部 建築学科 渡邊研究室／輿石研究室／前田研究室

0. 『一隅を照らすもの、これ、国の宝なり』

この格言は比叡山延暦寺を開いた最澄による言葉であり、『一隅』とは、目立たない片隅のことを指す。目立つことだけがとり立たされて形成されていく今の社会に対しての重要なメッセージとなっている。

本計画では、「個性」、ありふれている故に気づかない「土」、坂本のまちにおいて放置された「土地」の3つを「一隅」として捉える。

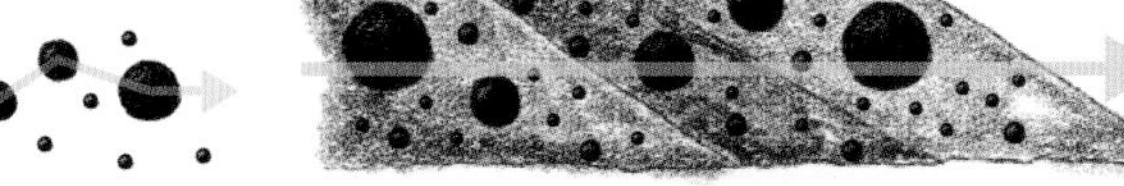

1. 計画敷地 -滋賀県大津市坂本-

比叡山延暦寺
八王子山
日吉大社
七本柳鳥居
琵琶湖
計画敷地
坂本／下阪本

「一隅を照らすもの、これ、国の宝なり」というコンセプトをもとに、計画エリアを延暦寺の影響を大いに受けた滋賀県大津市坂本とする。計画敷地は、管理がされていない、まちの「一隅」としての県営都市公園大宮川湖岸緑地とする。この土地は上流に日吉大社をもつ大宮川を流れてきた「土」が堆積し、徐々に伸びていく地形である。土が堆積する様子を、目立つ部分によって形成される現在へのアンチテーゼとして有効な自然現象として考える。

2. 計画ダイヤグラム -山と湖へ響き合う-

八王子山
三宮宮/牛尾宮
日吉大社
西近江路
中世
現在
日吉大社
下阪本
計画ダイヤグラム
西近江路
琵琶湖
大宮川
日吉大社
下阪本
至 坂本城址公園
日吉大社七本柳鳥居
計画敷地
(県営都市公園大宮川湖岸緑地)

・中世の坂本は、
　延暦寺を背景に山と湖が一体となって献上米や土倉業、
　山王祭などを通してまち全体として響きあっていた。
・現在の坂本は、門前町としての景観を残す一方、
　延暦寺の宗教的威力の減衰、湖方向への求心力の低下により、
　山から離れるにつれ、景観的にも意識的にも分断されている。
→湖と山が分断された現在の坂本においても、琵琶湖方向への求心力を持った拠点が必要である。

選定エリア:
滋賀県大津市坂本

「一隅を照らすもの、これ、国の宝なり」とは、比叡山延暦寺を開いた最澄による言葉です。『一隅』とは、目立たない片隅のことを指し、目立つことだけがとり立たされ形成される社会に対して重要なメッセージです。選定敷地は、延暦寺や日吉大社の門前町として形成された滋賀県大津市坂本です。その独特な景観は、穴太衆積みの石垣や里坊、まちを巡る水路などによって構成されます。しかし、中世のような琵琶湖を中心とした物流、日吉神人による商い、日吉大社の山王祭などを通した、まち全体として響き合う光景は見られなくなっています。山と湖が分断された現在の坂本においても、まちが響き合うように、琵琶湖方向への軸を作り出す拠点が必要と考えました。もうひとつの“さんど”う空間と題して、『一隅』である、土地、個人の行為、土という素材、が堆積し、現在だけでなく後世へも層となって“琵琶湖への軸”を坂本のまちに響かせる『一隅』を計画します。

3. 土が堆積し伸び続ける地形

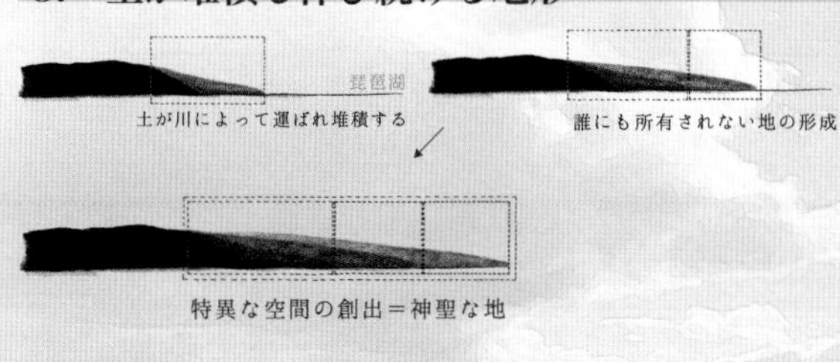
琵琶湖
土が川によって運ばれ堆積する
誰にも所有されない地の形成

特異な空間の創出＝神聖な地

土が堆積することによって伸び続けるこの土地は、誰にも所有されない、神聖な地として捉えることができる。
→伸び続ける神聖な地に対する参道空間を計画することで、かつての坂本のように、比叡山だけではない、湖方向へも響き合うようにする。

4. 配置計画

参道軸
西近江路
『一隅工房』
蔵棟
『一隅工房』
アトリエ棟
市場空間
神聖な土地
西近江路

西近江路 →『一隅工房』→ 市場空間 → 神聖な土地 → 琵琶湖

日吉大社が御神体とする八王子山にある二つの社から、この地形の成長点への参道を計画し、その門として、『一隅工房』を設計する。
また、中世の神聖な土地が市場として発展したことによるヨシを用いた屋台（保全活動）による市場空間を創出する。

5. 『一隅』＝「個人」がつくる『一隅』＝「土畳」

『一隅工房』では、二つの棟を覆う、パネル状の「土畳」を作る。「土畳」は坂本がかつての交易地として賑わったことに由来し、全国から集められた土を用い、その形状は土の成分によって決定する。
まちの人々、訪れた人、作家などの個人によって「土畳」が作られるため、それぞれの土に対する認識の違いによって多様な表情を生み出す。

「土畳」が土として流れ出しても、それは全国の土による地層となって、後世へ、ここが特異な地であったことを伝える。

『一隅』による文化は、坂本のまち全体に、坂本の歴史に、多重「層」をもって、紡がれていく。

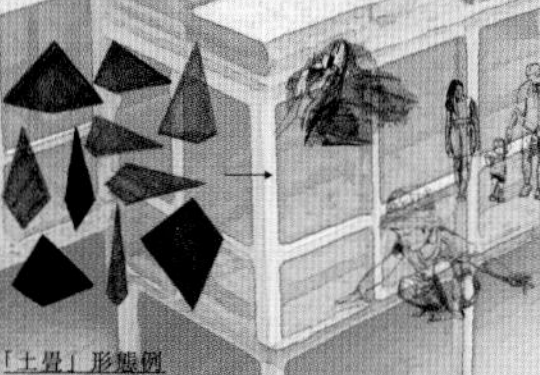

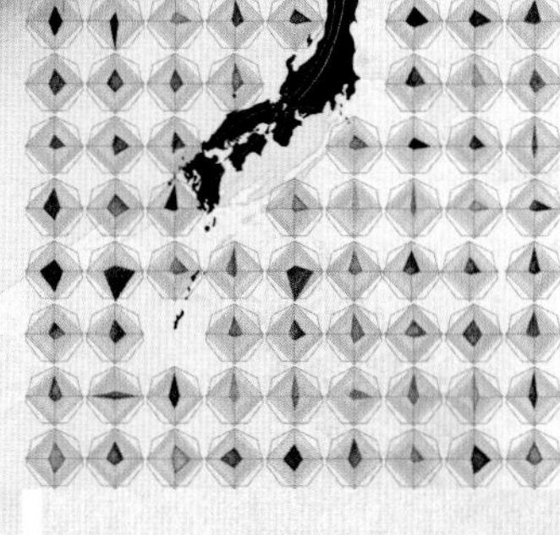

全国の土による「土畳」形態一覧

「土畳」形態例

1. 野幌粘土　北海道小樽市　江別市

用途　江別のれんが、江別の焼き物、小樽

二酸化ケイ素	酸化チタン(IV)	酸化アルミニウム	酸化鉄(III)	酸化マグネシウム	酸化カルシウム	酸化カリウム
62	0.85	15.6	5.6	2.01	0.55	2.5

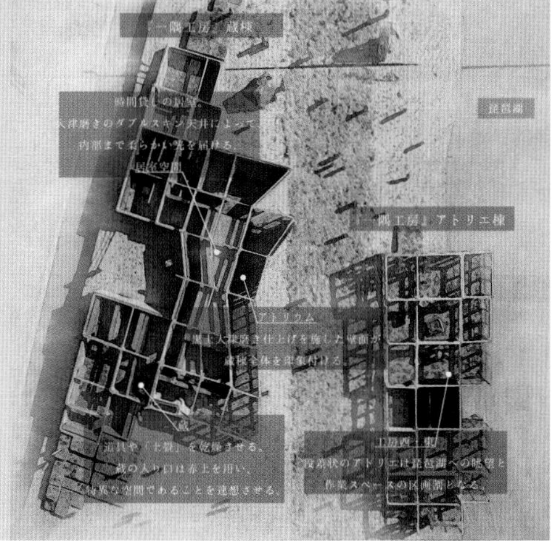
「一隅工房」蔵棟
琵琶湖
「一隅工房」アトリエ棟

[084]

外国人お遍路さんによる遍路文化再生計画

四国八十八箇所霊場52番札所太山寺周辺を先駆けとして

橋田 卓実 Takumi Hashida [B4]

工学院大学 建築学部 建築デザイン学科 冨永研究室

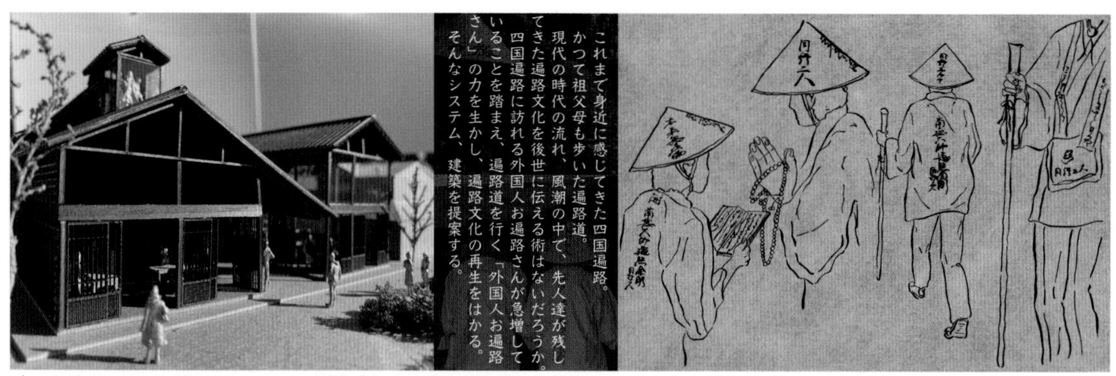

これまで身近に感じてきた四国遍路。
かつて祖父母も歩いた遍路道。
現代の時代の流れ、風潮の中で、先人達が残してきた遍路文化を後世に伝える術はないだろうか。
四国遍路に訪れる外国人お遍路さんが急増していることを踏まえ、遍路道を行く「外国人お遍路さん」の力を生かし、遍路文化の再生をはかる。
そんなシステム、建築を提案する。

/ 四国遍路における新しいシステムの提案 / 部分的滞在型遍路システム

①共同住居兼体験場と遍路宿を設置。

共同住居
ならではの体験場
遍路宿
お寺
既存の遍路道

②2つをつなぐ遍路道を新たに設置する。

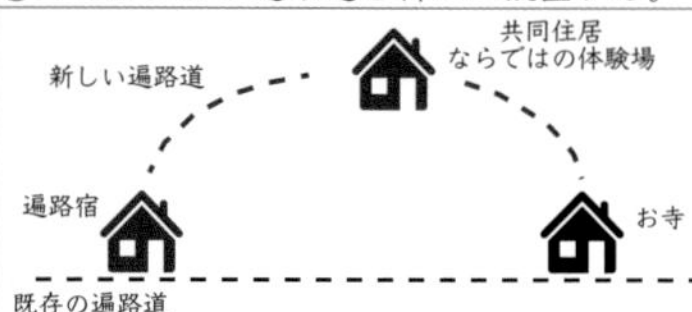

新しい遍路道
共同住居
ならではの体験場
遍路宿
お寺
既存の遍路道

③お遍路さんを部分的な滞在へ誘導する。

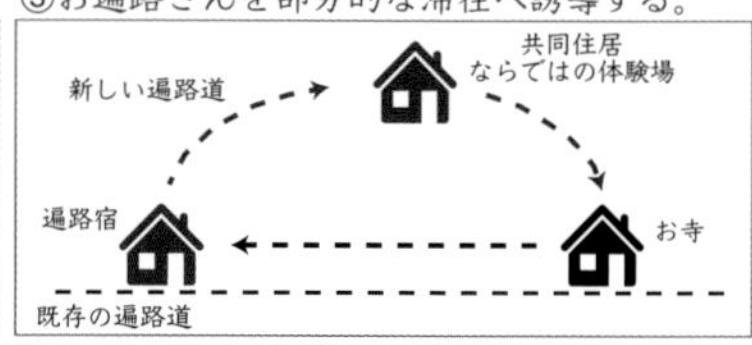

新しい遍路道
共同住居
ならではの体験場
遍路宿
お寺
既存の遍路道

④四国遍路に部分的な小さな循環を形成する。

⑤小さな循環を四国遍路に汎用させる。

⑥四国遍路のキャラクターが強化され、四国遍路の遍路文化の再生へとつながる。

部分的滞在型遍路システムのもと
「地域ならではの体験ができる共同住居」
「遍路宿」「遍路道」の3つを提案。

提案A Iターン外国人コンシェルジュが住まう共同住居 地域ならではの体験ができる場

提案B 遍路コミュニティが築かれる「遍路宿」

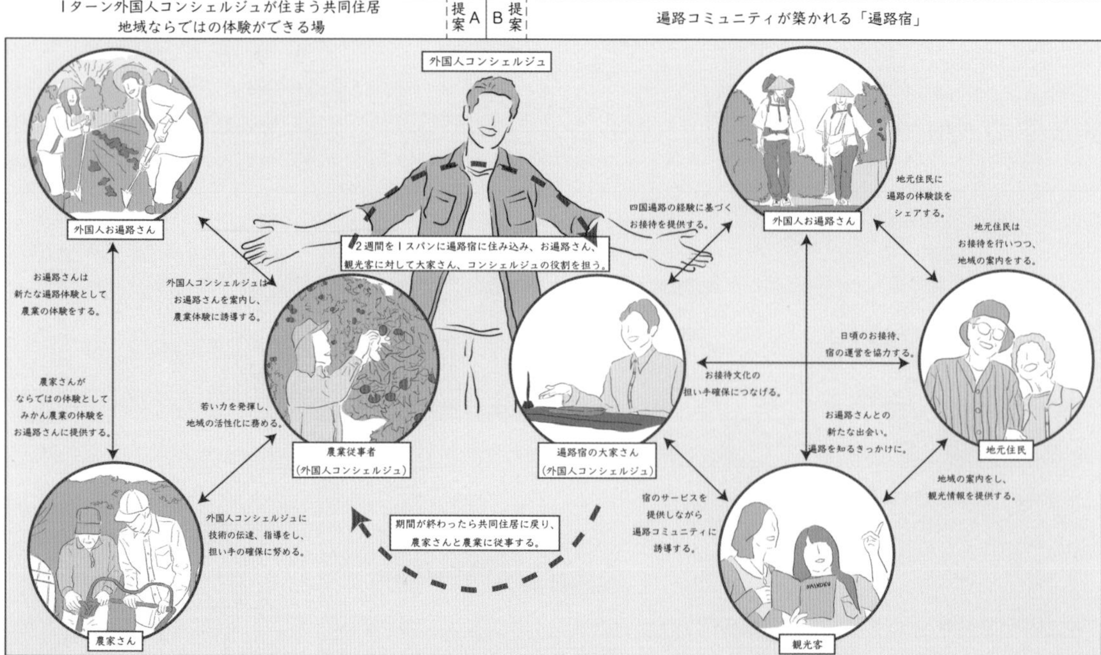

外国人コンシェルジュ
外国人お遍路さん
2週間を1スパンに遍路宿に住み込み、お遍路さん、観光客に対して大家さん、コンシェルジュの役割を担う。
四国遍路の経験に基づくお接待を提供する。
外国人お遍路さん
地元住民に遍路の体験談をシェアする。
地元住民はお接待を行いつつ、地域の案内をする。
お遍路さんは新たな遍路体験として農業の体験をする。
外国人コンシェルジュはお遍路さんを案内し、農業体験に誘導する。
農家さんがならではの体験としてみかん農業の体験をお遍路さんに提供する。
若い力を発揮し、地域の活性化に務める。
日頃のお接待、宿の運営を協力する。
お接待文化の担い手確保につなげる。
お遍路さんとの新たな出会い。遍路を知るきっかけに。
農業従事者
(外国人コンシェルジュ)
遍路宿の大家さん
(外国人コンシェルジュ)
地元住民
地域の案内をし、観光情報を提供する。
宿のサービスを提供しながら遍路コミュニティに誘導する。
外国人コンシェルジュに技術の伝達、指導をし、担い手の確保に努める。
期間が終わったら共同住居に戻り、農家さんと農業に従事する。
農家さん
観光客

選定エリア:
愛媛県松山市
太山寺町

海外の巡礼ブームによって急増している外国人お遍路さんの力を生かし、衰退傾向にある遍路文化の再生をはかる。四国に来る外国人お遍路さんはヨーロッパから来る人が多いことから、スペインサンティアゴ巡礼と四国遍路を比較分析し、分析によって見出した四国遍路の特性を新しく提案するシステム「部分的滞在型遍路システム」に組み込んだ。提案するシステムは四国遍路全域に適応する前提のため、本提案ではその先駆けとして愛媛県松山市太山寺町の52番札所太山寺周辺地域を対象に外国人お遍路さん、観光客が宿泊する遍路宿の設計提案を行った。「お接待が生み出す遍路宿コミュニティ」をコンセプトに遍路宿でのお接待による振る舞いを建築に落とし込んで設計。お接待を介した賑わいは、次第に遍路道から四国全域へと広がり、それが四国遍路における遍路文化の再生、四国のまちおこしにもつながっていくことを期待している。

「お接待が生み出す遍路宿コミュニティ」

部分的滞在型遍路システムの先駆けとして、外国人お遍路さん、外国人コンシェルジュ、観光客、地元住民の4者が、お接待を介してコミュニティを築く、四国遍路における新たな遍路宿を提案する。お接待を通して外国人お遍路さんに四国遍路の作法、文化を伝え、そこに地元住民、これまで無縁だった観光客を交えることで新たなお接待の風景を生み出す。
お接待による賑わいがこれからを担う若い世代を感化させ、遍路文化、遍路宿の再生に加え、遍路道沿いの町、四国遍路の活性化へとつながることを期待する。

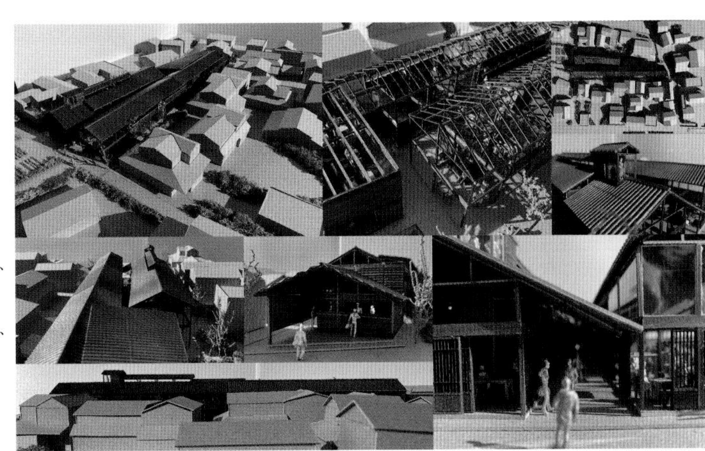

正しい参拝方法がわからない外国人お遍路さんに対して、一連のシークエンスの中でリアルな参拝手順を認識させる。

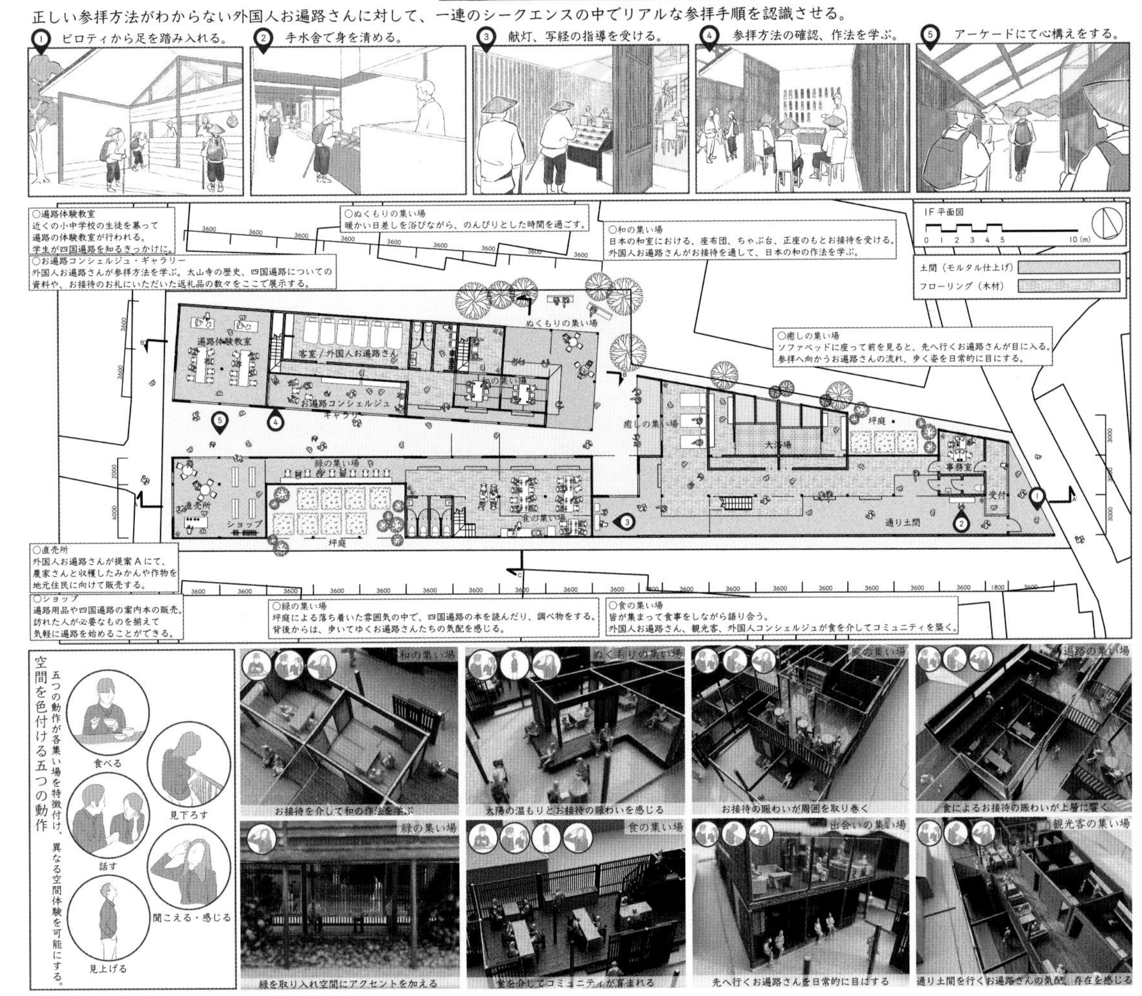

① ピロティから足を踏み入れる。
② 手水舎で身を清める。
③ 献灯、写経の指導を受ける。
④ 参拝方法の確認、作法を学ぶ。
⑤ アーケードにて心構えをする。
○遍路体験教室
近くの小中学校の生徒を募って遍路の体験教室が行われる。学生が四国遍路を知るきっかけに。
○お遍路コンシェルジュ・ギャラリー
外国人お遍路さんが参拝方法を学ぶ。太山寺の歴史、四国遍路についての資料や、お接待のお礼にいただいた巡礼品の数々をここで展示する。
○ぬくもりの集い場
暖かい日差しを浴びながら、のんびりとした時間を過ごす。
○和の集い場
日本の和室における、座布団、ちゃぶ台、正座のもとお接待を受ける。外国人お遍路さんがお接待を通して、日本の和の作法を学ぶ。
1F 平面図
土間（モルタル仕上げ）
フローリング（木材）
○癒しの集い場
ソファベッドに座って前を見ると、先へ行くお遍路さんが目に入る。参拝へ向かうお遍路さんの流れ、歩く姿を日常的に目にする。
遍路体験教室
客室／外国人お遍路さん
ぬくもりの集い場
和の集い場
お遍路コンシェルジュ・ギャラリー
癒しの集い場
坪庭
大浴場
事務室
受付
通り土間
緑の集い場
食の集い場
直売所
ショップ
○直売所
外国人お遍路さんが提案Aにて、農家さんと収穫したみかんや作物を地元住民に向けて販売する。
○ショップ
遍路用品や四国遍路の案内本の販売。訪れた人が必要なものを揃えて気軽に遍路を始めることができる。
○緑の集い場
坪庭による落ち着いた雰囲気の中で、四国遍路の本を読んだり、調べ物をする。背後からは、歩いてゆくお遍路さんたちの気配を感じる。
○食の集い場
皆が集まって食事をしながら語り合う。外国人お遍路さん、観光客、外国人コンシェルジュが食を介してコミュニティを築く。
空間を色付ける五つの動作
五つの動作が各集い場を特徴付け、異なる空間体験を可能にする。
食べる
見下ろす
話す
聞こえる・感じる
見上げる
和の集い場
お接待を介して和の作法を学ぶ
ぬくもりの集い場
太陽の温もりとお接待の賑わいを感じる
癒しの集い場
お接待の賑わいが周囲を取り巻く
遍路の集い場
食によるお接待の賑わいが上層に響く
緑の集い場
緑を取り入れ空間にアクセントを加える
食の集い場
食を介してコミュニティが育まれる
出会いの集い場
先へ行くお遍路さんを日常的に目にする
観光客の集い場
通り土間を行くお遍路さんの気配、存在を感じる

[104]

水と暮らす

浸水都市新潟

茅原 風生 Fui Kayahara [B4]
長岡造形大学 造形学部 建築環境デザイン学科 佐藤研究室

水と暮らす　浸水都市新潟

海水面上昇＋1m

新潟港
新潟砂丘
新潟駅
鳥屋野潟
福島潟
鳥屋野潟流域

新潟を構成する自然地形

巨大河川；信濃川・阿賀野川を利用した水運にて発展した。
越後平野；沖積平野により海抜0mの低地が広がる。
砂丘列；新潟の砂丘は全長70kmと日本最大級である。
潟；砂丘間に形成される水溜まり。底部に栄養素が溜まりやすい椀型の止水域のため、生物にとっては理想の環境である。

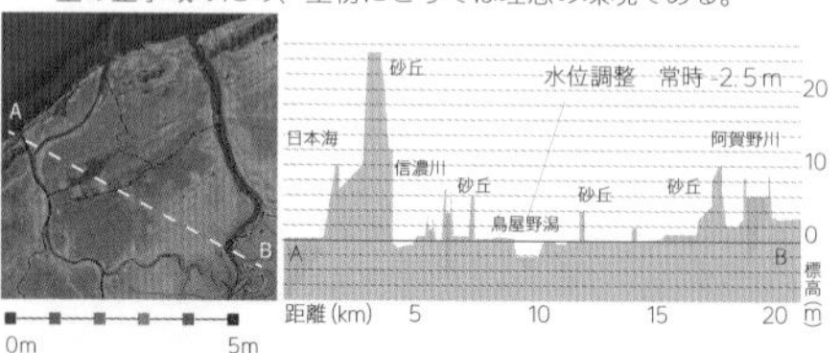
砂丘
水位調整　常時 -2.5m
日本海
信濃川
阿賀野川
鳥屋野潟
距離(km)
標高(m)
0m
5m

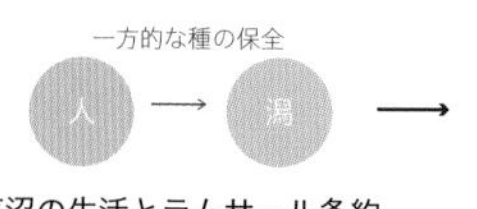

引用；小川大輝(2018)．愛着の形成要因に基づく水環境保全方策に関する研究 ～福島潟周辺の地域住民の生活に着目して～

一方的な種の保全　人 → 潟　→　利活用(管理)　人 ⇄ 潟　資源の提供

芦沼の生活とラムサール条約

人々は生態系の一部として潟の物質循環による湿地環境の維持を行っていた。近代では技術の発展と共にその文化は消え、それらの土着的文化を守ろうとしているのがラムサール条約である。
しかし、上記先行研究では『ワイズユースとは本来、人間による一方的な種の保全ではなく、利活用と資源の獲得のサイクルから水環境の保全について考える概念である。』と定義され、現段階の保全活動は不自然な在り方であると言える。

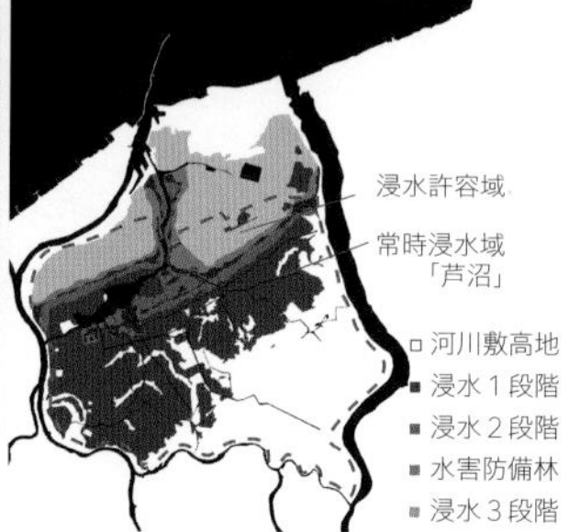
浸水許容域
常時浸水域
「芦沼」
河川敷高地
浸水１段階
浸水２段階
水害防備林
浸水３段階

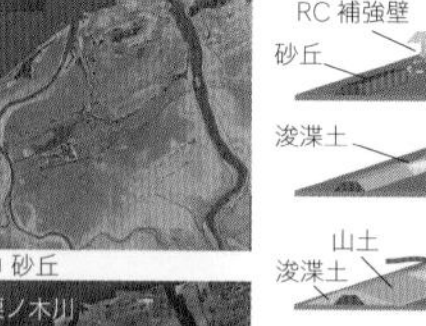
砂丘
栗ノ木川
1-2m
2-3m

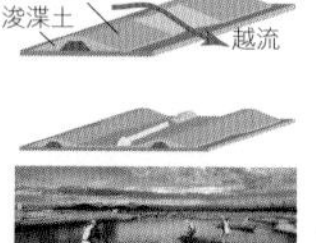

RC補強壁
砂丘
浚渫土
山土
越流

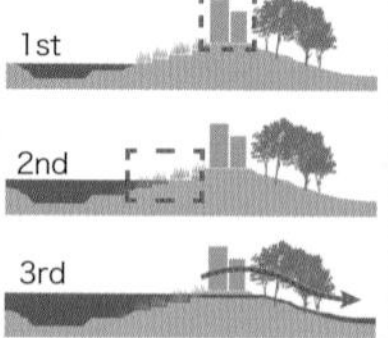

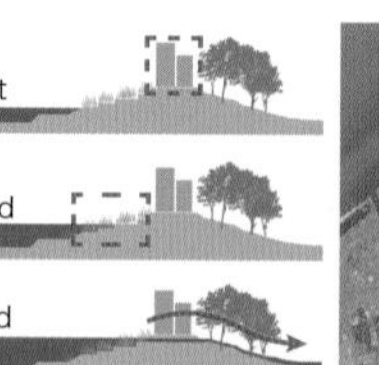
1st
2nd
3rd
微高地主要機能配置
棚田・浸水公園
水害防備林

浸水１段階

堤防の展開により栗ノ木川を再生する。
微高地には市役所など街の主要機能を配置する。

浸水２段階

堤防河川側には棚田や親水公園を配置し、浸水を受け入れる。

浸水３段階

堤防街側には越流点付近へ水害防備林を配置し水流を減速させ都市への緩やかな流入を促す。

1．常時浸水域　排水機停止による芦沼の再生

インフラの更新期を迎える新潟。降雨量が年々増加し人口減少や少子高齢化が進む中、今後も半永久的に流域全ての排水を続けるのは現実的で無いと言える。
本計画は排水機を停止。潟南部を本来の地形である常時浸水域 - 芦沼として再生し、潟北部は水害を受け入れる浸水許容都市へ、自然と都市のあるべき姿へと転換する。

2．浸水許容都市　越流堤による治水

平野部にて点在する砂丘を抽出し、新潟港より排出され続ける浚渫土を利用した越流堤を計画。現50年確率の大規模洪水時には都市全域が広く浅く浸水し、水害を受け入れる都市体系へと転換する。

越流堤形成ダイアグラム

途切れた砂丘を抽出し、砂丘間にRC補強壁を追加する。

砂丘の大小を緩やかに繋ぎ合わせるよう浚渫土で土盛する。

山土を重ね強度を確保し、平地との連続を緩やかにする。低部を越流点とし、河川増水時の都市への流入を促す。

地盤沈下により河川勾配が取れず埋め立てられた栗ノ木川を放水路として再生し、水上バスを栗ノ木川と鳥屋野潟への周遊を可能とさせ、都市と潟の動的循環を作り出す。

● 現状水上バス航路
● 新規水上バス航路
● 通船堀

信濃川
鳥屋野潟

排水機・揚水機配置図

インフラ依存の危険性

海抜0m都市新潟は排水機により成り立つが、その殆どが耐用年数である20年を越えており、危険を孕んでいると言える。

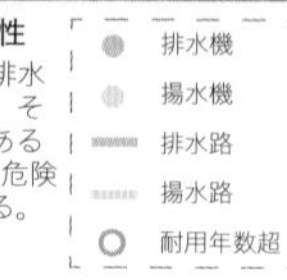
排水機
揚水機
排水路
揚水路
耐用年数超

選定エリア：
新潟県新潟市
鳥屋野潟流域

新潟中心市街地は低地を取り囲むよう砂丘が発達しており、排水が困難な都市断面であることがわかる。近代化以前まではこの海抜0m 低地全てが≪芦沼≫と呼ばれる湿地環境であったと記録されるが、近代化以降は大河津分水や排水機による人為的な水位操作を行い続け、芦沼は姿を消し海抜0ｍ地帯に都市を広げている。

インフラに依存し自然を制御しようとする新潟の在り方は災害に対し脆弱な都市体系であると考え、本研究では多くの転換期を迎える現代から50年後へ向けて本来の土地が持つ自然環境と向き合う治水を行う水害を受け入れる全体計画と、今後の浸水環境への適応を見越したテストサイトとして潟資源利活用の拠点となる建築形態を計画することによって、人工と自然の理想の共生関係への転換を目指す。

3. 都市と自然　藻類エネルギー循環による暮らし

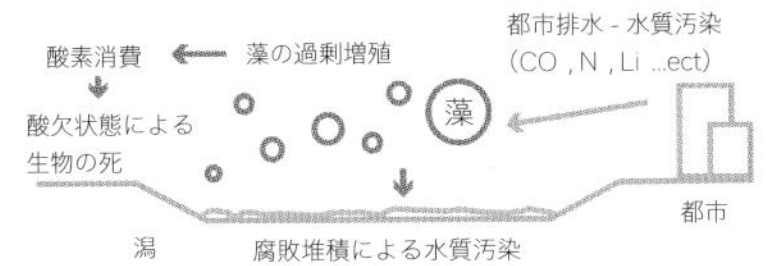

都市排水 - 水質汚染
(CO ,N ,Li ...ect)
酸素消費
藻の過剰増殖
酸欠状態による
生物の死
藻
都市
潟
腐敗堆積による水質汚染

都市化による水質汚染と藻の生態

鳥屋野潟は周辺都市化に伴い生態系破壊が進んだ過去を持つ。都市隣接という自然環境に対する悪条件を抱え、現在でも COD 値は 5.6mg/L を記録している。（環境基準 5.0 mg/L）

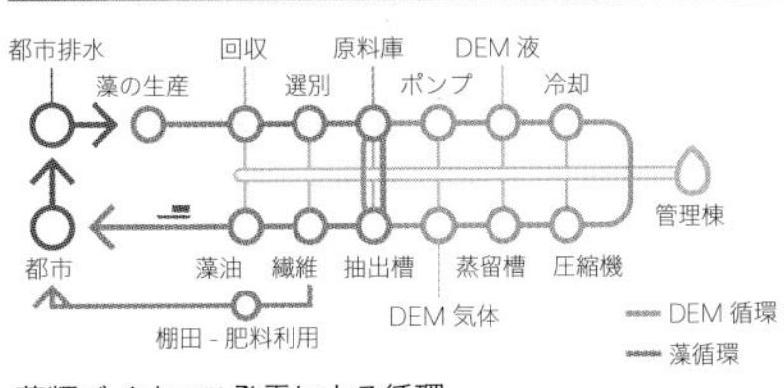

都市排水
藻の生産
回収
選別
原料庫
ポンプ
DEM 液
冷却
管理棟
都市
藻油
繊維
抽出槽
蒸留槽
圧縮機
DEM 気体
棚田 - 肥料利用
DEM 循環
藻循環

藻類バイオマス発電による循環

都市隣接による汚染を利用した藻類バイオマスエネルギー生産を主軸とした都市と自然の物質循環を取り戻す。水上栽培やプラントを展開し、生活圏にて消費。鳥屋野潟流域内による地域内物質循環を作り出す。

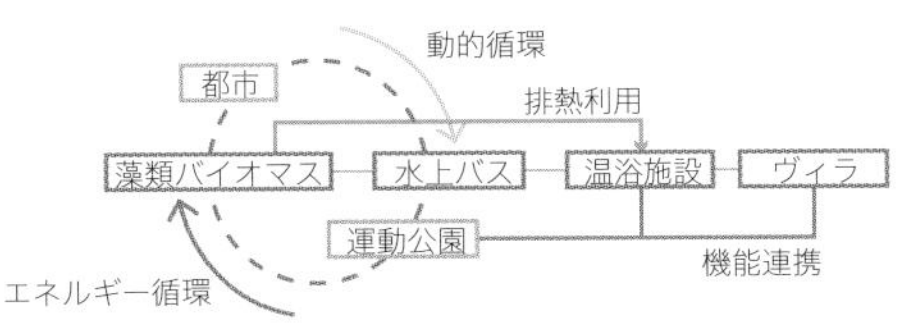

動的循環
都市
排熱利用
藻類バイオマス
水上バス
温浴施設
ヴィラ
運動公園
エネルギー循環
機能連携

建築機能形態計画

水上バスによる動的循環と藻のエネルギー循環に付随した建築機能と湿地に必要とされる建築形態を計画する。既存施設との連携や排熱利用、湿地環境を活用した水上ヴィラを計画し、エネルギーとツーリズムによる都市と自然の共生関係を作り出していく。

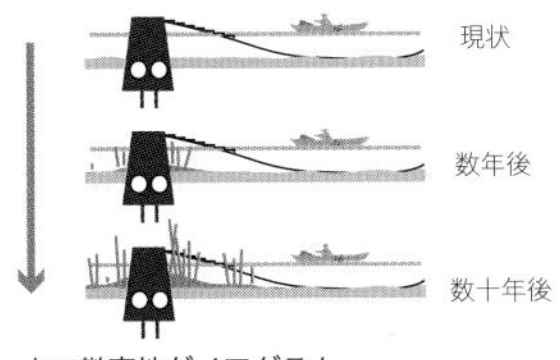

現状
数年後
数十年後

人工微高地ダイアグラム

時間経過と共に堆積土が堆積していくため、なだらかで平坦な地形の湿地に微高地を作り出し、時間の経過と共に生物の棲まうニッチを広げ、生物圏を拡大していく。

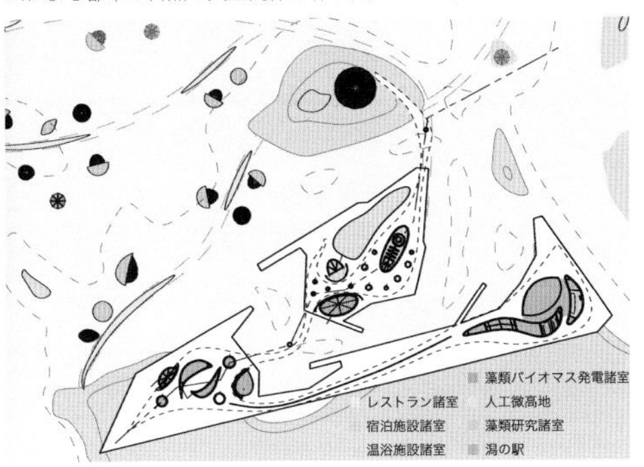

レストラン諸室
宿泊施設諸室
温浴施設諸室
藻類バイオマス発電諸室
人工微高地
藻類研究諸室
潟の駅

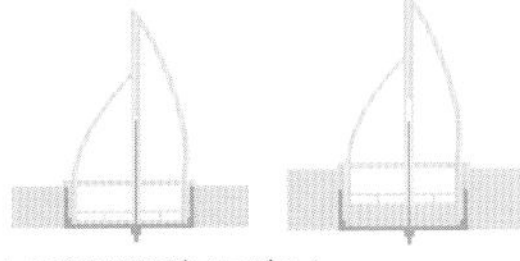

水上建築機能ダイアグラム

水位の変動により浮力が生じ、上下に浮き沈みする。主軸の中央シャフト柱と基礎外周支持柱によりガイドの役割を成す。

DONGURI
FUTABA
TSUBOMI
UMI-BUDO
TANE
MUSHI-KUI
TSURU
TAKENOKO
7-6F レストラン
5F 調理室
4-3F バイオマス管理室
2F ヴィラ管理室
1F 温浴施設

［129］
醤油蔵が遺る伝建地区の再編

松野 泰己 Taiki Matsuno［B4］
立命館大学 理工学部 建築都市デザイン学科 建築計画研究室

要素を抽出し、再編する
■継承された伝統醤油工場
醤油として機能する
醤油として機能しない
「伝統醤油工場」をそのまま抽出
■醤油を生み出した水資源
豊富な水資源は使われなくなっている
「使用しない水資源」を抽出
■かつて醤油を中心に生み出され、継承された立面
商人の様々な店舗の外観は継承されている
住宅は住宅密集地に適した外観が継承されている
「継承された立面」を抽出

対象敷地

和歌山県湯浅町の山田川に隣接し、唯一営業する伝統醤油工場と機能しない伝統醤油工場が残る場所と昔ながらの町並み景観が継承される敷地を選定する。

唯一営業する伝統醤油工場
伝統醤油工場の跡地

伝統醤油工場の跡地の在り方

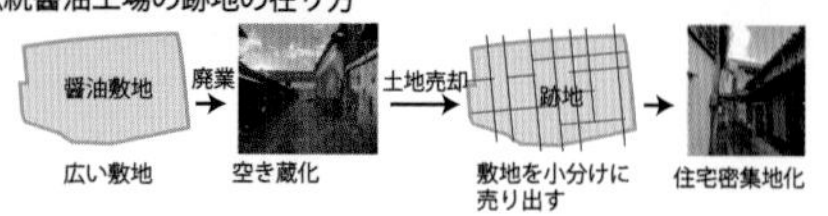
醤油敷地
廃業
土地売却
跡地
広い敷地
空き蔵化
敷地を小分けに売り出す
住宅密集地化

—対象敷地を起点とした将来像—

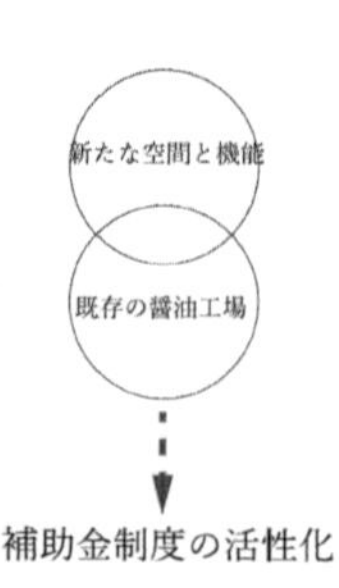
新たな空間と機能
既存の醤油工場
補助金制度の活性化

再編計画により　歴史の継承とその空間の新たな価値を見出した。

補助金を利用し、空き家、空き店舗の利用が促され、起点を中心に町が活性化されることを期待する。

選定エリア:
和歌山県湯浅町

和歌山県湯浅町。醤油発祥地として栄えた町並み景観が継承されている町であるが、現状は若者の都市部移動や高齢化から人が機能しない見られるだけの張りぼてが連続し、町は老朽化している。その景観継承のルールと歴史的価値ある要素を抽出したものを再構築、再編集し、現状少ない活動的空間と歴史的空間を構成する。それらは新たな価値を見出し、「町の人」「町並み」「醤油」を活性化させ、歴史を継承した新たな湯浅をつくり出す。

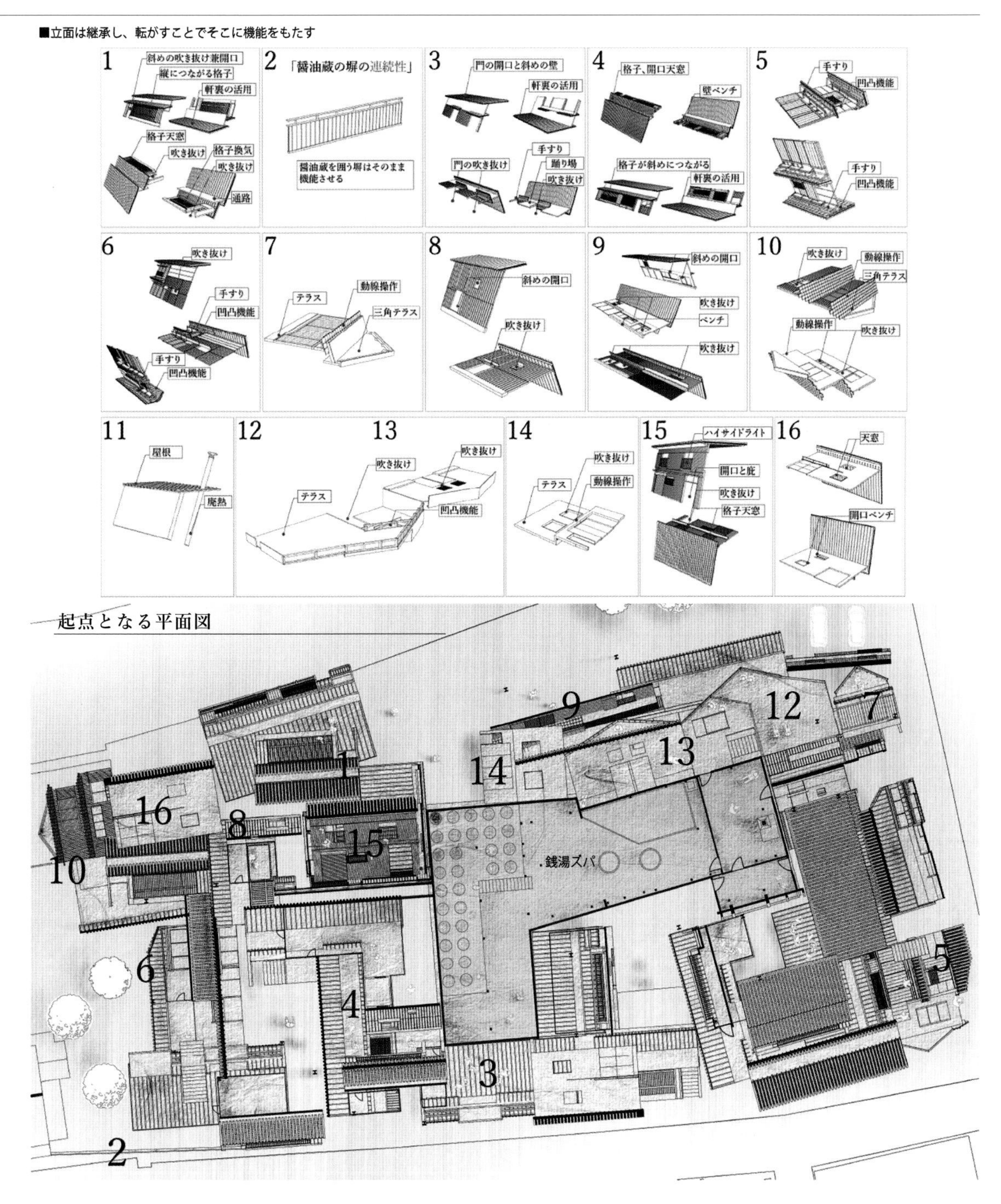
■立面は継承し、転がすことでそこに機能をもたす
1
斜めの吹き抜け兼開口
縦につながる格子
軒裏の活用
格子天窓
吹き抜け
格子換気
吹き抜け
通路
2
「醤油蔵の塀の連続性」
醤油蔵を囲う塀はそのまま機能させる
3
門の開口と斜めの壁
軒裏の活用
門の吹き抜け
手すり
踊り場
吹き抜け
4
格子、開口天窓
壁ベンチ
格子が斜めにつながる
軒裏の活用
5
手すり
凹凸機能
手すり
凹凸機能
6
吹き抜け
手すり
凹凸機能
手すり
凹凸機能
7
テラス
動線操作
三角テラス
8
斜めの開口
吹き抜け
9
斜めの開口
吹き抜け
ベンチ
吹き抜け
10
吹き抜け
動線操作
三角テラス
動線操作
吹き抜け
11
屋根
廃熱
12
13
テラス
吹き抜け
吹き抜け
凹凸機能
14
テラス
吹き抜け
動線操作
15
ハイサイドライト
開口と庇
吹き抜け
格子天窓
16
天窓
開口ベンチ
起点となる平面図
銭湯ズパ
1 2 3 4 5 6 7 8 9 10 12 13 14 15 16

[132]

海郷の螺旋塔

漁業地域における事前復興まちづくりの提案

廣瀬 憲吾 Kengo Hirose [B4]

立命館大学 理工学部 建築都市デザイン学科 阿部研究室

□対象敷地

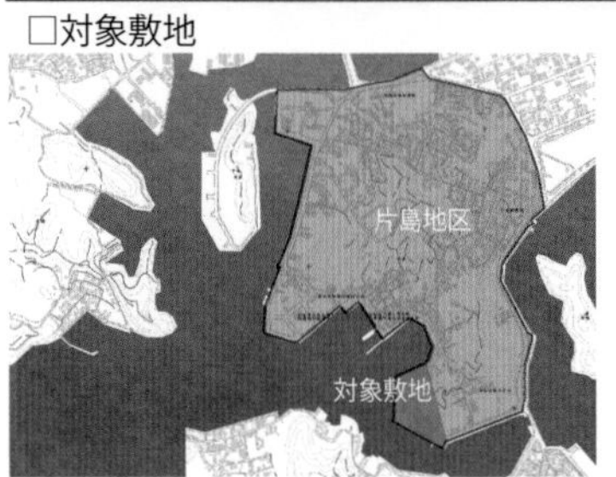
片島地区
対象敷地

□南海トラフ

南海トラフ地震の想定死者数

都道府県別の想定津波高さ

□配置図屋根伏せ図

□旗さしワークショップ

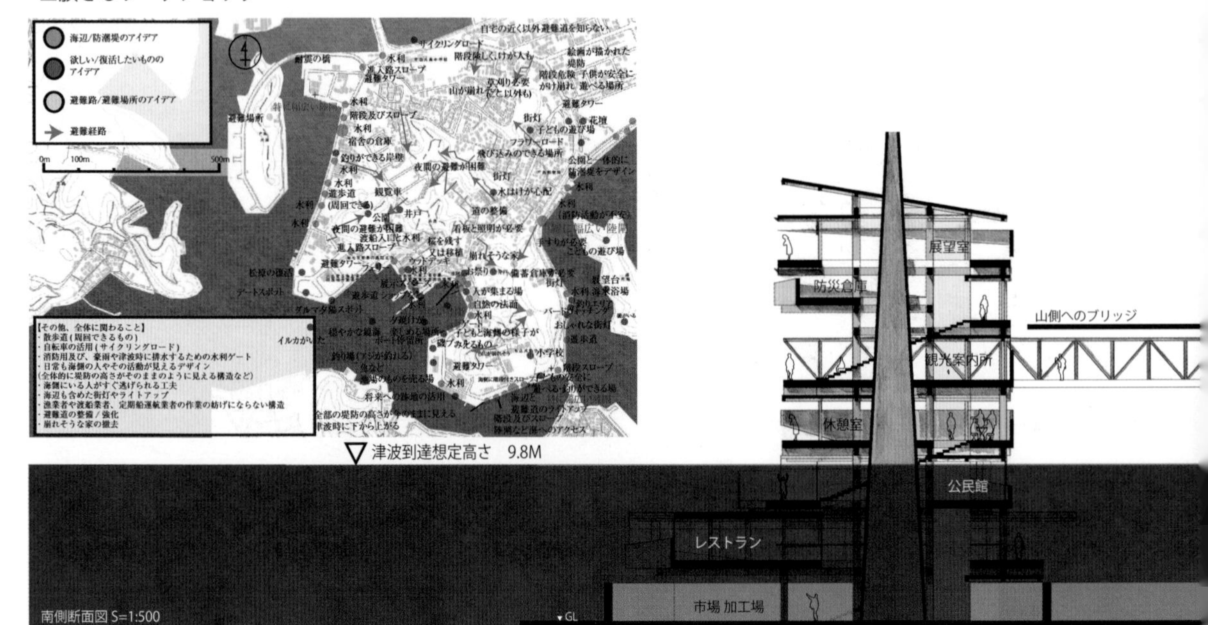
海辺/防潮堤のアイデア
欲しい/復活したいもののアイデア
避難路/避難場所のアイデア
避難経路
【その他、全体に関わること】
・散歩道(周回できるもの)
・自転車の活用(サイクリングロード)
・消防用及び、豪雨や津波時に排水するための水利ゲート
・日常も海側の人やその活動が見えるデザイン
(全体的に堤防の高さがそのままのように見える構造など)
・海側にいる人がすぐ逃げられる工夫
・海辺も含めた街灯やライトアップ
・漁業者や渡船業者、定期船運航業者の作業の妨げにならない構造
・避難道の整備/強化
・崩れそうな家の撤去
津波到達想定高さ 9.8M
展望室
防災倉庫
山側へのブリッジ
観光案内所
休憩室
公民館
レストラン
市場 加工場
GL
南側断面図 S=1:500

選定エリア:
高知県宿毛市
片島地区

南海トラフ地震に備えた堤防一体型避難タワーによる新たな暮らしを取り入れた事前復興まちづくりを行う。津波被害想定地域における避難路整備・浸水被害・防波堤建設などの問題を解決する提案である。防災機能に限らず、コミュニティハブとしての機能を設けることで日常的に利用可能な建築とし、漁業・観光業の拠点とする。自立型ライフライン設備（バイオマス発電・海水雨水利用給排水システム）と一体化した建築であり、災害前後において利用可能である。浸水被害後も復興拠点として機能する。高台移転した地域住民は避難タワーを介して住宅と海を行き来し、避難広場をコミュニティ拠点として利用する新たな暮らしを行う。堤防という壁により分断される海とまちの関係を見直し、リスクと向き合う提案である。

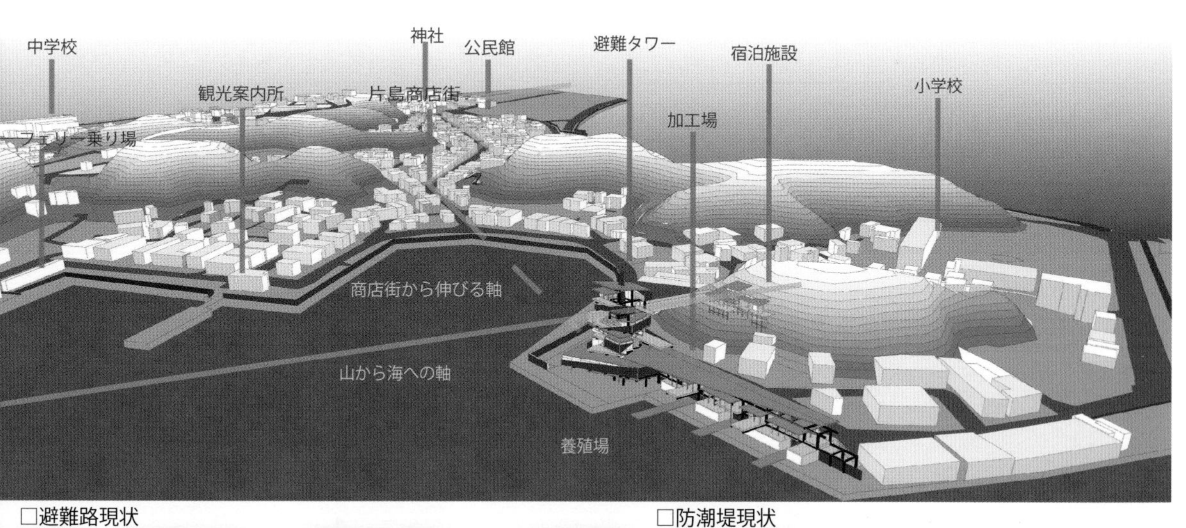
中学校
神社
公民館
避難タワー
宿泊施設
観光案内所
片島商店街
小学校
加工場
フェリー乗り場
商店街から伸びる軸
山から海への軸
養殖場

□避難路現状

□防潮堤現状

□模型写真

現在
避難タワーを設立し、
防災面での安全性を確保する。
避難広場はそれぞれが独立し、日常的に利用されることはない。
避難広場は低未利用地として放置されている。
5年後
避難タワーに取り壊し予定の市場、公民館、
観光センターの機能を設ける。
高台移転した住宅は避難広場を介してつながりを持つ。
避難路を生活路とし、日常的な利用を促す。
１０年後
避難路と避難タワーをつなぐ。
高台移転した住宅の生活軸となる。
コミュニティは片島全体に拡がり、漁業
観光業の活性化につながる。

[138]

「今日、キリンと話をした。」

橋本 侑起 Yuki Hashimoto [B4]
大阪工業大学 ロボティクス&デザイン工学部 空間デザイン学科 福原研究室

もしかして動物園があるコトでマチが分断されているのかな？
時代が変わっても大阪「西成・あいりん地区」の印象は良くない・・・なぜだろう？
01. サバンナホテル
大阪市立美術館
02. 四季ホテル
新世界
てんしば
03. イキモノ商店街
04. 熱帯公園
「これからの動物園とは ...」（仮説：ビジネスモデル）
今は大阪市が直営している天王寺動物園。運営方式を独立行政法人へと変更していく。
様々な利点を生む。また、通る人々による寄付も財源として利用していく。
生活費や本来の生息地の保全にも用い、距離を超えて生きもの達と繋がり守っていく。
現在
これから
大阪市
直営
天王寺動物園
運営方式の変更
大阪市
独立行政法人
運営
関心
通る人々
イキモノミチ
寄付
寄付
スポンサー
生息地
街を支える企業の方々
「ヒトが檻の中に !?」
生きものたちとの境界はあるようで無く、溶け込んでいる。
しかし、少し俯瞰で見ると囲まれているのはヒトだった。
空気を分かち合うネットも檻に見えてきそうだ。
ヒト目線では…
「道」に見える
イキモノと自然を感じる「イキモノミチ」
ナニカを感じて、なにかを考えるそんなミチ
イキモノ目線では…
「檻」に見える
イキモノにとっては建築なんて関係ない
「コウイ」が違えば違って見えてくる
動物園とのあたらしいツキアイカタ・・・

選定エリア：
大阪市天王寺区
茶臼山町周辺

大阪・天王寺。ここはあべのハルカスが通天閣を見下ろす大都会。少し外れると時代が変わっても印象が良くないまま取り残されている「西成・あいりん地区」が。そんなマチに広がるオアシスであった天王寺動物園。この有料動物園がマチを分断しているのかもしれない。天王寺動物園はマチをつなぐ「イキモノミチ」に「付随する場所」として進化する。このミチを歩けばイキモノ達とどこかで目が合ったりする。新しい体験が始まる日常を重ねていくことでイキモノタチとの関係は日ごとに深まっていく。今まで知らなかった絶滅や環境問題のこと、目を背けてきた密猟や乱獲が行われる現実。イキモノミチを通る日常は「他人ごと」だったことを「自分ごと」に。それは、壊れかけたヒトとイキモノタチの関係を見直すキッカケに。「今日、キリンと話をした。」そんな等身大で自然を考えることができる「イキモノミチ」を創るコトから魅力あるマチの新しいツナガリを生む。

イキモノたちと出会う日常。
環境や絶滅について自然と考えるキッカケを。
マチをつなぐイキモノミチ
ソウチ01. サバンナホテル
「おはよう」と「おやすみ」を共有する。
1匹のキリンが近づいてきた。さあ、どんな話をしようか…。
ソウチ02. 四季ホール
「はたらく」を共有する。イキモノたちと過ごして
働くということを実感する。さあ、今日も頑張ろうか…。
ソウチ03. イキモノ商店街
「食べる」を共有する。生きものは食事、命を頂く。
食べるということを考える。さあ、手を合わせて頂きます…。
ソウチ04. 熱帯公園
「遊ぶ」を共有する。大きなデッキに小さな空間。
木々を飛び回るサル達。さあ、どこで遊ぼうか…。

[141]

見え隠れする小景

浸透度を得たコーガ石の街並みの計画

勝 満智子 Machiko Katsu [B4]　竹内 宏輔 Kosuke Takeuchi [M2]

名古屋大学 工学部 環境土木・建築学科 恒川研究室

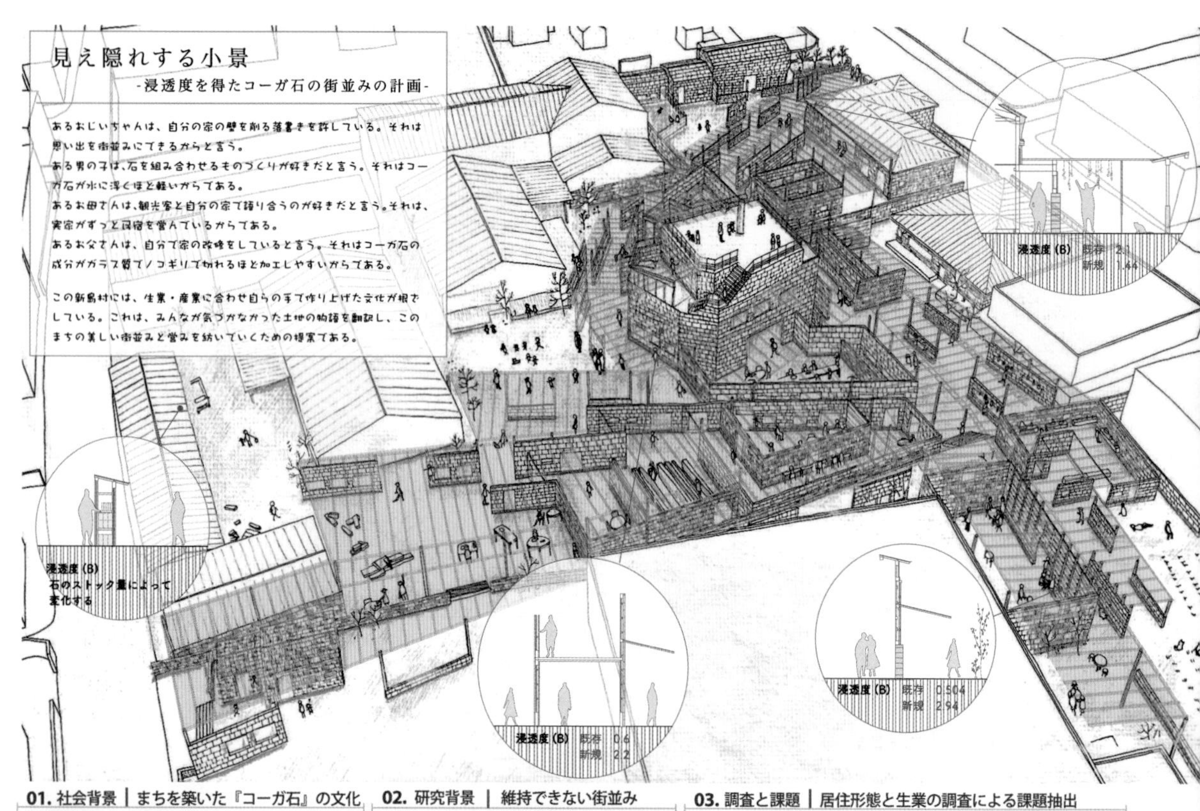
見え隠れする小景
-浸透度を得たコーガ石の街並みの計画-
あるおじいちゃんは、自分の家の壁を削る落書きを許している。それは思い出を街並みにできるからと言う。
ある男の子は、石を組み合わせるものづくりが好きだと言う。それはコーガ石が水に浮くほど軽いからである。
あるお母さんは、観光客と自分の家で語り合うのが好きだと言う。それは、実家がずっと民宿を営んでいるからである。
あるお父さんは、自分で家の改修をしていると言う。それはコーガ石の成分がガラス質でノコギリで切れるほど加工しやすいからである。
この新島村には、生業・産業に合わせ自らの手で作り上げた文化が根付いている。これは、みんなが気づかなかった土地の物語を翻訳し、このまちの美しい街並みと営みを紡いでいくための提案である。
浸透度(B)
石のストック量によって変化する
浸透度(B) 既存 0.6 新規 2.2
浸透度(B) 既存 0.504 新規 2.94
浸透度(B) 既存 2.1 新規 1.44

01. 社会背景 | まちを築いた『コーガ石』の文化

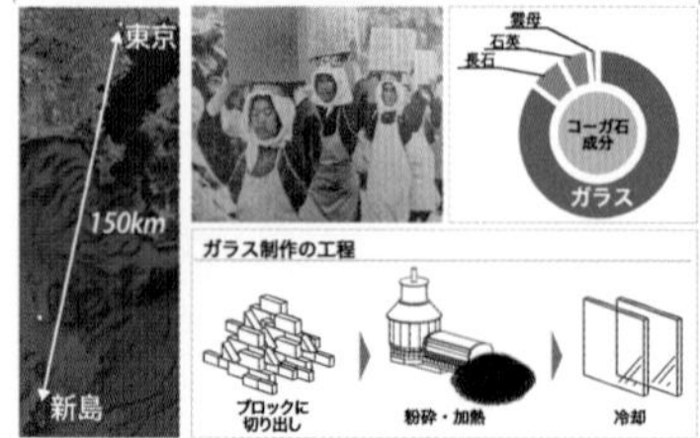
東京
150km
新島
雲母
石英
長石
コーガ石成分
ガラス
ガラス制作の工程
ブロックに切り出し
粉砕・加熱
冷却

東京都新島は、コーガ石(抗火石)を建材としてまちが形成された。コーガ石の加工のしやすさから、『住民の手で建築される文化』が根付き、*1970*年代にコーガ石の年間採掘量がピークを迎えるも、その後も街並みが継承されてきた。

02. 研究背景 | 維持できない街並み

人口推計
放棄

*1980*年以降徐々に人口減少し、繁栄してきたコーガ石の街並みにおける、多くの石造建築ストックを維持・保全できなくなった。近年、新島抗火石建造物調査会により調査が進められ、保全する動きが見られつつある。

03. 調査と課題 | 居住形態と生業の調査による課題抽出

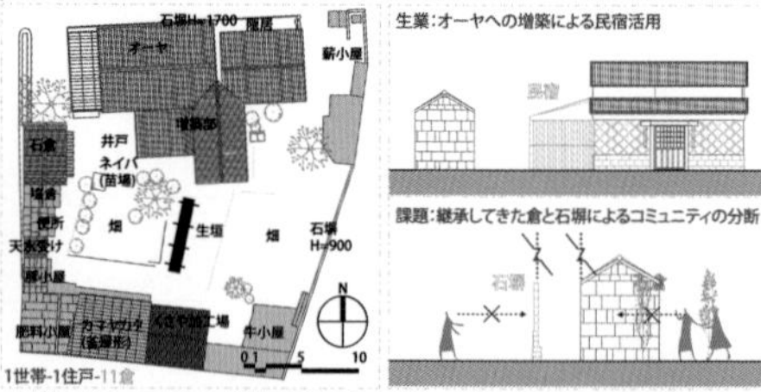
オーヤ
井戸
ネイバ
畑
1世帯-1住戸-11倉
生業:オーヤへの増築による民宿活用
課題:継承してきた倉と石塀によるコミュニティの分断
石塀

*1*世帯には*1*つの母屋と複数の用途の倉を持ち、農作と観光客の民宿を生業としている。民宿の拡大に増改築を繰り返してきたが、倉は空き家となり維持するのが困難となっている。そして、代々継承してきたコーガ石の石塀や石倉がコミュニティの分断を生み、放棄が最適解になっているという課題がある。

04. 建築的操作 | 壁の再考による多層的な路地裏の街並み

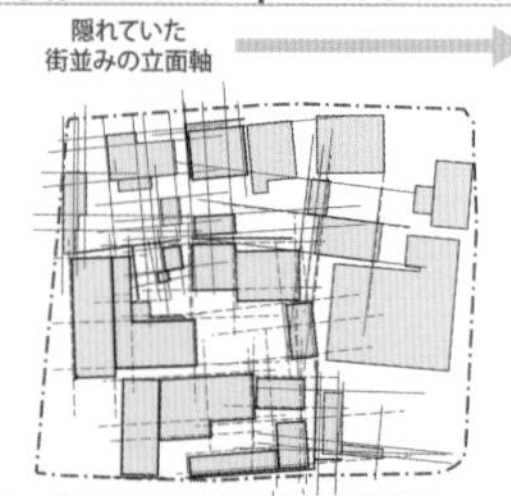
隠れていた街並みの立面軸
軸に沿った立面形成のための手法

コーガ石の街並みは立面としての壁を連ね作られてきた。新しく路地裏へと導く立面の軸をリサーチから決定し、裏の街並みを形成する。

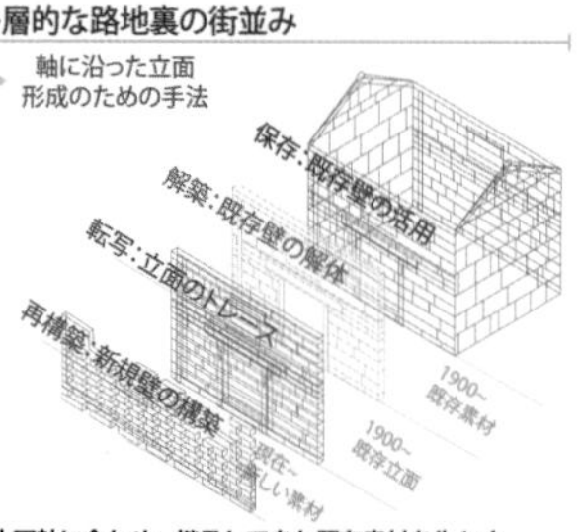
保存:既存壁の活用
解築:既存壁の解体
転写:立面のトレース
再構築:新規壁の構築
1900~ 既存素材
1900~ 既存立面
現在~ 新しい素材

立面軸に合わせ、継承してきた既存素材を生かす壁、既存の立面を生かす壁、新しい立面を持つ壁を配置し、路地裏に時間的・空間的に多層な場所を作り出す。

05. 素材の収集 | マテリアルと住民の使われ方の収集

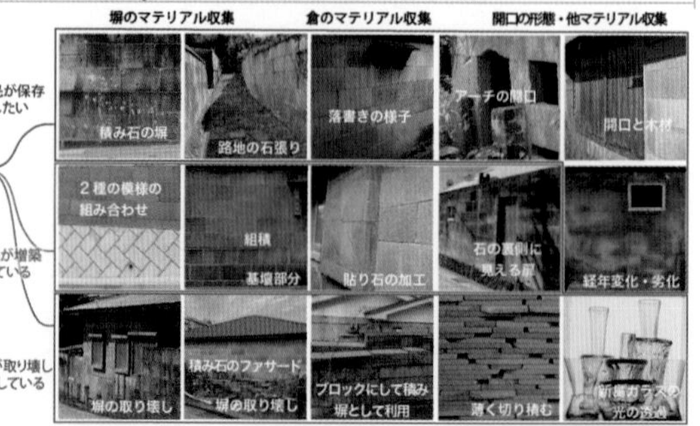
塀のマテリアル収集
倉のマテリアル収集
開口の形態・他マテリアル収集
住民が保存したい
住民が増築している
住民が取り壊し新築している
積み石の塀
路地の石張り
落書きの様子
アーチの開口
開口と木材
2種の模様の組み合わせ
組積
基壇部分
貼り石の加工
石の裏側に見える層
経年変化・劣化
積み石のファサード
塀の取り壊し
ブロックにして積み塀として利用
薄く切り積む
新築ガラスへの光の透過

選定エリア：
東京都新島村

東京都新島の石の街並みはコーガ石の加工のしやすさから『住民の手で建築される文化』が根付き、セルフビルドによって作られた。生業に合わせてコーガ石で作られた複数の倉を所有する住居形態を持ち、使用しなくなった今でも保存していきたいという住民の思いは強く残っている。既存不適格の建築で構成される街並みの維持・継承とともに、住民・観光客の交流を促すことを目的とし、その手法として既存の倉を活用し、コーガ石と石から作られる新島ガラスの文化の拠点を形成する。まちの閉じていた裏側は新島ガラスの工房となり、新たな壁を作り出し、島全体の再構築を行う場となる。例えば、あるおじいちゃんは、自分の家の壁を削る落書きを許している。それは思い出を街並みにできるからと言う。これは、みんなが気づかなかった土地の物語を翻訳し、このまちの美しい街並みと営みを紡いでいくための建築である。

06. 設計：平面図 壁構成 - 使われ方

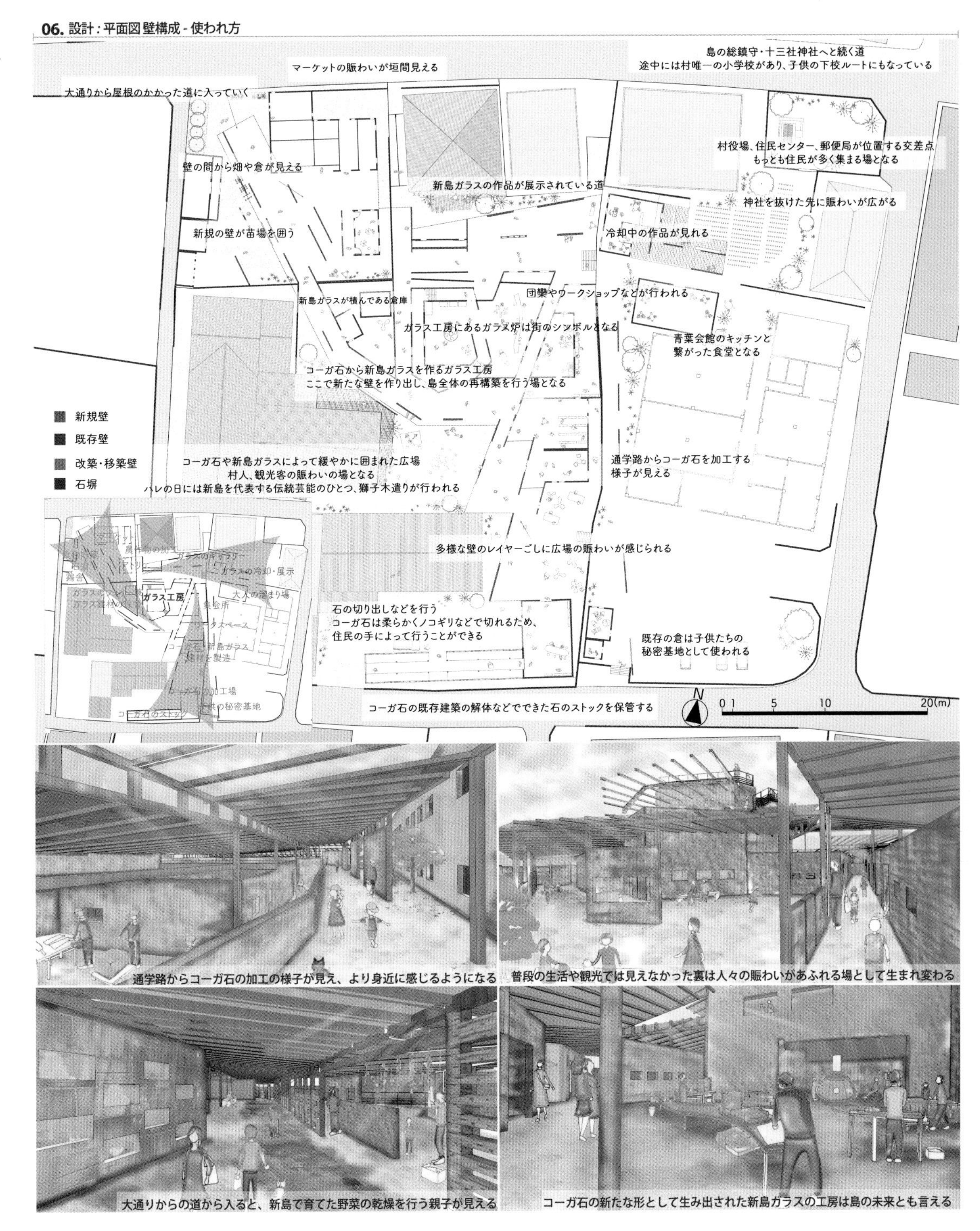

島の総鎮守・十三社神社へと続く道
途中には村唯一の小学校があり、子供の下校ルートにもなっている
マーケットの賑わいが垣間見える
大通りから屋根のかかった道に入っていく
村役場、住民センター、郵便局が位置する交差点
もっとも住民が多く集まる場となる
壁の間から畑や倉が見える
新島ガラスの作品が展示されている道
神社を抜けた先に賑わいが広がる
新規の壁が苗場を囲う
冷却中の作品が見れる
団欒やワークショップなどが行われる
新島ガラスが積んである倉庫
ガラス工房にあるガラス炉は街のシンボルとなる
青葉会館のキッチンと
繋がった食堂となる
コーガ石から新島ガラスを作るガラス工房
ここで新たな壁を作り出し、島全体の再構築を行う場となる
新規壁
既存壁
改築・移築壁
石塀
コーガ石や新島ガラスによって緩やかに囲まれた広場
村人、観光客の賑わいの場となる
ハレの日には新島を代表する伝統芸能のひとつ、獅子木遣りが行われる
通学路からコーガ石を加工する
様子が見える
多様な壁のレイヤーごしに広場の賑わいが感じられる
石の切り出しなどを行う
コーガ石は柔らかくノコギリなどで切れるため、
住民の手によって行うことができる
既存の倉は子供たちの
秘密基地として使われる
コーガ石の既存建築の解体などでできた石のストックを保管する
ガラス工房
N
0 1 5 10 20(m)

通学路からコーガ石の加工の様子が見え、より身近に感じるようになる

普段の生活や観光では見えなかった裏は人々の賑わいがあふれる場として生まれ変わる

大通りからの道から入ると、新島で育てた野菜の乾燥を行う親子が見える

コーガ石の新たな形として生み出された新島ガラスの工房は島の未来とも言える

［142］
まちを走る可動産
～機能・空間・時間が移り変わる新しい暮らし～

木下 惇 Jun Kinoshita［M1］
日本大学大学院 生産工学研究科 建築工学専攻 北野研究室

1. 背景 閉ざされた都市構造

住宅街
歌舞伎町
住宅街
オフィス
新宿駅
オフィス

地区それぞれの賑わいはあるが閉鎖的な空間が集まる新宿。決まった行動で人が動く。

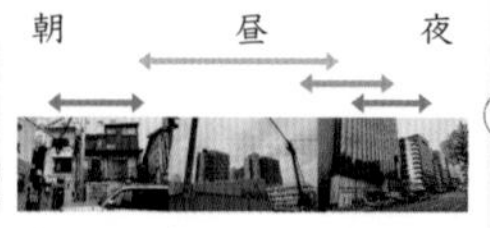
朝
昼
夜

時間により密度の低い空間が存在し、隣棟同士の関係も希薄。

2. 敷地 東京都新宿区

新宿駅を中心として寺社仏閣の歴史的な空間、狭い路地に観光客や文化人が集まるゴールデン街、自然豊かな新宿御苑、都庁を含めた超高層ビル群通りを1本挟んで住宅街など様々な空間が存在する。今回は住宅街、オフィス街、歌舞伎町ゴールデン街を提案する。

3. 構成 動き出す都市構造

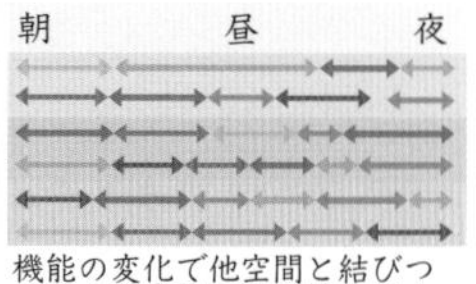

必要に応じた空間がまちを巡る機能の分散。人の行動に応じて建物を利用する空間構成。

朝
昼
夜

機能の変化で他空間と結びつき新たな空間の創発性を促す。

4. ダイアグラム 空間の開放

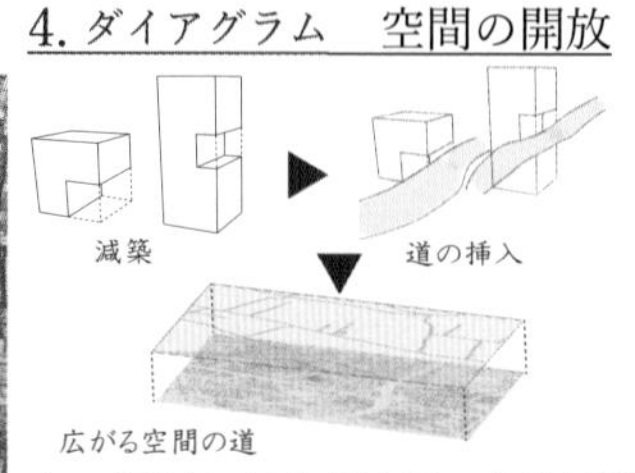
減築
道の挿入
広がる空間の道

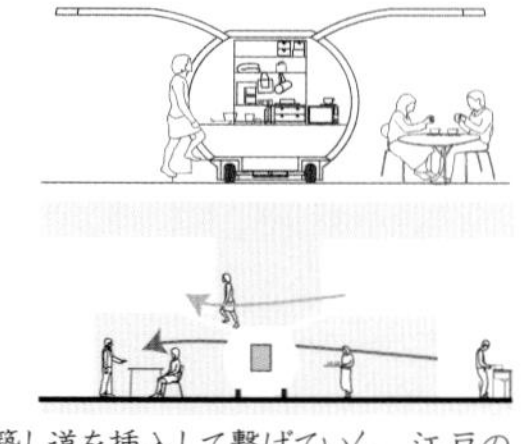

人口が減少してできた空き部屋・空間を減築し道を挿入して繋げていく。江戸の道を掘り起こすように断面的な変化もつけて移動・共用の場として開放する。

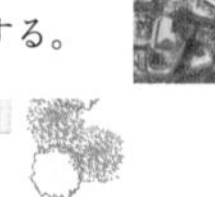

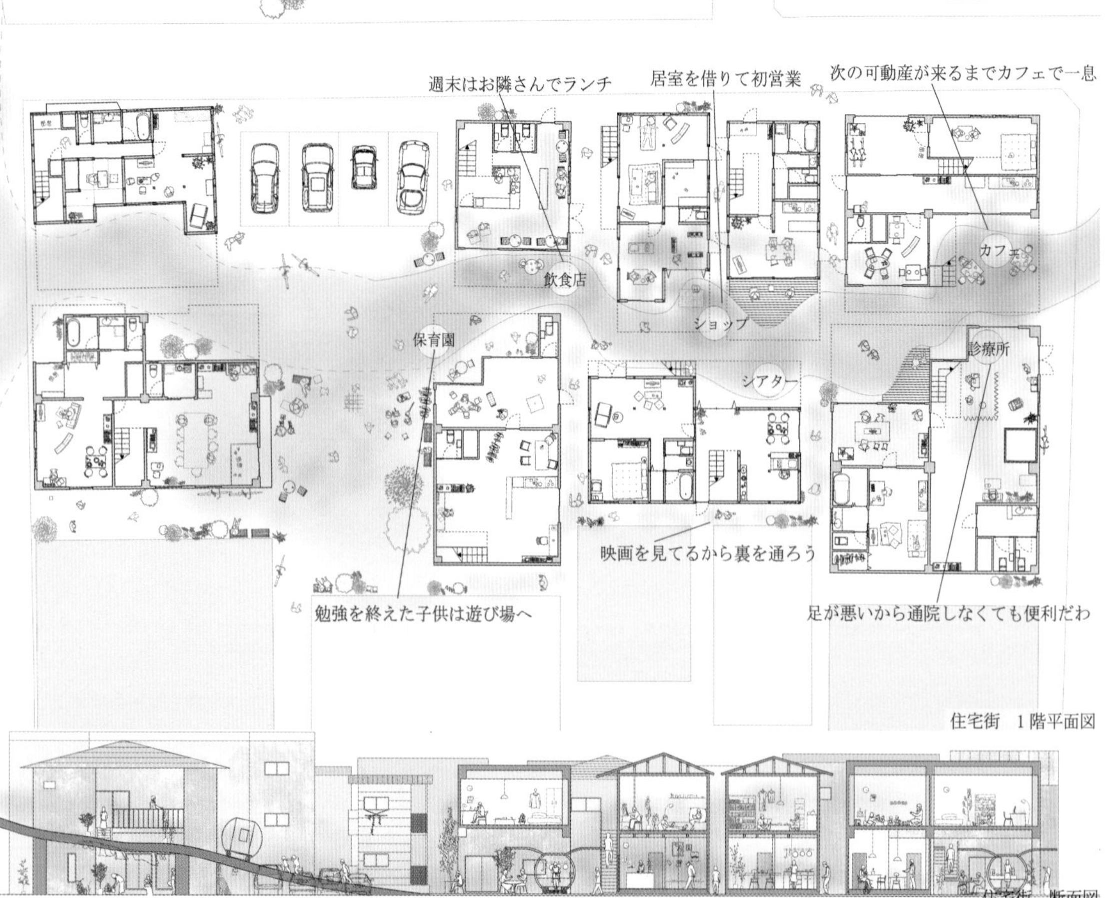
週末はお隣さんでランチ
居室を借りて初営業
次の可動産が来るまでカフェで一息
飲食店
ショップ
カフェ
保育園
シアター
診療所
映画を見てるから裏を通ろう
勉強を終えた子供は遊び場へ
足が悪いから通院しなくても便利だわ

住宅街 1階平面図

住宅街 断面図

選定エリア：
東京都新宿区
新宿駅周辺地区

地区それぞれの賑わいはあるが閉鎖的な空間が集まる新宿。目的に縛られ同じ行動を繰り返し、決まった時間に決まった空間が使われているため、空間の余白が生じている。人のいるところに空間が動くことで、機能によって分断されていたまちの構造を変え、閉鎖的な空間に新しい流れを生みだす。そこでまちにあるさまざまな機能をまちに分散させる、小規模移動空間「可動産」を提案する。可動産が走ることで固定されたまちの機能が分散されるだけでなく、人の行動に応じた空間が生まれ、空間同士をつなげたお互いの距離から別の機能を感じ新たな空間の創発性を促す。人との距離を柔らかく感じながら過ごすことで相手に興味を持ち、助け合いや愛着の精神が生まれる。不動の建築を所有する時代から可動の建築を利用する時代へ変化し一家族一住戸の概念がなくなり、空間・機能・時間の壁のないまちをみんなで使う新たな暮らしの提案である。

オフィス街　高層ビルの隣棟と断面空間の繋がり。吹き抜けや開口部を通じて音や匂いを離れた建築に響かせる

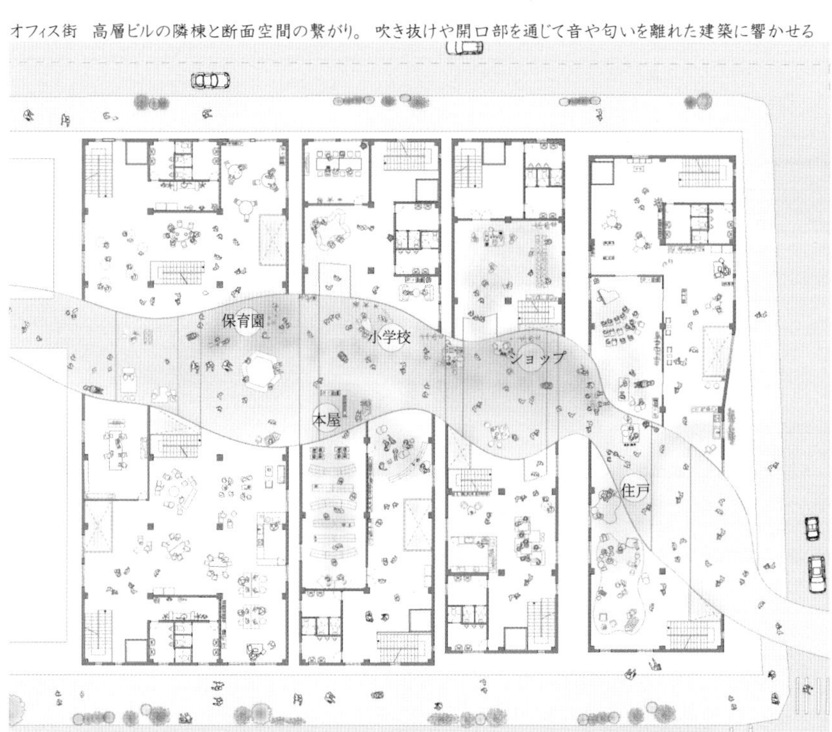
保育園
小学校
ショップ
本屋
住戸
オフィス街　3,4階平面図

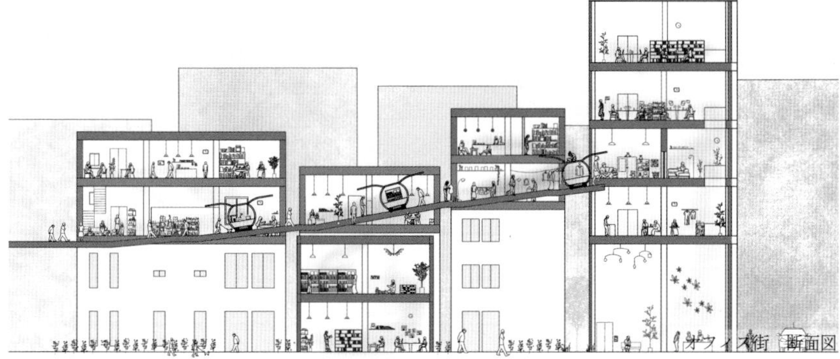
オフィス街　断面図

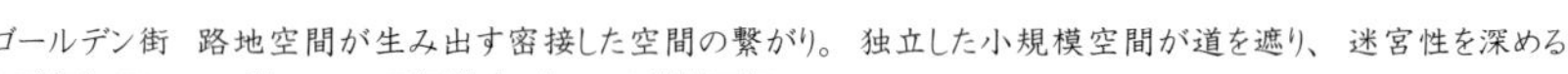
ゴールデン街　路地空間が生み出す密接した空間の繋がり。独立した小規模空間が道を遮り、迷宮性を深める

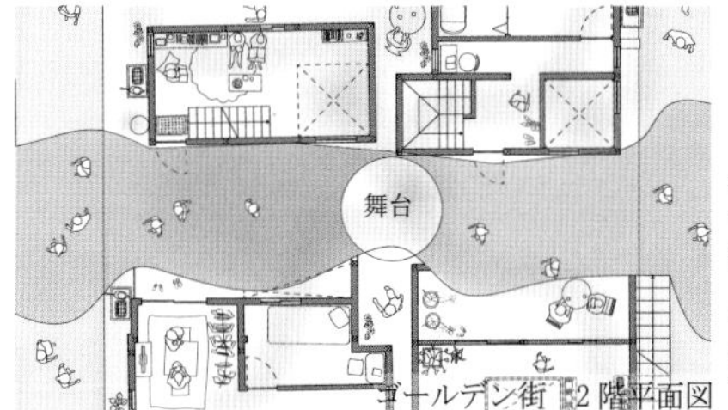
舞台
ゴールデン街　2階平面図

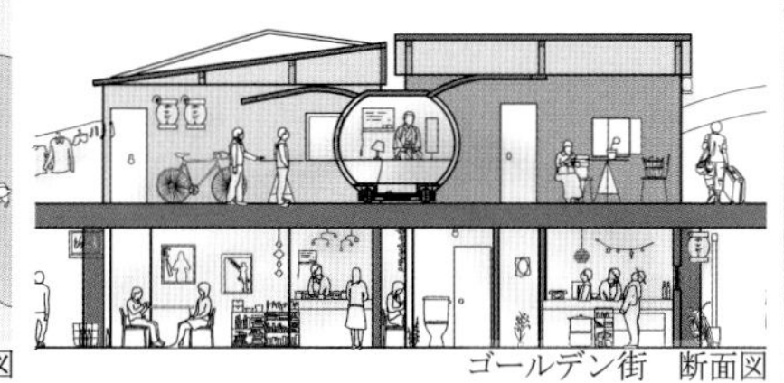
ゴールデン街　断面図

連続した立体的な空間の関係の構築

街区を横断し地盤面を開放する

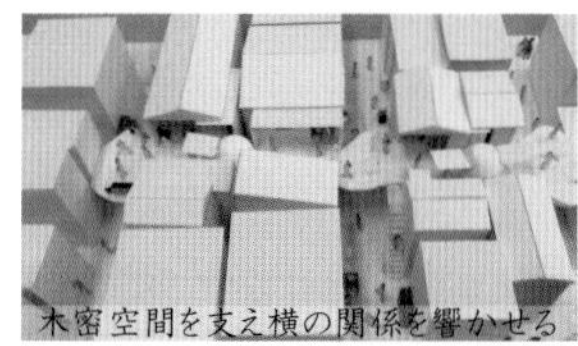
木密空間を支え横の関係を響かせる

移動することで賑わいが響き連鎖する

吹き抜けからオフィスに音楽を響かす

道とリビングが住民即席のシアターへ

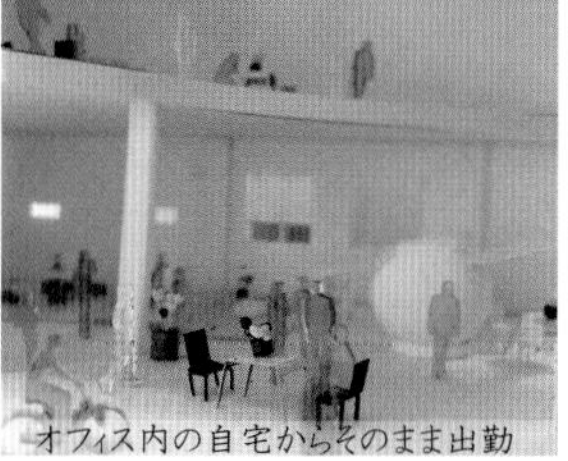
オフィス内の自宅からそのまま出勤

[153]
職住無境界住宅
アフターコロナにおける庭園都市城下町基盤を利用したワーカーズビレッジの提案

[B4]
井上 玉貴 Tamaki Inoue　有信 晴登 Haruto Arinobu　原 和暉 Kazuki Hara
愛知工業大学 工学部 建築学科 安井研究室

1. ワーカーズビレッジの提案

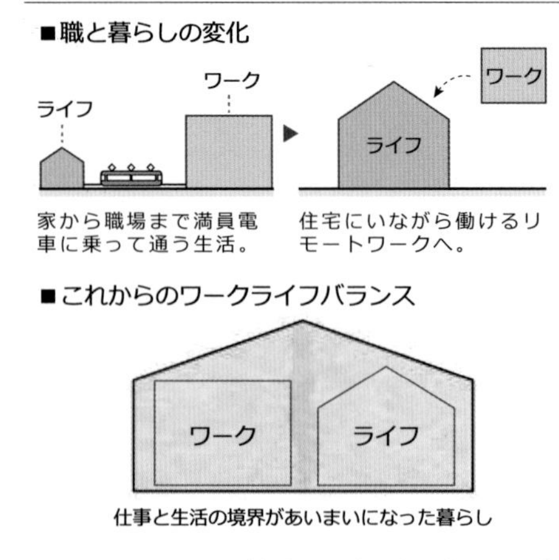
■職と暮らしの変化
ライフ
ワーク
ワーク
ライフ
家から職場まで満員電車に乗って通う生活。
住宅にいながら働けるリモートワークへ。
■これからのワークライフバランス
ワーク
ライフ
仕事と生活の境界があいまいになった暮らし

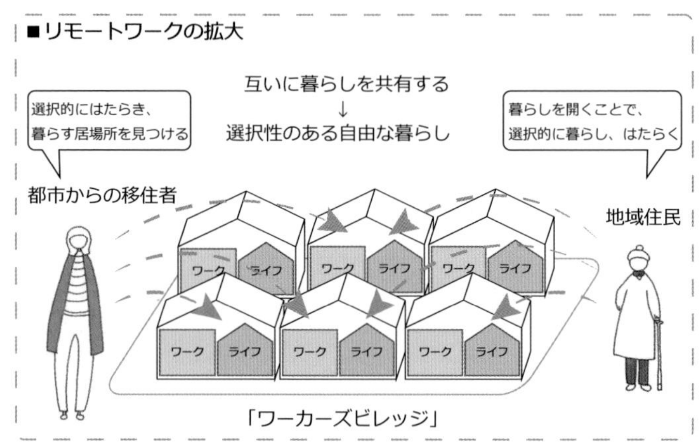
■リモートワークの拡大
互いに暮らしを共有する
↓
選択性のある自由な暮らし
選択的にはたらき、
暮らす居場所を見つける
暮らしを開くことで、
選択的に暮らし、はたらく
都市からの移住者
地域住民
ワーク
ライフ
「ワーカーズビレッジ」

リモートワークの拡大は、場所や時間の選択性をもたらし仕事と生活の境界が曖昧になるだろう。そこで、快適な仕事環境や余暇時間を共有する住民同士のコミュニケーションを誘発するつながりをもった住宅を設計する。

本提案では、地方において都市からの移住者と地域住民が暮らしを共有する「ワーカーズビレッジ」というこれからの住まいのプロトタイプを考える。リモートワークの拡大を契機として、地方の豊かな環境に都市と同水準以上の暮らしを確保し、都市移住者と地域住民の共助的かつ柔軟な関係を構築する。

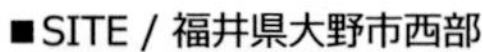

2. 近世城下町という選択肢 - 福井県大野市 -

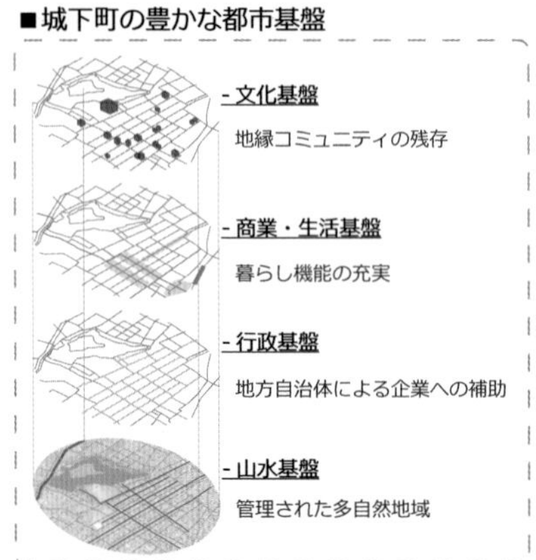
■城下町の豊かな都市基盤
- 文化基盤
地縁コミュニティの残存
- 商業・生活基盤
暮らし機能の充実
- 行政基盤
地方自治体による企業への補助
- 山水基盤
管理された多自然地域

■SITE / 福井県大野市西部
対象敷地
越前大野城

多くの都市機能を担う近世城下町。現在もその都市基盤を生かして地方都市として成立している地域がある一方で、人口減少に伴う過疎化、高齢化、地縁コミュニティの衰退などの問題を抱える城下町都市は少なくない。本提案では、城下町の町割りをとどめた市街地が残る福井県大野市をプロトタイプの敷地として選定する。

選定エリア：
福井県大野市

感染症問題を契機としたリモートワークの拡大により、場所や時間にとらわれない新しい生活様式が定着する中で、本提案では地方において都市からの移住者と地域住民が暮らしを共有する「ワーカーズビレッジ」というこれからの住まいのプロトタイプを考える。敷地は近年衰退しつつあり、都市基盤が残る城下町都市である福井県大野市。城下町の町割りをとどめた市街地は、江戸時代から奥越前の商業及び文化の中心地として長く栄えていた。しかし、仕事への選択性が乏しいため、生産人口が都市へ流出し、高齢化率は年々増加傾向にあり、人口減少により空き家が多くみられ、生活基盤はあるものの近い将来の崩壊が危惧される地方都市の一つである。そこでリモートワークの拡大を契機として、地方の豊かな環境に都市と同水準以上の暮らしを確保し、快適な仕事環境や余暇時間を共有する住民同士のコミュニケーションを誘発するつながりをもった住宅を提案する。

3．都市と地方の事業スキーム

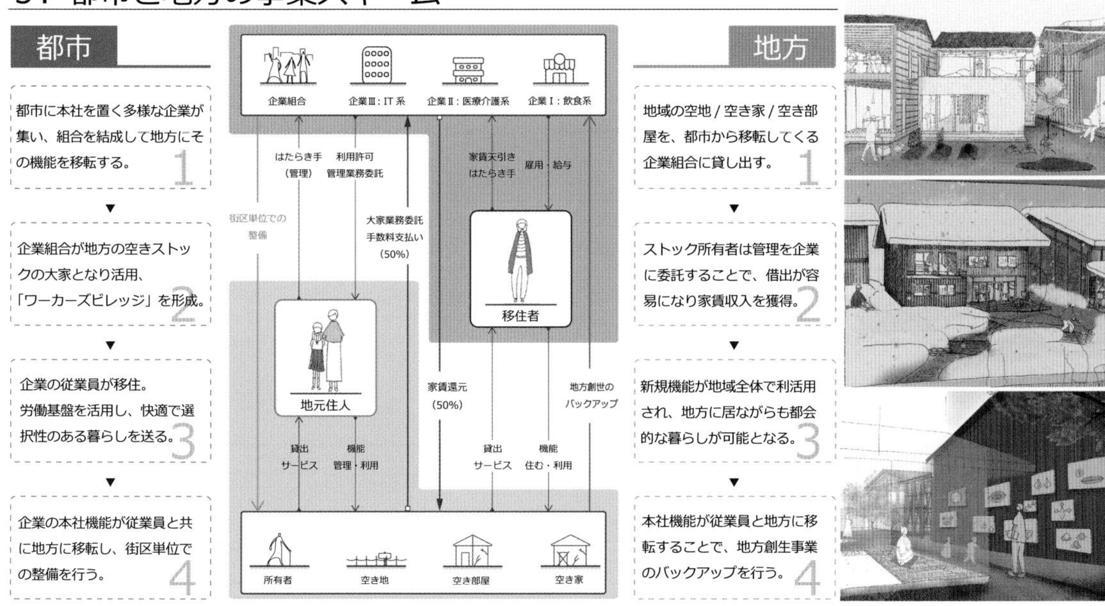

都市
都市に本社を置く多様な企業が集い、組合を結成して地方にその機能を移転する。1
企業組合が地方の空きストックの大家となり活用、「ワーカーズビレッジ」を形成。2
企業の従業員が移住。労働基盤を活用し、快適で選択性のある暮らしを送る。3
企業の本社機能が従業員と共に地方に移転し、街区単位での整備を行う。4
企業組合
企業Ⅲ：IT系
企業Ⅱ：医療介護系
企業Ⅰ：飲食系
はたらき手（管理）
利用許可 管理業務委託
街区単位での整備
大家業務委託 手数料支払い（50%）
家賃天引き はたらき手
雇用・給与
移住者
地元住人
家賃還元（50%）
地方創世のバックアップ
貸出 サービス
機能 管理・利用
貸出 サービス
機能 住む・利用
所有者
空き地
空き部屋
空き家
地方
地域の空地 / 空き家 / 空き部屋を、都市から移転してくる企業組合に貸し出す。1
ストック所有者は管理を企業に委託することで、借出が容易になり家賃収入を獲得。2
新規機能が地域全体で利活用され、地方に居ながらも都会的な暮らしが可能となる。3
本社機能が従業員と地方に移転することで、地方創生事業のバックアップを行う。4

4．建築操作 - 複数の事象が相互に関係し合い全体を形成 -

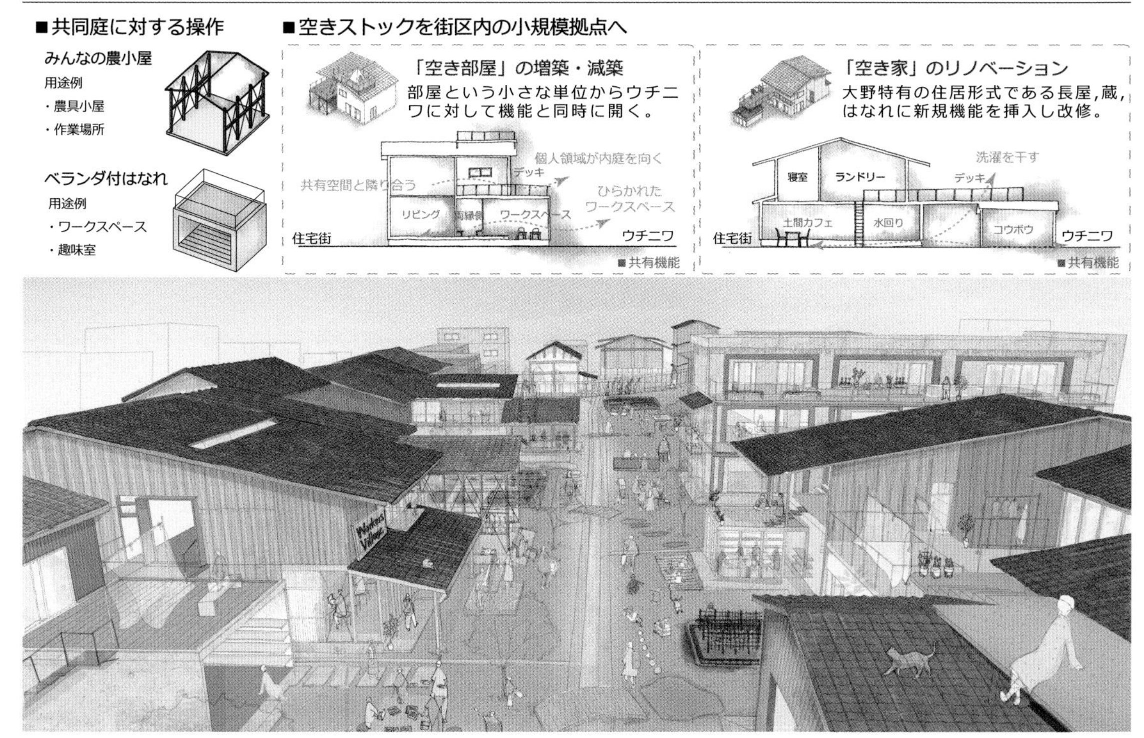

■共同庭に対する操作
みんなの農小屋
用途例
・農具小屋
・作業場所
ベランダ付はなれ
用途例
・ワークスペース
・趣味室
■空きストックを街区内の小規模拠点へ
「空き部屋」の増築・減築
部屋という小さな単位からウチニワに対して機能と同時に開く。
個人領域が内庭を向く
共有空間と隣り合う
デッキ
ひらかれたワークスペース
リビング
ワークスペース
住宅街
ウチニワ
■共有機能
「空き家」のリノベーション
大野特有の住居形式である長屋,蔵,はなれに新規機能を挿入し改修。
洗濯を干す
寝室
ランドリー
デッキ
土間カフェ
水回り
コウボウ
住宅街
ウチニワ
■共有機能

[155]

CITY SLOW LIVING

気ままな都市風景

遠藤 瑞帆 Mizuho Endo [B4]
九州大学 工学部 建築学科 黒瀬研究室

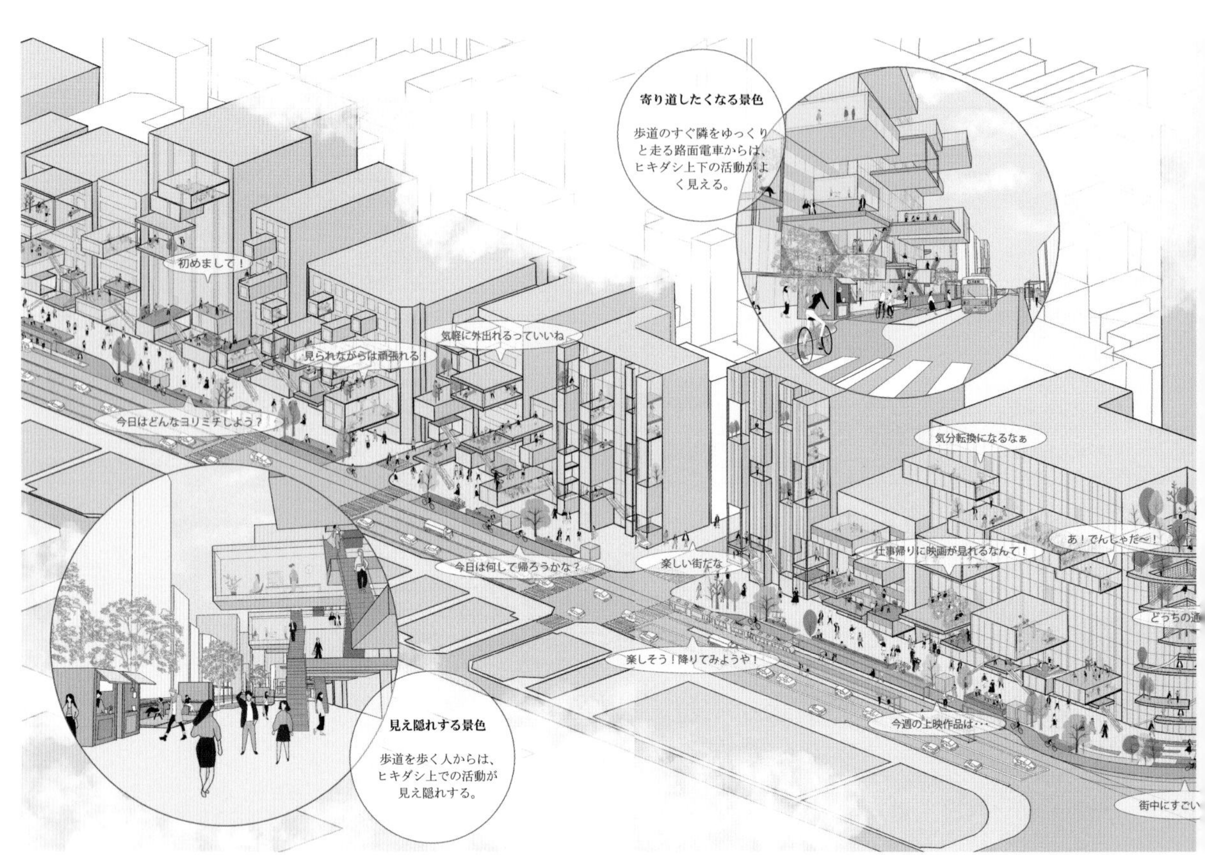
寄り道したくなる景色
歩道のすぐ隣をゆっくりと走る路面電車からは、ヒキダシ上下の活動がよく見える。
初めまして！
気軽に外出れるっていいね
見られながらは頑張れる！
今日はどんなヨリミチしよう？
気分転換になるなぁ
今日は何して帰ろうかな？
楽しい街だな
仕事帰りに映画が見れるなんて！
あ！でんしゃだ～！
楽しそう！降りてみようや！
見え隠れする景色
歩道を歩く人からは、ヒキダシ上での活動が見え隠れする。
今週の上映作品は…

01 ストレス社会を生きる現代人 -背景-

①効率重視のスピード社会

近年、便利な世の中になったが、社会のスピード感に人々の心は疲れていないだろうか。

②広がる仮想空間

長時間スマホと向き合う現代人は、もっと五感で現実空間を楽しむべきではないだろうか。

02 「CITY SLOW LIVING」 -コンセプト-

スローライフとリビングを掛け合わせた、CITY SLOW LIVINGという都市イメージを提案する。路上に人々が集い、多様な巡りあいが生じる。

CITY

×

SLOW LIFE

×

LIVING

= CITY SLOW LIVING

03 移動のためだけの道 -敷地-

路面電車が走る幅の広い道路、かつスローライフからかけ離れたオフィス街に面する場所。

鯉城通り（相生通り～平和大通り）
・・・目的重視な東西の動きに対して、寄り道重視な南北の動きを加える。

相生通り（紙屋町～八丁堀）
・・・路面電車の乗降者数が多い駅を有する、広島のメインストリート。路面電車から途中下車した人々を鯉城通りの Slow Living へと導く。

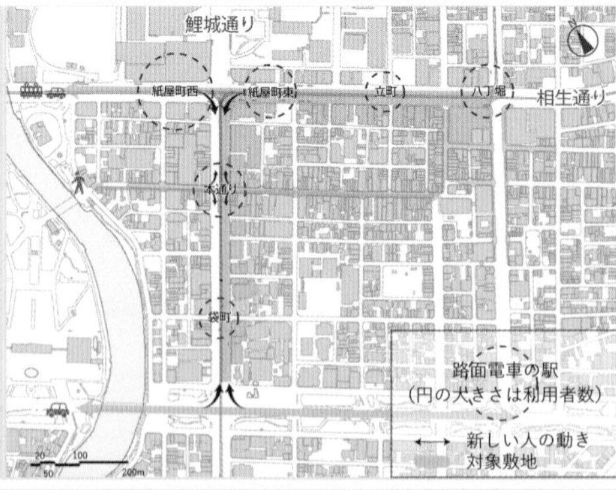
鯉城通り
紙屋町西
紙屋町東
立町
八丁堀
相生通り
本通り
袋町
路面電車の駅
(円の大きさは利用者数)
新しい人の動き
対象敷地

04 CITY SLOW LIVINGの作り方 -ダイアグラム-

walk / bicycle / train / car

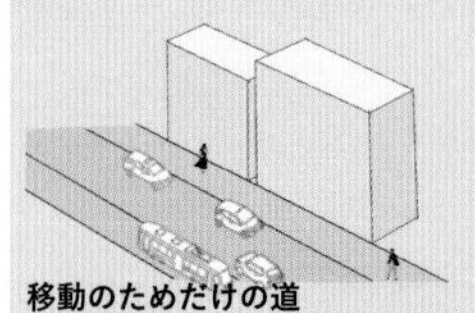

移動のためだけの道
広い道路に大きなビルが並び、殺風景な通り。体験密度が希薄。

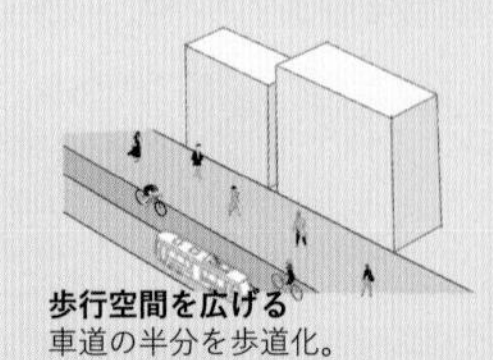

歩行空間を広げる
車道の半分を歩道化。都市の移動スピードを落とす。

建物を引き出す
建物を引き出しと見立て、引き出す。歩道の情報量が豊かになる。

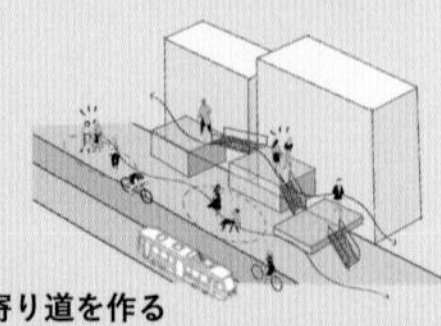

寄り道を作る
ヒキダシを繋ぎ、歩道には人が溜まる空間を置く。都市の体験密度を上げる。

選定エリア：
広島市中央区
相生通り・鯉城通り

現代社会のスピード感に疲れ、ストレスを抱える現代人に、都心でのんびり過ごせるCITY SLOW LIVINGという都市イメージを提案する。既存の建物から引き出されたヒキダシの上で、趣味を楽しみ、自然を楽しむ時間がそこにはある。可動するヒキダシにより、訪れる度に変化する都市風景が生まれ、新しい巡り合いが生じる。車道が減り、車中心から人中心の空間となった歩道では、ヒキダシ下で多様な路上活動が行われ、ヨリミチが生じる。敷地は、移動のためだけに使われている、広島市のメインストリート。車中心の道で、さらに路面電車も走ることから、8車線という幅の広い道である。路面電車がゆっくり走る広島の都心で、新しい都市の過ごし方を始めよう。

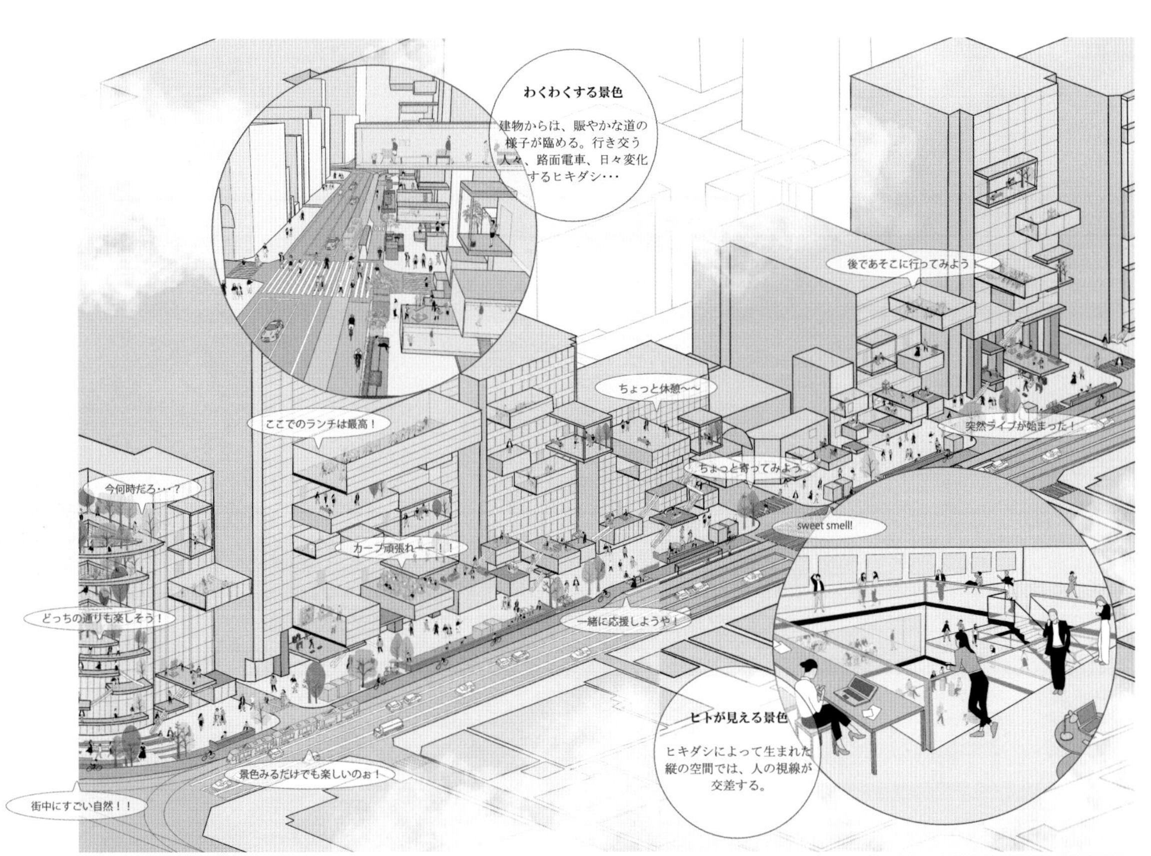
わくわくする景色
建物からは、賑やかな道の様子が臨める。行き交う人々、路面電車、日々変化するヒキダシ・・・
後であそこに行ってみよう！
ちょっと休憩〜〜
ここでのランチは最高！
突然ライブが始まった！
今何時だろ・・・？
ちょっと寄ってみよう
sweet smell!
カープ頑張れ〜〜！！
どっちの通りも楽しそう！
一緒に応援しようや！
ヒトが見える景色
ヒキダシによって生まれた縦の空間では、人の視線が交差する。
景色みるだけでも楽しいのぉ！
街中にすごい自然！！

05 都市の移動速度を落とす、歩道の拡張 - 設計手法 1 -

片側3車線＋軌道2本の、合計8車線の道の半分を歩道化し、
車中心の道路から、歩行者・自転車中心の道路へ変化させる。
自転車専用道路を設け、車を減らす。
歩道の隣を路面電車が走り、寄り道しやすい空間に。

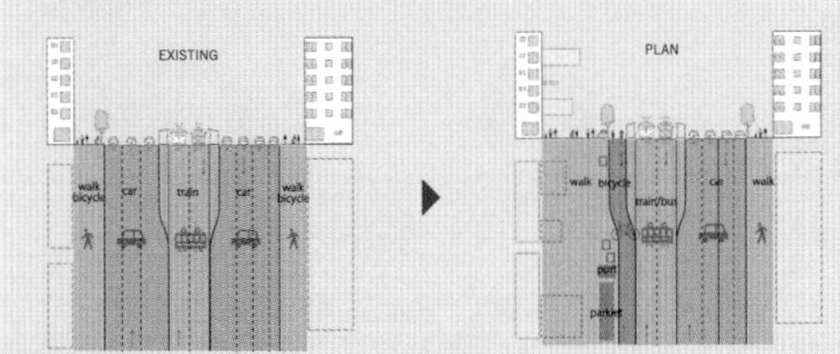
EXISTING
PLAN

07 都市の体験密度を上げる、ヨリミチ - 設計手法 3-

タテのヨリミチとして、ヒキダシ上での活動を繋げ、目的以外のものと出会う楽しさを誘発する。

ヨコのヨリミチとして、路上に多様な空間を置き、足を止めるきっかけを作る。

06 毎日の風景を変える、可動するヒキダシ - 設計手法 2-

ヒキダシ上では多様な活動が行われ、寄り道を誘導する。
手順1　既存のファサードに応じて、引き出し方が規定される
手順2　幅は、内部空間に合わせて規定され、幅に応じて活動が行われる
手順3　長さは、集まる人の規模で変化する

できたヒキダシが伸びていくうちに、ヒキダシ上での活動も変化していき、隣のヒキダシとの関係性も変わっていく。

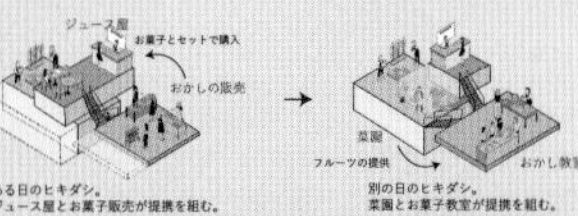
ジュース屋
おかしの販売
菜園
フルーツの提供
おかし教室
ある日のヒキダシ。ジュース屋とお菓子販売が提携を組む。
別の日のヒキダシ。菜園とお菓子教室が提携を組む。

ヒキダシ操作によって建物内部に縦空間が生まれ、視線が交差する。

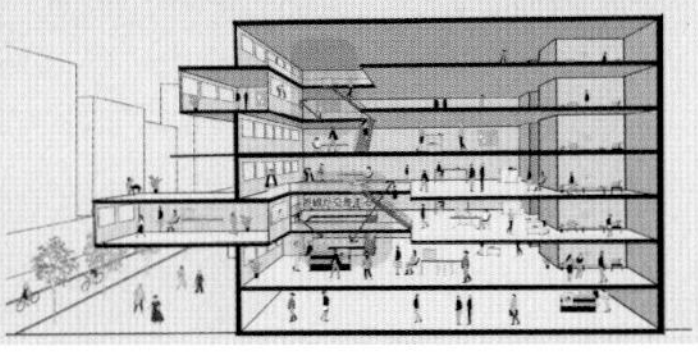

[163]
共庭都市
ー公と私の都市空間に対する共的空間形成の手法と実践ー

篠原 敬佑 Keisuke Shinohara [B4]
神戸大学 工学部 建築学科 遠藤研究室

都市の見えな

都市

共

無味乾燥な都市空間

未曾有の環境悪化

庭的エディトリアル

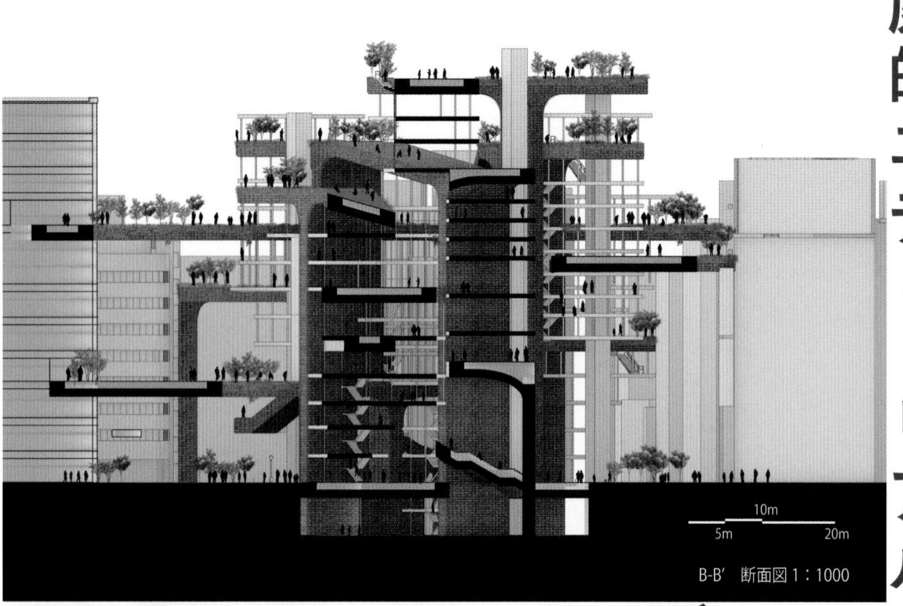
10m
5m
20m
B-B' 断面図 1：1000

形而下のメディアとな

インフォーマルから始

まる自律分散的な都市

図と地の反転

庭の類比

神戸三宮

衰退都市

選定エリア：
兵庫県神戸三宮

現在分断され無味乾燥な都市空間に愛着のある場所はどのようにして立ち現れるのか。実家にて自分が家族と共に庭を管理し育ててきた経験と記憶から、多くの人が経験したことのある「庭」を立体化し、人々が育てることで、まちの風景、ひいてはまち自体を育てることができるのではないだろうかと考えました。その上で現在都市に欠けている「共」を「庭」によって呼び覚まし、選定敷地である神戸三宮の用途地域境界上において、まちの変化と共に進化する共庭インフラを提案します。本提案により、都市居住において根無し草のようになっている人々が、自分たちで風景を作り上げる経験をすることで、まちへの愛着が生まれます。

またここを出ていった人々が新天地でも周りの人々と庭を育てていくことで、その人々を中心としたコミュニティが各地で萌芽し、自律分散的な都市、共庭都市が生まれます。

を越えていく異軸

新たな庭 心臓が近代都市を再構築する

グリーンリンク

庭

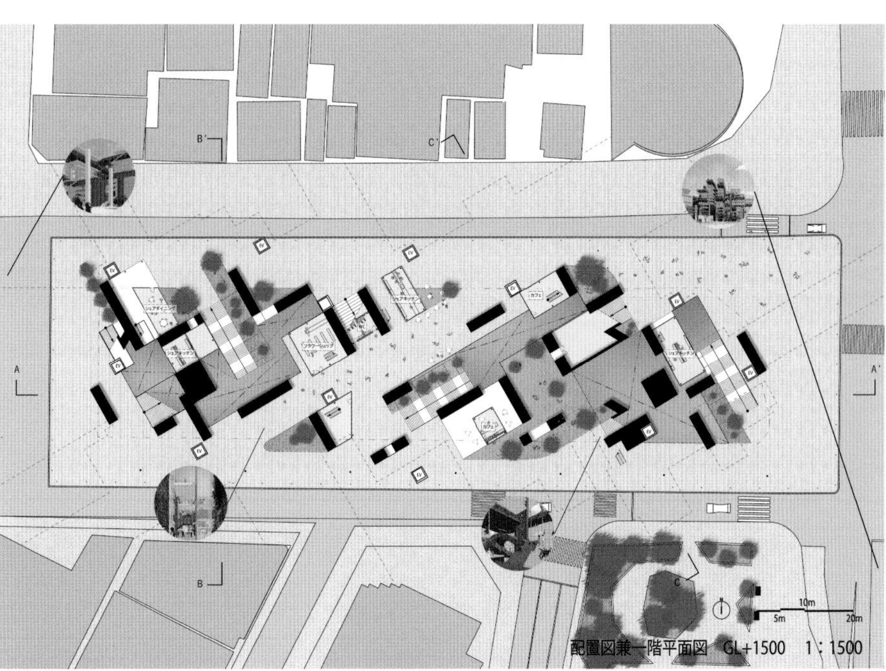

B'
C'
A
A'
B
C
10m
5m
20m

配置図兼一階平面図　GL+1500　1：1500

自然的反復

都市の活性化

共的空間形成の手法と実践

タクティカルアーバニズム

超混在型多孔質建築

メディアとなるインフラストラクチャー

育てる風景

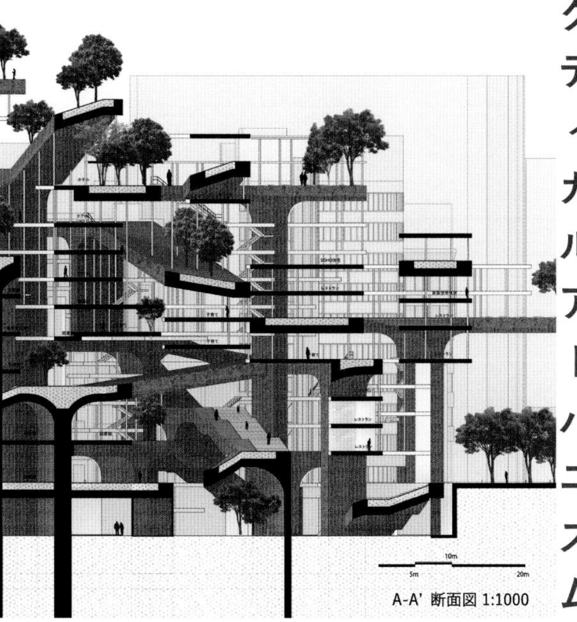

10m
5m
20m

A-A' 断面図 1:1000

［182］
りんごの杜から響く大地再生の息吹
石垣と枝がらみから始まる耕作放棄地の再生

酒向 正都 Masato Sako［B4］
信州大学 工学部 建築学科 寺内研究室

01 現状と仮説

現状　長野市の都市計画マスタープランでは「農地の保全を図るとともに、体験型農業や6次産業化による農業の振興」が検討されている。観光化の推進に伴い、地すべり跡地の動植物園化や擁壁の設置がなされてきた。しかし耕作放棄地の拡大によって引き起こされる土壌流亡や地盤の弱体化、生態系の乱れ、人と自然の共生方法の未伝承等の諸問題の根本的な解決には至っていない。

仮説　これまでの擁壁の「防災」の役割を担いつつ、農地の健全化も推進するという視座で斜面地の農業の振興が必要となるのではないか。

02 敷地の選定 – 林檎畑を土壌流亡から守る –

有旅地区では傾斜表面を流れる雨水や土壌を棚田が保持することで、斜面低地の林檎畑を保全していた。よって斜面高地が放棄地化しても、その斜面下部の棚田が活用されるならば最低限の土壌の保持と生態系の保全がされる。同様にして斜面地の上下の土地利用を分ける境界線に着目し、人工的な介入の効果性が認められる地点を3つの地図を重ねることで選定する。

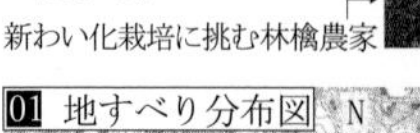

新わい化栽培に挑む林檎農家

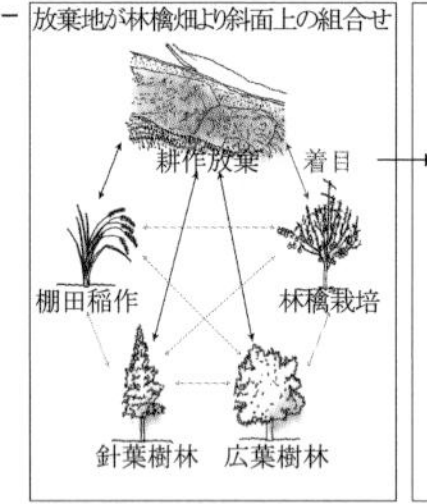

放棄地が林檎畑より斜面上の組合せ
耕作放棄
着目
棚田稲作
林檎栽培
針葉樹林
広葉樹林

隣り合う土地利用の連関図

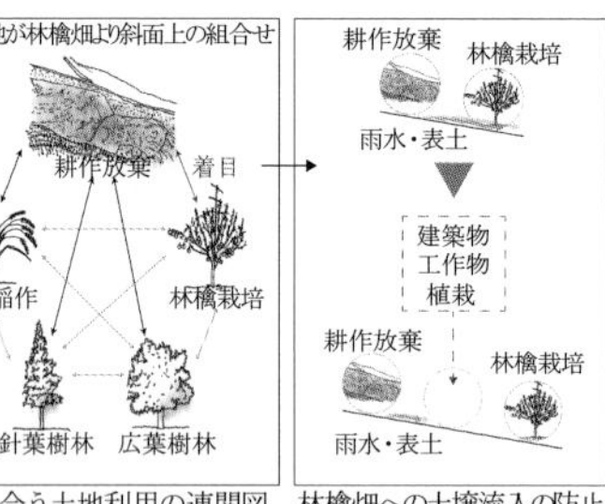

耕作放棄
林檎栽培
雨水・表土
建築物
工作物
植栽
耕作放棄
林檎栽培
雨水・表土

林檎畑への土壌流入の防止

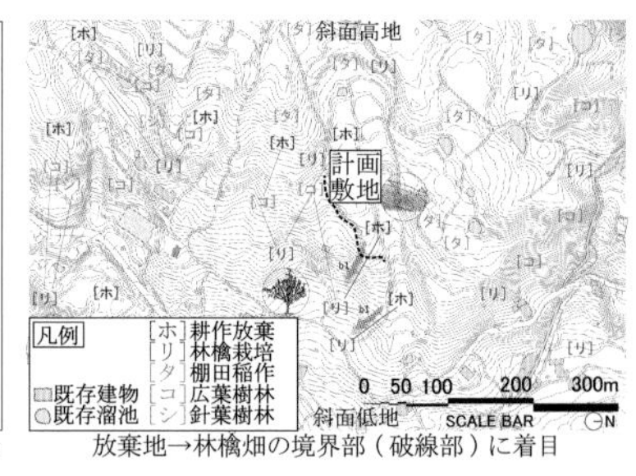

斜面高地
計画
敷地
凡例
既存建物
既存溜池
ホ 耕作放棄
リ 林檎栽培
タ 棚田稲作
コ 広葉樹林
シ 針葉樹林
0 50 100 200 300m
SCALE BAR
斜面低地
N

放棄地→林檎畑の境界部（破線部）に着目

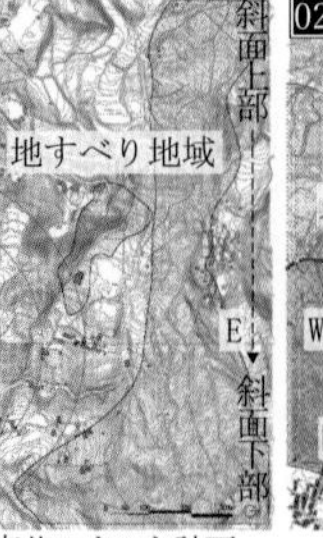

01 地すべり分布図
N
斜面上部
地すべり地域
地すべり地域
計画敷地
W
E
地すべり地域
S
斜面下部

地すべりの頻発地域を避けて育苗ハウスを計画

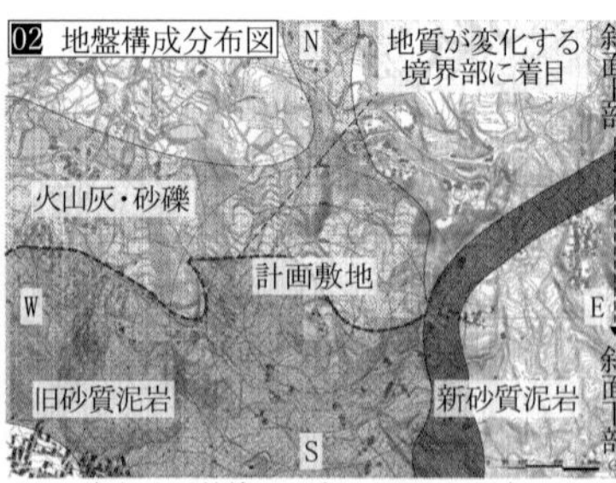

02 地盤構成分布図
N
地質が変化する
境界部に着目
斜面上部
火山灰・砂礫
計画敷地
W
E
旧砂質泥岩
新砂質泥岩
S
斜面下部

細粒土が林檎畑に流れ込むことを防止

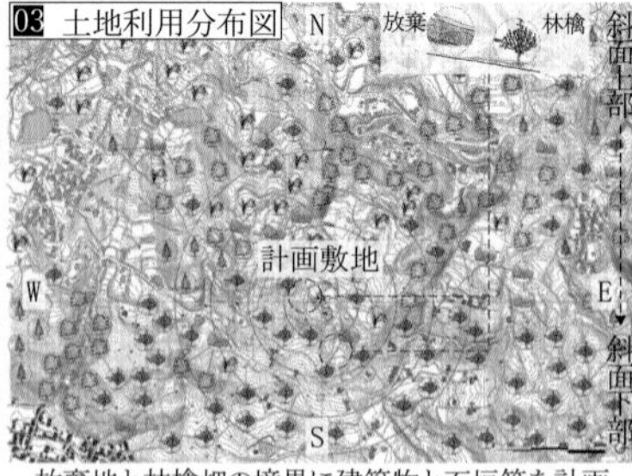

03 土地利用分布図
N
放棄
林檎
斜面上部
計画敷地
W
E
S
斜面下部

放棄地と林檎畑の境界に建築物と石垣等を計画

03 全体計画

STEP1 大地の再生のプロセス
太陽光
広葉樹林
計画敷地
雪だまり
りんご畑
既存水路
斜面風
耕作放棄地
N

空気と水が滞る放棄地（黄色部）に
枝がらみと石垣を施工

STEP2 大地と響き合う育苗ハウスの計画
育苗ハウス＋選果場
育苗ハウス＋醸造所
セスバニア植栽
N

林檎の新農法の試用地
として再生地を活用

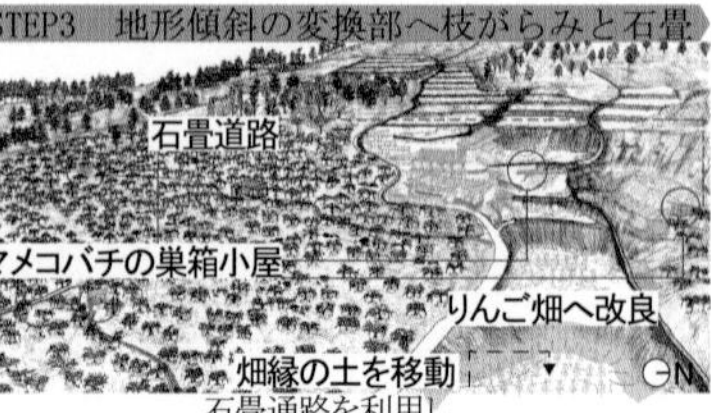

STEP3 地形傾斜の変換部へ枝がらみと石畳
石畳道路
マメコバチの巣箱小屋
りんご畑へ改良
畑縁の土を移動
N

石畳通路を利用し、
蜂の巣箱小屋○を4箇所設置

選定エリア:
長野県長野市有旅

大地の養分や林檎の評判が新たに生まれ広がることを響と捉えた。長野市有旅地区は傾斜地で林檎栽培と棚田稲作が営まれる中山間地域である。地滑りが起こる大地と、林檎と米栽培の担い手の高齢化により、畑地や水田として適さなくなった土地は現在耕作放棄地と化している。一方で、林檎栽培をこれからも続けるべく、新たな農法の新わい化栽培や高密植栽培に挑む高齢農家の姿があった。そこで農家の生業と美味しい林檎を後世へ繋ぐため、地滑りの原因となる大地の改善に目を向ける。3段階で計画する。現状の農地の状態を観察によって把握した後、段階1で放棄地に枝がらみと石垣を農地再生のために施工する。段階2で再生地を長野市が推奨する林檎の新農法の試用地として活用する。育苗ハウス(新農法の実験場)、共同の選果場、シードル(林檎酒)の醸造所を提案する。段階3で既存林檎畑へ枝がらみと石畳通路を拡張し、その先に蜂の巣箱小屋を計画する。

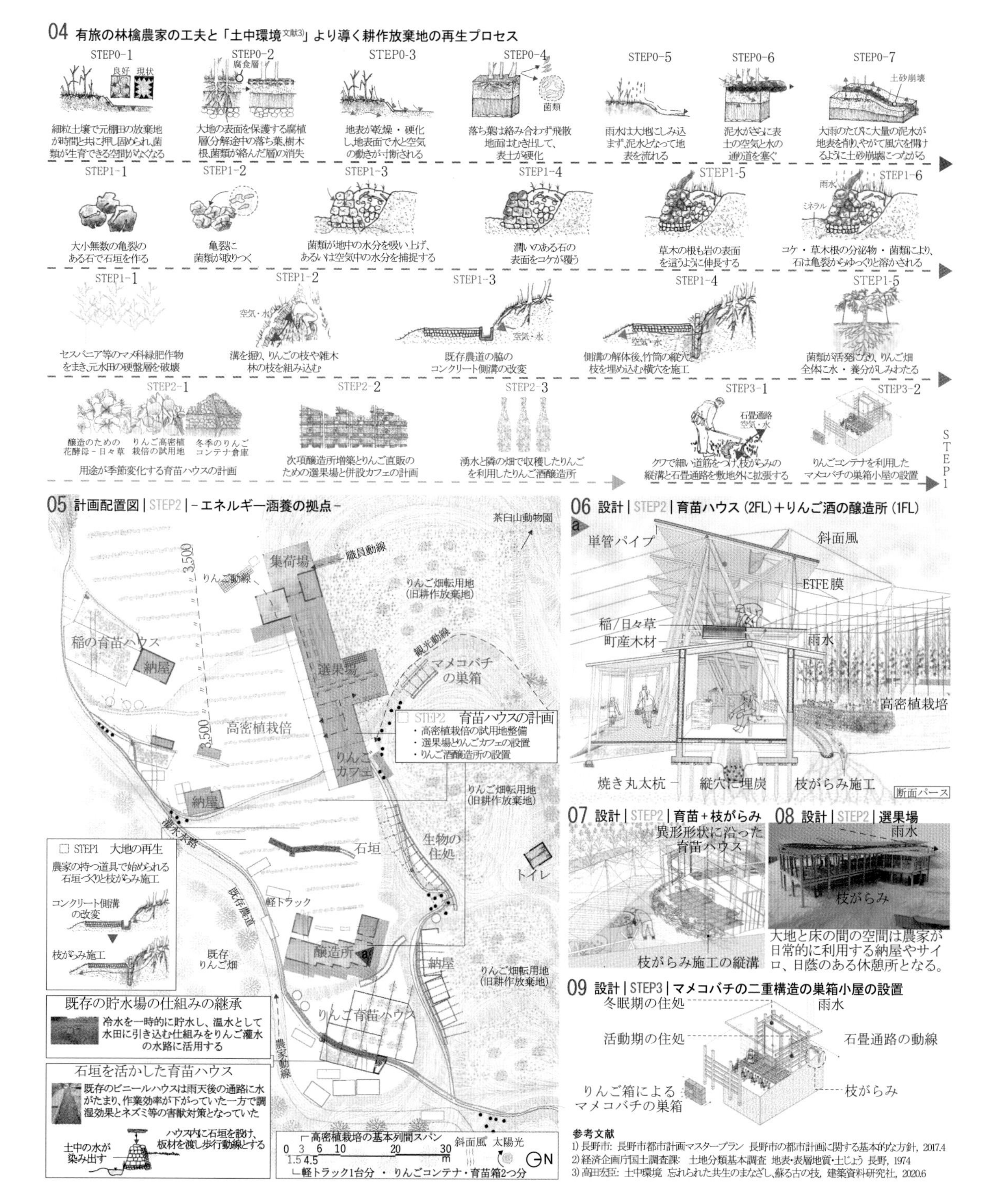

04 有旅の林檎農家の工夫と「土中環境文献3)」より導く耕作放棄地の再生プロセス
STEP0-1
良好 現状
細粒土壌で元棚田の放棄地が時間と共に押し固められ、菌類が生育できる空間がなくなる
STEP0-2
腐食層
大地の表面を保護する腐植層(分解途中の落ち葉、樹木根、菌類が絡んだ層)の消失
STEP0-3
地表が乾燥・硬化し、地表面で水と空気の動きが寸断される
STEP0-4
菌類
落ち葉は絡み合わず飛散地面はむき出して、表土が硬化
STEP0-5
雨水は大地にしみ込まず、泥水となって地表を流れる
STEP0-6
泥水がさらに表土の空気と水の通り道を塞ぐ
STEP0-7
土砂崩壊
大雨のたびに大量の泥水が地表を削り、やがて風穴を開けるように土砂崩壊につながる
STEP1-1
大小無数の亀裂のある石で石垣を作る
STEP1-2
亀裂に菌類が取りつく
STEP1-3
菌類が地中の水分を吸い上げ、あるいは空気中の水分を捕捉する
STEP1-4
潤いのある石の表面をコケが覆う
STEP1-5
草木の根も岩の表面を這うように伸長する
STEP1-6
雨水
ミネラル
コケ・草木根の分泌物・菌類により、石は亀裂からゆっくりと溶かされる
STEP1-1
セスバニア等のマメ科緑肥作物をまき、元水田の硬盤層を破壊
STEP1-2
空気・水
溝を掘り、りんごの枝や雑木林の枝を組み込む
STEP1-3
空気・水
既存農道の脇のコンクリート側溝の改変
STEP1-4
空気・水
側溝の解体後、竹筒の縦穴と枝を埋め込む横穴を施工
STEP1-5
菌類が活発になり、りんご畑全体に水・養分がしみわたる
STEP2-1
醸造のための花酵母－日々草
りんご高密植栽倍の試用地
冬季のりんごコンテナ倉庫
用途が季節変化する育苗ハウスの計画
STEP2-2
次項醸造所増築とりんご直販のための選果場と併設カフェの計画
STEP2-3
湧水と隣の畑で収穫したりんごを利用したりんご酒醸造所
STEP3-1
石畳通路
空気・水
クワで細い道筋をつけ、枝がらみの縦溝と石畳通路を敷地外に拡張する
STEP3-2
りんごコンテナを利用したマメコバチの巣箱小屋の設置
STEP1
05 計画配置図 | STEP2 | －エネルギー涵養の拠点－
茶臼山動物園
3,500
職員動線
集荷場
りんご動線
りんご畑転用地(旧耕作放棄地)
稲の育苗ハウス
納屋
観光動線
マメコバチの巣箱
選果場
高密植栽倍
3,500
STEP2 育苗ハウスの計画
・高密植栽倍の試用地整備
・選果場とりんごカフェの設置
・りんご酒醸造所の設置
りんごカフェ
りんご畑転用地(旧耕作放棄地)
納屋
灌水水路
生物の住処
石垣
トイレ
STEP1 大地の再生
農家の持つ道具で始められる石垣づくりと枝がらみ施工
コンクリート側溝の改変
枝がらみ施工
既存農道
軽トラック
既存りんご畑
醸造所
a
納屋
りんご畑転用地(旧耕作放棄地)
既存の貯水場の仕組みの継承
冷水を一時的に貯水し、温水として水田に引き込む仕組みをりんご灌水の水路に活用する
りんご育苗ハウス
農家動線
石垣を活かした育苗ハウス
既存のビニールハウスは雨天後の通路に水がたまり、作業効率が下がっていた一方で調湿効果とネズミ等の害獣対策となっていた
土中の水が染み出す
ハウス内に石垣を設け、板材を渡し歩行動線とする
高密植栽培の基本列間スパン
0 1.5 4.5 10 20 30 m
軽トラック1台分・りんごコンテナ・育苗箱2つ分
斜面風 太陽光
N
06 設計 | STEP2 | 育苗ハウス(2FL)+りんご酒の醸造所(1FL)
a
単管パイプ
斜面風
ETFE膜
稲/日々草
町産木材
雨水
高密植栽培
焼き丸太杭
縦穴に埋炭
枝がらみ施工
断面パース
07 設計 | STEP2 | 育苗+枝がらみ
異形形状に沿った育苗ハウス
枝がらみ施工の縦溝
08 設計 | STEP2 | 選果場
雨水
枝がらみ
大地と床の間の空間は農家が日常的に利用する納屋やサイロ、日蔭のある休憩所となる。
09 設計 | STEP3 | マメコバチの二重構造の巣箱小屋の設置
冬眠期の住処
雨水
活動期の住処
石畳通路の動線
りんご箱によるマメコバチの巣箱
枝がらみ

参考文献
1) 長野市: 長野市都市計画マスタープラン 長野市の都市計画に関する基本的な方針, 2017.4
2) 経済企画庁国土調査課: 土地分類基本調査 地表・表層地質・土じょう 長野, 1974
3) 高田宏臣: 土中環境 忘れられた共生のまなざし、蘇る古の技, 建築資料研究社, 2020.6

都市・まちづくりコンクール作品集 *Archives*

編著：都市・まちづくりコンクール実行委員会／株式会社 総合資格　発行：株式会社 総合資格

2016 第3回
都市・まちづくり
コンクール in大阪
作品集
総合資格学院

Urban Design & Town Planning
Competition 2017 in OSAKA
2017 第4回
都市・まちづくりコンクール in 大阪
都市・まちづくりコンクール実行委員会［編］
株式会社 総合資格
総合資格学院

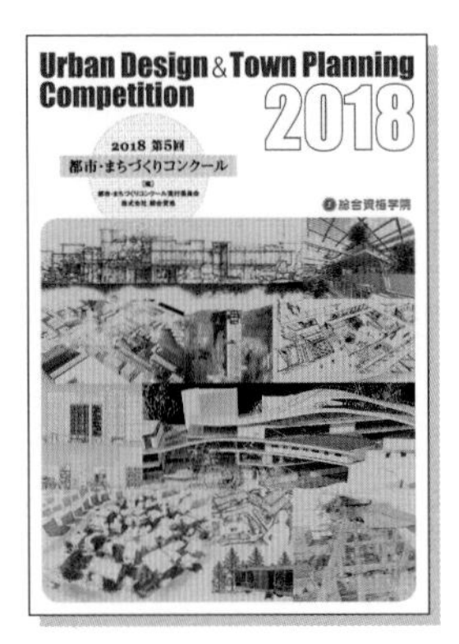
Urban Design & Town Planning
Competition
2018
2018 第5回
都市・まちづくりコンクール
総合資格学院

UD&TP
COMPETITION
都市・まちづくりコンクール
2019
総合資格学院

2020
URBAN DESIGN &
TOWN PLANNING
COMPETITION 2020
2020 第7回 都市・まちづくりコンクール
総合資格学院

1 | 2 | 3
4 | 5

1「2016 第3回 都市・まちづくりコンクール in 大阪」
最優秀賞：『沁透街巷』三文字昌也・下家賢（東京大学）
審査員：小林英嗣／中野恒明／江川直樹／角野幸博／山本俊哉
開催日：2016年3月19日（土）　**会場：**総合資格学院 梅田校　**定価：**770円（税込）

2「2017 第4回 都市・まちづくりコンクール in 大阪」
最優秀賞：『都市型下町』中原比香莉・古久保有香（関西大学）
審査員：小林英嗣／中野恒明／江川直樹／角野幸博
開催日：2017年3月4日（土）　**会場：**関西大学 梅田キャンパス KANDAI Me RISE　**定価：**1,980円（税込）

3「2018 第5回 都市・まちづくりコンクール」
最優秀賞：『こどものまほろば』稲荷悠（東京藝術大学）
審査員：小林英嗣／小林正美／中野恒明／江川直樹／角野幸博／川口とし子／柴田久
開催日：2018年3月13日（火）　**会場：**明治大学 駿河台キャンパス グローバルフロント　**定価：**1,980円（税込）

4「2019 第6回 都市・まちづくりコンクール」
最優秀賞：『スラム自立更新システムの構築』山田将弘（早稲田大学）
審査員：小林英嗣／中野恒明／江川直樹／角野幸博／児玉正孝／小林正美／柴田久／田井幹夫／前田英寿／岸隆司
開催日：2019年3月15日（金）　**会場：**芝浦工業大学 豊洲キャンパス アーキテクチャー・プラザ　**定価：**1,980円（税込）

5「2020 第7回 都市・まちづくりコンクール」
最優秀賞：『百人町のうらみち・まなびみち』朱泳燕（東京理科大学）
審査員：小林英嗣／小林正美／江川直樹／角野幸博／北川啓介／柴田久／鳥山亜紀／中島直人／中野恒明
開催日：2020年3月12日（木）　**会場：**総合資格学院 各校（オンライン開催）　**定価：**1,980円（税込）

総合資格学院 出版サイトにて発売中！
※一部の書店・大学生協・ネット書店でもご購入いただけます
※2016年版は販売を終了しています

都市まちづくりコンクール

Chapter 4

Urban Design & Town Planning Competition 2021 ／ エントリー作品紹介

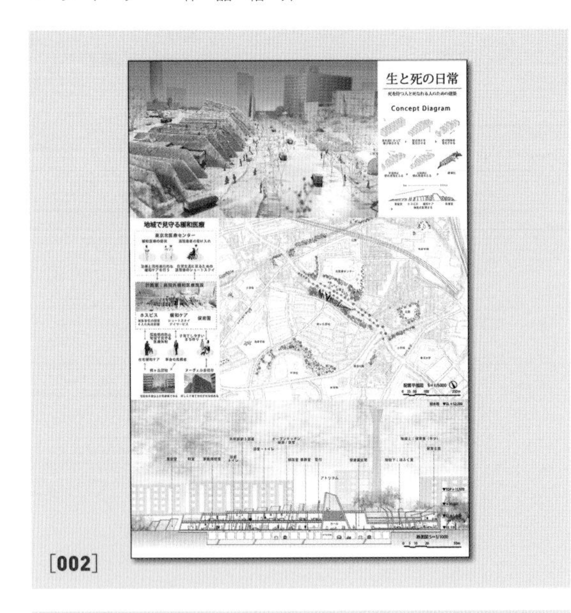
生と死の日常
Concept Diagram
地域で見守る緩和医療

[002]

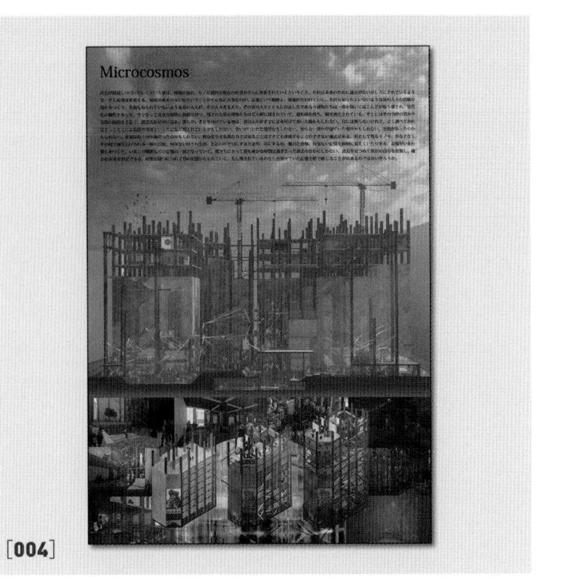
Microcosmos

[004]

[006]

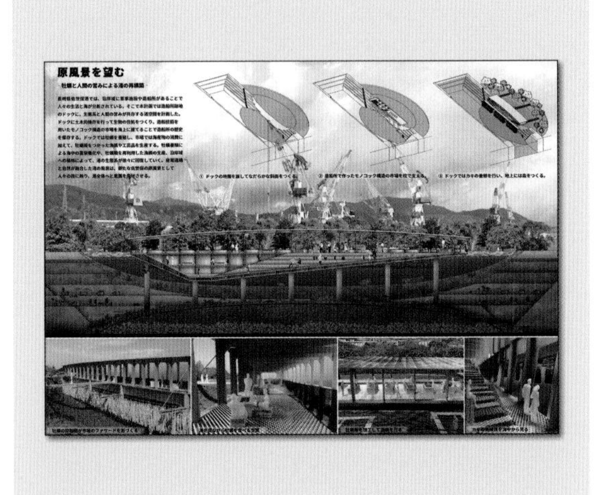
原風景を望む

[007]

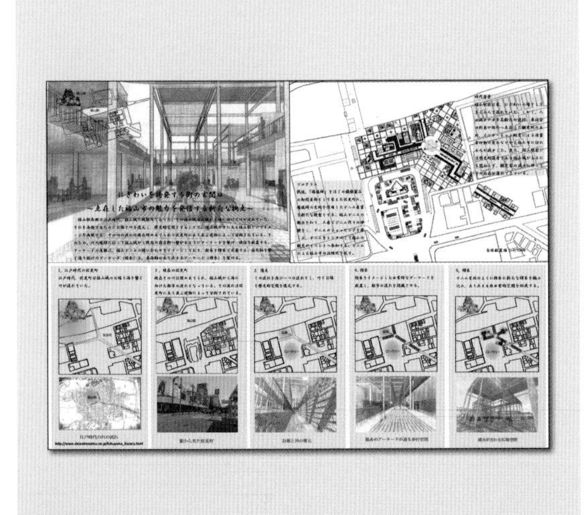

[008]

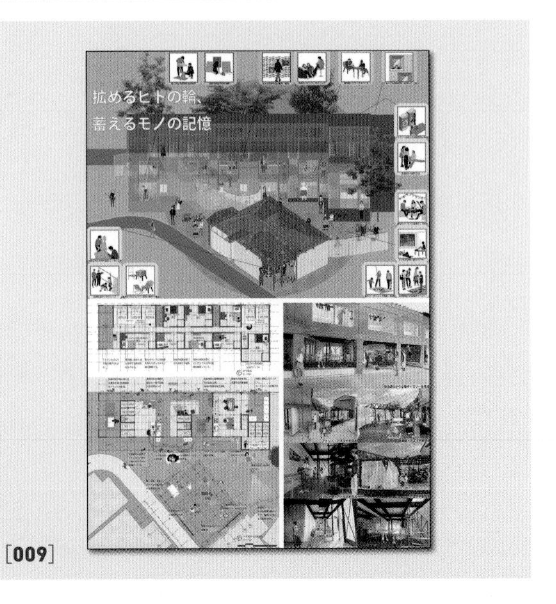
拡めるヒトの輪
蓄えるモノの記憶

[009]

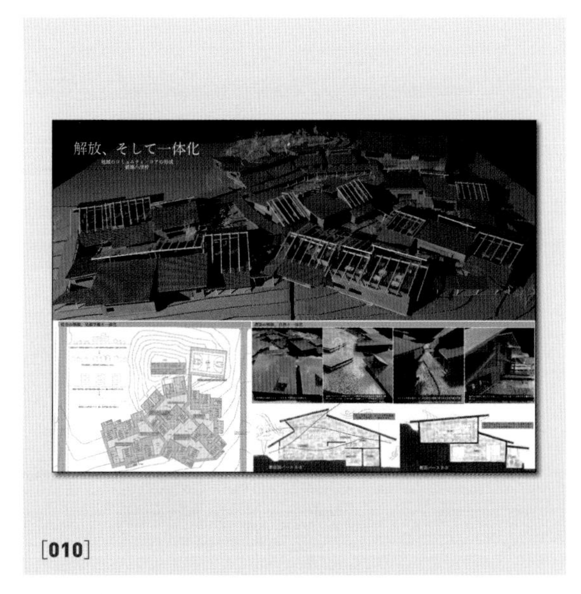
解放、そして一体化

[010]

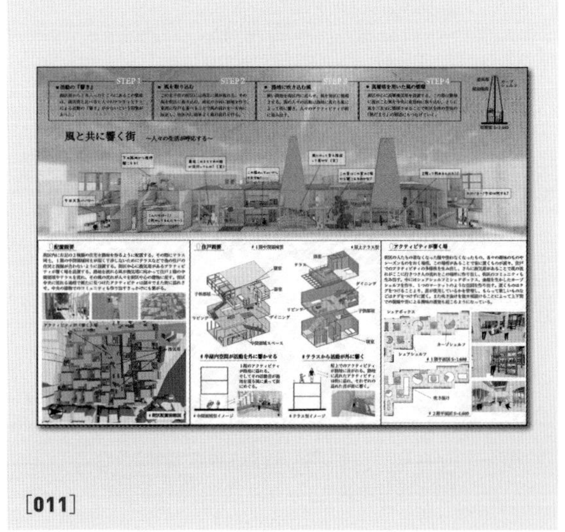
風と共に響く街
STEP 1
STEP 2
STEP 3
STEP 4

[011]

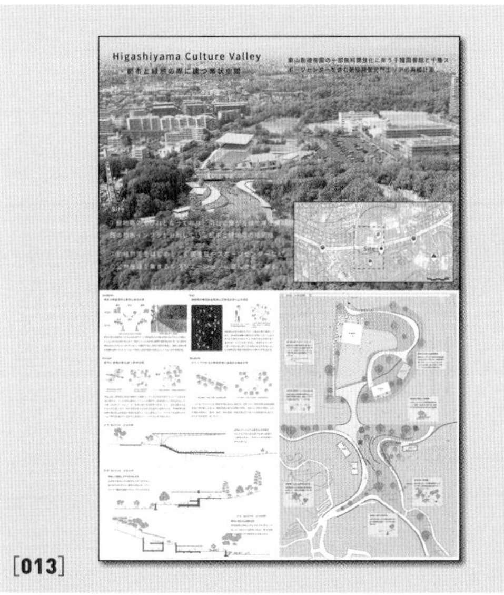
Higashiyama Culture Valley

[013]

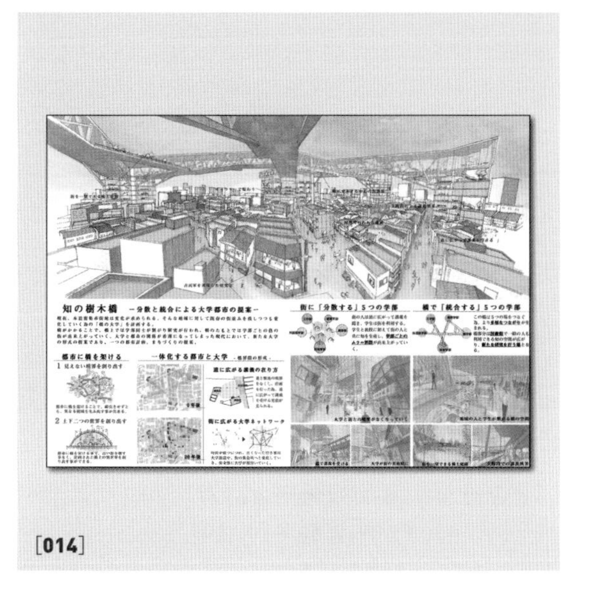
知の樹木橋
都市に橋を架ける
一体化する都市と大学

[014]

002【生と死の日常】西 那巳子[B4]、池田 悠人[B4]、西入 俊太朗[B4] 早稲田大学 創造理工学部 建築学科 古谷研究室、有賀研究室、高口研究室／**004**【Microcosmos】佐藤 春樹[専2] 北海道芸術デザイン専門学校 産業デザイン学部 建築デザイン学科／**006**【静寂からの開放 ～響きで生まれる無限の街づくり～】北村 裕斗[B2] 明治大学 理工学部 建築学科／**007**【原風景を望む -牡蠣と人間の営みによる渚の再構築-】中尾直暉[M1] 早稲田大学大学院 創造理工学研究科 建築学専攻 吉村研究室／**008**【にぎわいを誘発する街の玄関口～点在した福山市の魅力を発信する新たな拠点～】後藤 大志[B4] 広島工業大学 環境学部 建築デザイン学科 平田研究室／**009**【拡めるヒトの輪、蓄えるモノの記憶】林 徹[M1]、水原 優華[M1]、佐藤 颯人[M1] 明治大学大学院 理工学研究科 建築・都市学専攻 建築空間論研究室、建築史・建築論研究室、都市計画研究室／**010**【解放、そして一体化】堀切 貴仁[B3] 法政大学 デザイン工学部 建築学科 小堀研究室／**011**【風と共に響く街～人々の生活が呼応する～】平林 慶悟[B3] 東京電機大学 未来科学部 建築学科 日野建築設計研究室／**013**【Higashiyama Culture Valley - 都市と緑地の際に建つ帯状空間-】村西 凱[B4] 名古屋市立大学 芸術工学部 建築都市デザイン学科 大野研究室／**014**【知の樹木橋 ー分散と統合による大学都市の提案ー】尾崎 彬也[M1] 立命館大学大学院 理工学研究科 環境都市専攻 景観建築研究室

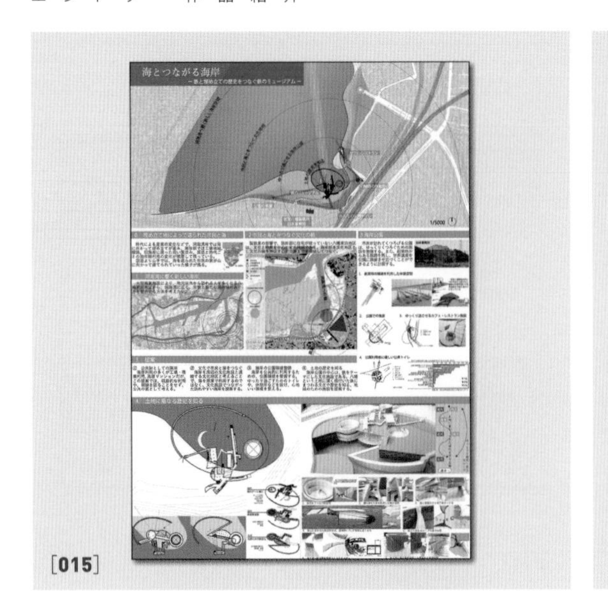
海とつながる海岸

[015]

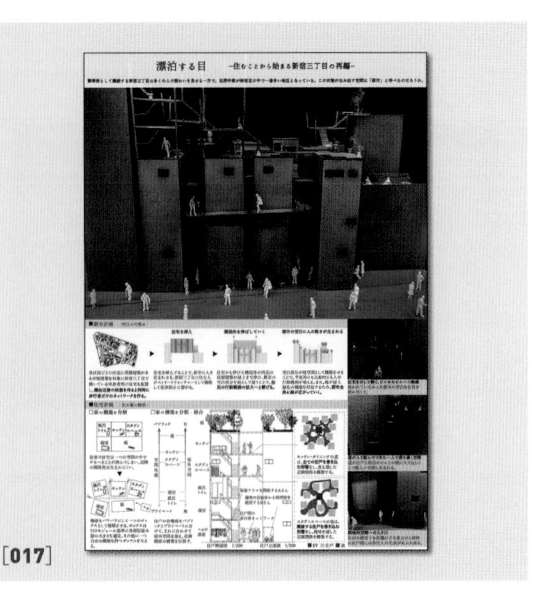
漂泊する目

[017]

メムント・モリ

[018]

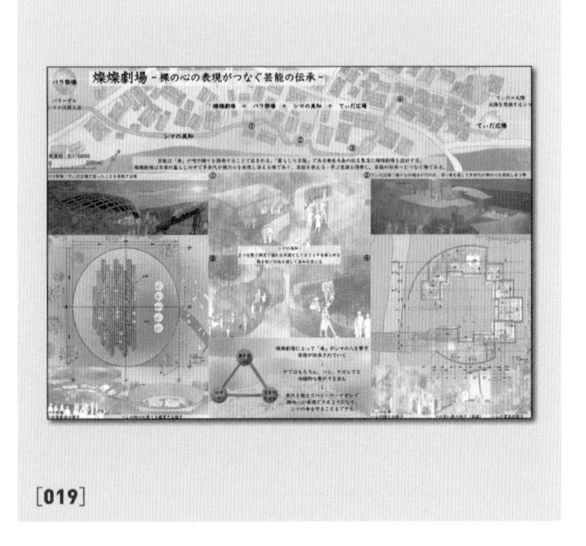
燦燦劇場 –裸の心の表現がつなぐ芸能の伝承–

[019]

015【海とつながる海岸 ―鉄と埋め立ての歴史をつなぐ鉄のミュージアム―】堂脇 榛華［B4］北九州市立大学 国際環境工学部 建築デザイン学科 デワンカー研究室／**017**【漂泊する目-住むことから始まる新宿三丁目の再編-】堤 昂太［M1］日本大学大学院 生産工学研究科 建築工学専攻 北野研究室／**018**【メムント・モリ】安間 理子［M2］北海道大学大学院 工学院 建築都市空間デザイン専攻 建築計画学研究室／**019**【燦燦劇場-裸の心の表現がつなぐ芸能の伝承-】園山 遥穂［B4］、服部 ほの花［B4］、星野 希実［B4］早稲田大学 創造理工学部 建築学科 有賀研究室、山田研究室、高口研究室／**020**【多様な感受を包容するすまい】伊藤 雄大［B4］信州大学 工学部 建築学科 羽藤研究室／ **021**【「街を結ぶ緩い紐帯」ー街と共生する分散型宿泊施設の提案ー】大渕 光佑［B4］東海大学 工学部 建築学科 岩崎研究室／**022**【感染する建築】葛西 健介［B3］、天野 稜［B3］芝浦工業大学 建築学部 建築学科 郷田研究室／**023**【漁業と市民の共鳴 ー中心市街地近傍に位置する漁港のリノベーションー】小林 美穂［B4］芝浦工業大学 建築学部 建築学科 都市デザイン研究室

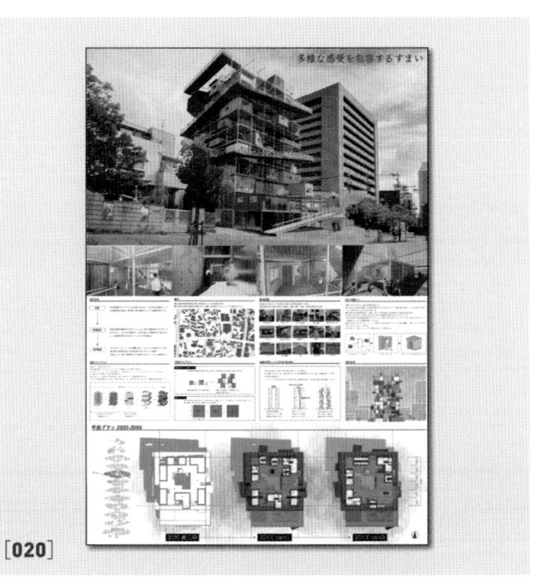
多様な感受を包容するすまい

[020]

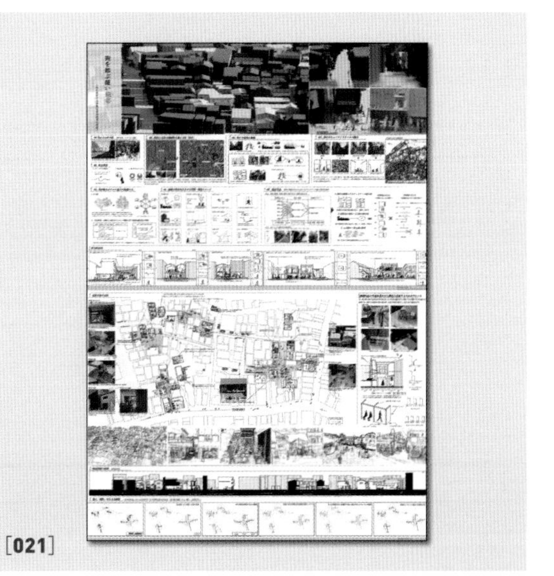

[021]

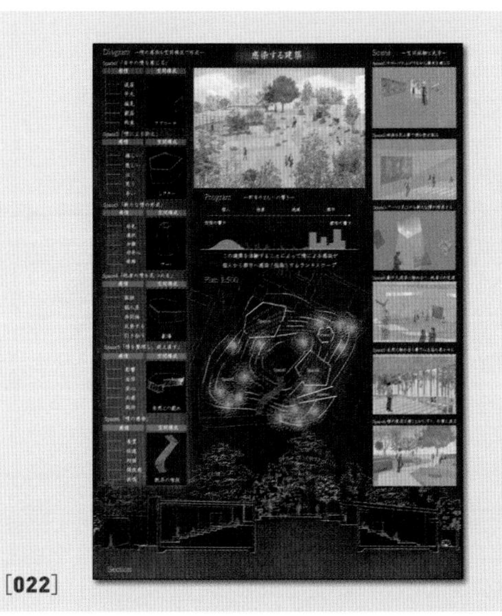

[022]

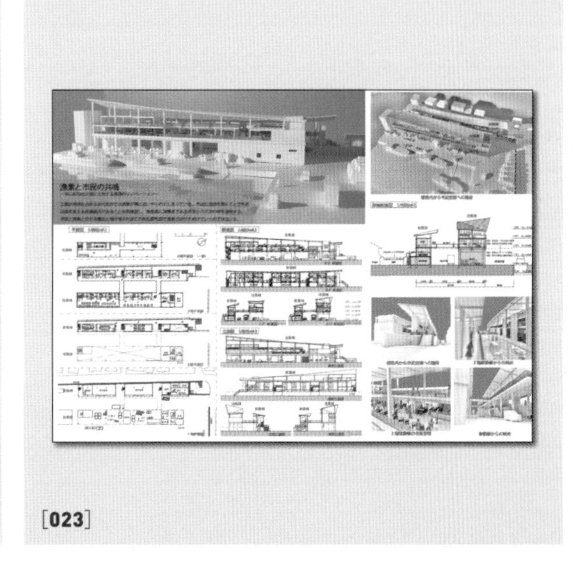
漁業と市民の共鳴

[023]

[024]

まちの内的秩序を描く

[025]

これは、都市の価値と都市デザインの
新しいカタチのための、ひとつの試みである。
風を観ていたら、道が生まれた…

[027]

024【茨木径界隈~自動車交通中心の街から人中心の街へ~】櫻井 源[M1] 立命館大学大学院 理工学研究科 環境都市専攻 景観建築研究室／**025**【まちの内的秩序を描く　ー意図せずできた魅力的な空間から導く住まいの提案ー】中野 紗希[B4] 立命館大学 理工学部 建築都市デザイン学科 景観建築研究室／**027**【風を観ていたら、道が生まれた…。ー都市と共生する風の道ー】山崎 理子[B4] 大阪工業大学 ロボティクス&デザイン工学部 空間デザイン学科 建築計画研究室／**028**【都市の狭間 地域交流のための複合図書館と都市の中庭】土屋 洸介[M1] 大阪工業大学大学院 ロボティクス&デザイン工学研究科 ロボティクス&デザイン工学専攻 建築計画研究室／**029**【生死一如　ー街と接続し再構築される高架下空間ー】中川 遼[B4] 立命館大学 理工学部 建築都市デザイン学科 建築計画研究室／**031**【Koshien Valley ―回遊性をもたらすストリート―】樋口 聡介[M1] 京都工芸繊維大学大学院 工芸科学研究科 建築学専攻 阪田研究室／**032**【Forest of book ～本・本棚でサードプレイス化する幼老複合施設～】饗庭 優樹[B3] 立命館大学 理工学部 建築都市デザイン学科 建築意匠研究室／**033**【金山団/段地　-台地の上下を繋ぐように既存のマンションをリノベーションする】佐藤 翔人[B3]、中尾 太一[B3]、木地 佑花[B3] 名古屋市立大学 芸術工学部 建築都市デザイン学科 伊藤研究室／**035**【劇団地 -暮らしの中に点在する都市リアリティ-】谷嵜 音花[B4] 明治大学 理工学部 建築学科 構法計画研究室

都市の狭間 ―― 地域交流のための複合図書館と都市の中庭

[028]

[029]

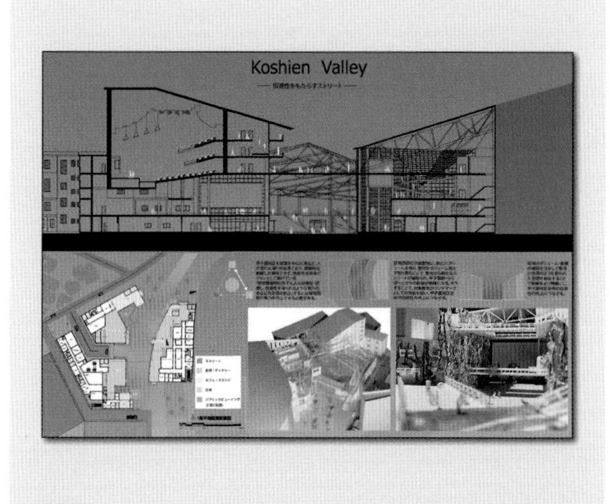
Koshien Valley

[031]

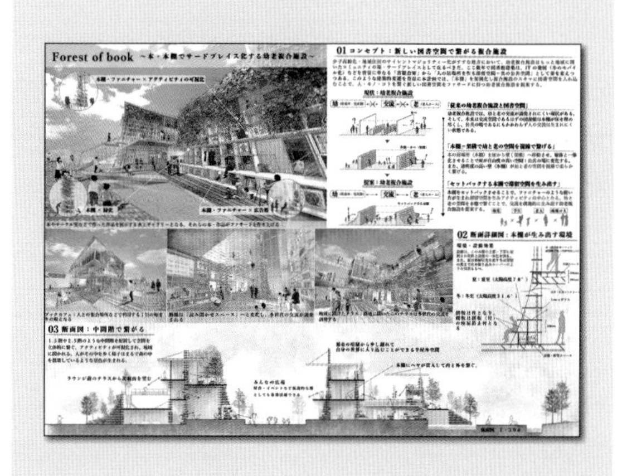
Forest of book
01 コンセプト：新しい図書空間で繋がる複合施設
02 断面詳細図：本棚が生み出す環境
03 断面図：中間階で繋がる

[032]

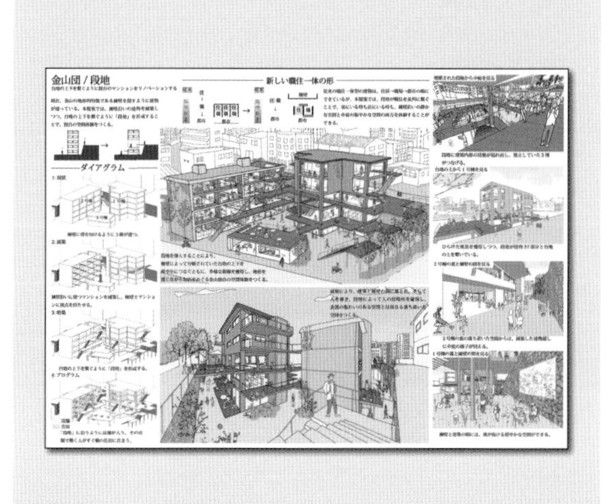
金山団/段地
新しい職住一体の形
ダイアグラム

[033]

[035]

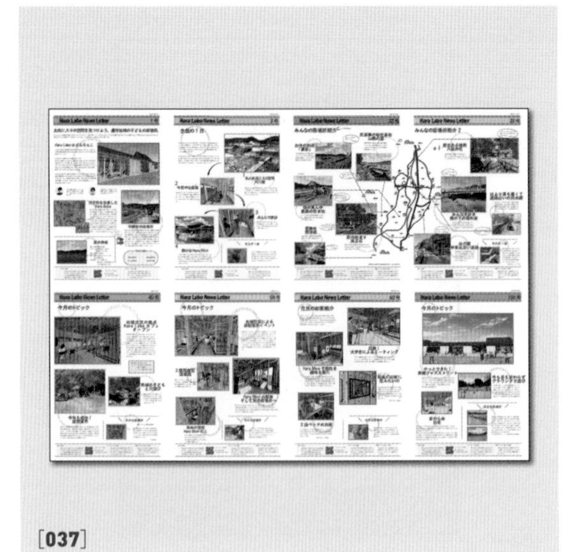

[037]

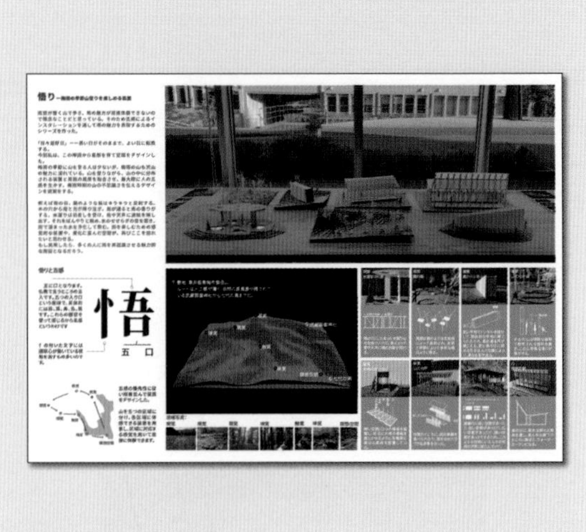

[038]

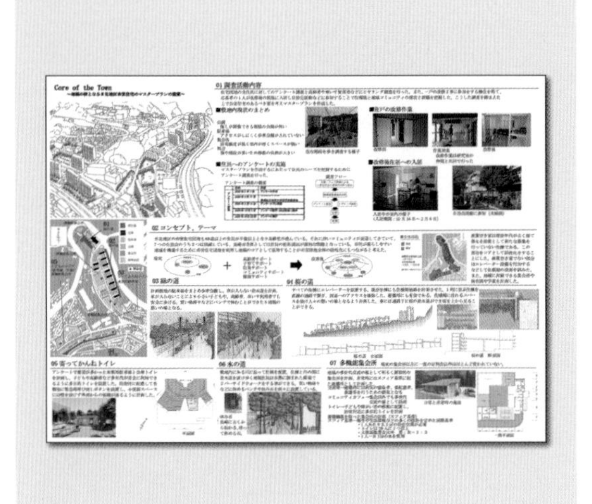
Core of the Town

[039]

ラヂヲな都市

[040]

つながりの根を張る

[041]

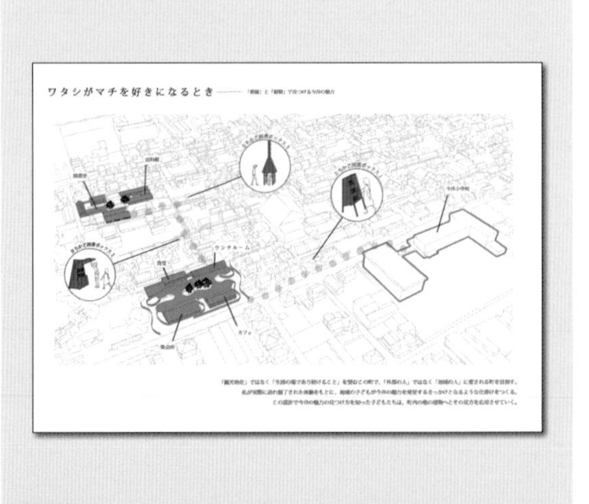
ワタシがマチを好きになるとき

[042]

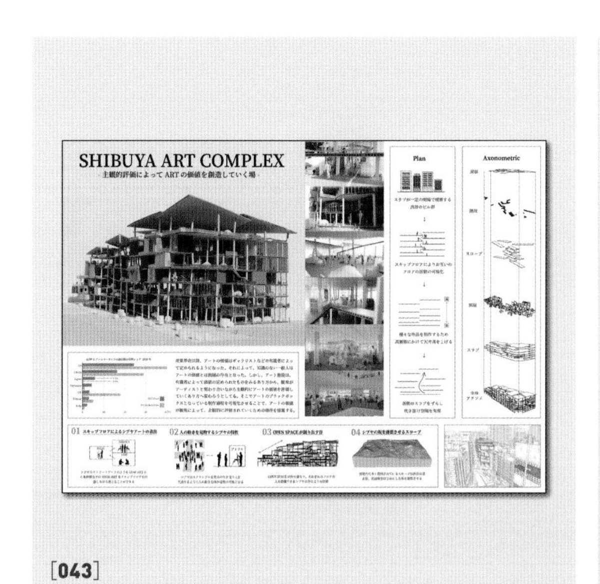
SHIBUYA ART COMPLEX
主観的評価によって ARTの価値を創造していく場
Plan
Axonometric

[043]

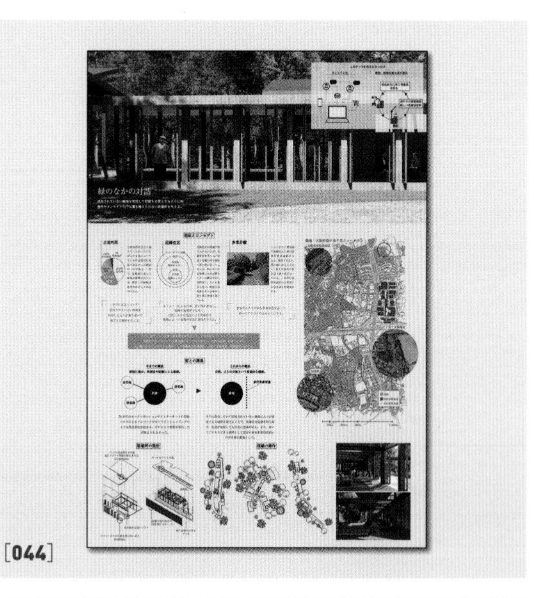
緑のなかの対話

[044]

[045]

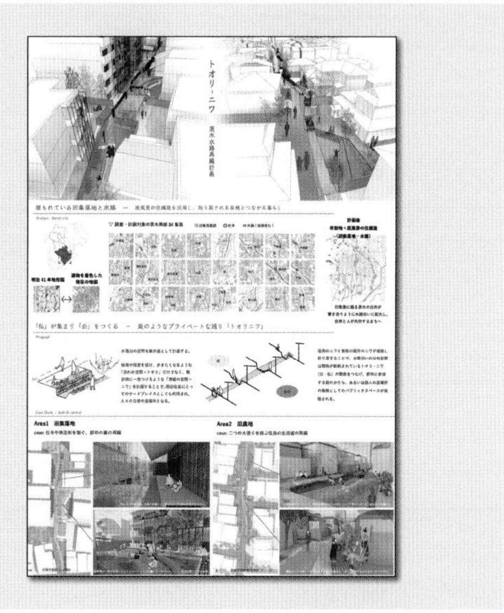

[046]

037【Hara Labo ～居場所地帯とはお気に入り空間の集合体～】布施 和樹［B4］大阪市立大学 工学部 建築学科 建築計画研究室／**038**【悟り―梅雨の季節山登りを楽しめる装置】劉 丁源［B4］多摩美術大学 美術学部 環境デザイン学科 枡野研究室／**039**【Core of the Town~地域の核となる日見地区市営住宅のマスタープランの提案~】大原 正義［B4］、吉田 朱里［B4］長崎総合科学大学 工学部 工学科 橋本研究室／**040**【ラヂオな都市　観光地図のないネオツーリズムの提案:上毛かるたの回路性】川端 知佳［B4］東北大学 工学部 建築・社会環境工学科 都市・建築デザイン学講座 都市デザイン学分野／**041**【つながりの根を張る】高島田 礼［B3］、桜井 悠樹［B3］、佐々木 廉［B3］工学院大学 建築学部 建築学科 藤木研究室、鈴木研究室、星研究室／**042**【ワタシがマチを好きになるとき＿＿「動線」と「視線」で見つける今井の魅力】樋口 琴美［B4］京都工芸繊維大学 工芸科学部 デザイン建築学課程 大田中川研究室／**043**【SHIBUYA ART COMPLEX　-主観的評価によってARTの価値を創造していく場-】花房 秀華［B4］、竹俣 飛龍［B4］、竹内 和宏［B4］早稲田大学 創造理工学部 建築学科 古谷・藤井研究室、有賀研究室、前田研究室／**044**【緑のなかの対話】北條 雅史［B4］京都工芸繊維大学 工芸科学部 デザイン建築学科 松隈研究室／**045**【弔いの鉦(かね)が響くまちへ -地区のヨコ道から始める精霊流し-】南 拓海［M1］横浜国立大学大学院 都市イノベーション学府 建築都市文化専攻 Y-GSA／**046**【トオリ-ニワ　茨木水路再編計画】荻 智隆［M1］立命館大学大学院 理工学研究科 環境都市専攻 景観建築研究室

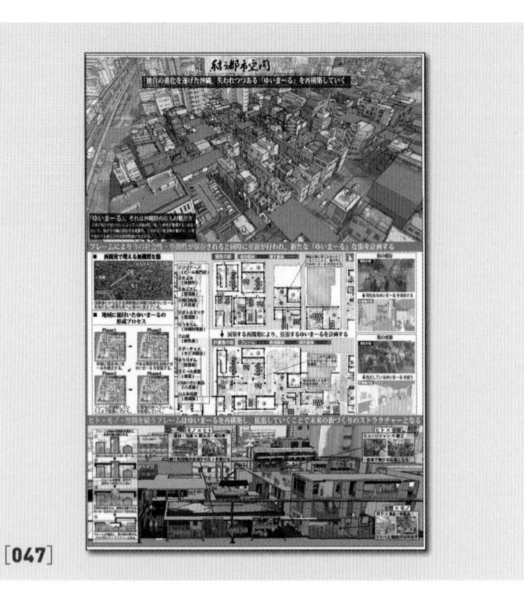
結郷市空間
独自の進化を遂げた沖縄、失われつつある「ゆいまーる」を再構築していく

[047]

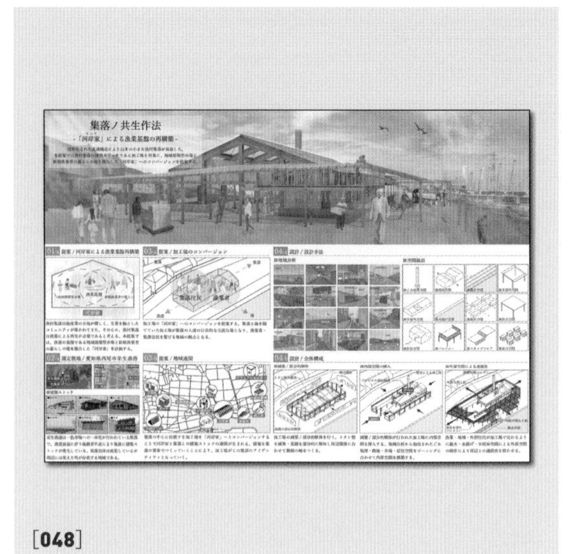
集落ノ共生作法
-「河岸家」による漁業拠点の再構築-

[048]

下北沢黒番街

[049]

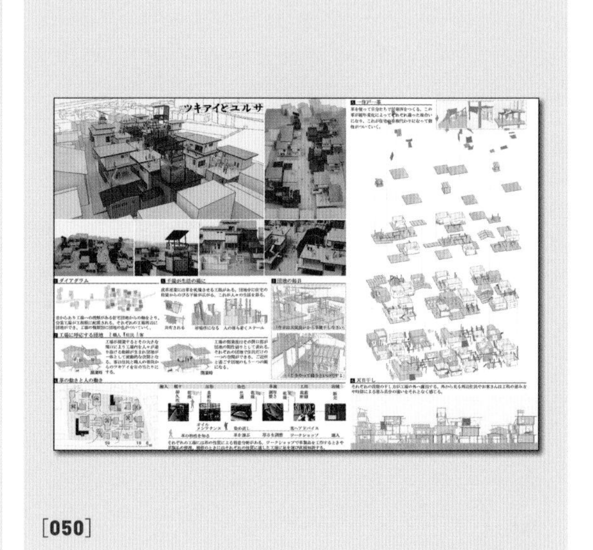
ツキアイとユルサ

[050]

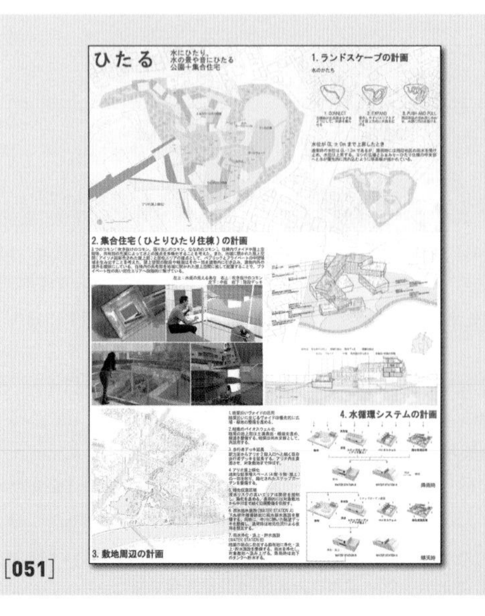
ひたる
水にひたり、水の景や音にひたる公園＋集合住宅
1. ランドスケープの計画
2. 集合住宅（ひとりひたり住棟）の計画
3. 敷地周辺の計画
4. 水循環システムの計画

[051]

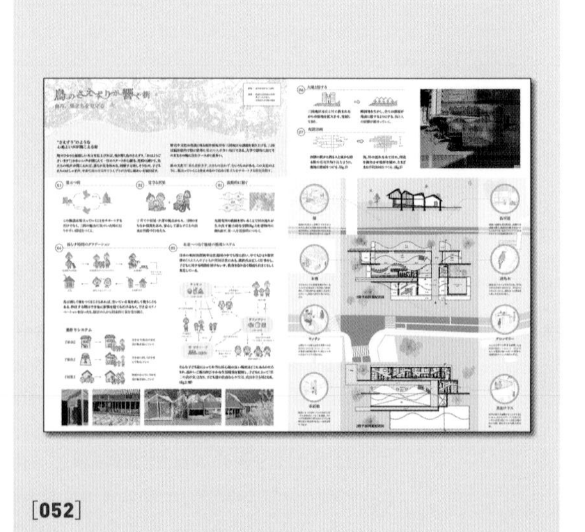

[052]

047【結う都市空間】谷口 祐啓[M1] 立命館大学大学院 理工学研究科 環境都市専攻 建築都市デザインコース 建築計画研究室／**048**【集落ノ共生作法 -「河岸家」による漁業基盤の再構築-】林 佑樹[B4] 愛知工業大学 工学部 建築学科 安井研究室／**049**【下北沢零番街】浦上 龍兵[B3] ものつくり大学 技能工芸学部 建築学科 今井研究室／**050**【ツキアイとユルサ】藤原 柊一[B4] 九州大学 工学部 建築学科 志賀研究室／**051**【ひたる -水にひたり、水の景や音にひたる公園＋集合住宅-】畑岡 愛佳[B4] 東京大学 工学部 都市工学科 都市デザイン研究室／**052**【鳥のさえずりが響く街】宇佐美 芽泉[B3] 福井工業大学 環境情報学部 デザイン学科 三寺研究室／**053**【商店街交響Workers】角谷 優太[B3] 芝浦工業大学 建築学部 建築学科／**054**【音を刻む　街中に点在する楽譜図書館】上原 のぞみ[B4]、田崎 未空[B4]、中島 慶樹[B4] 早稲田大学 創造理工学部 建築学科 早部研究室、田邉研究室、古谷・藤井研究室／**055**【忘れない、けれど生きるということ。】森 風香[B4] 大阪市立大学 生活科学部 居住環境学科 都市計画研究室 ／**057**【許容の形　ー地方・文化・距離ー】塚本 拓水[B4] 日本大学 工学部 建築学科 建築計画研究室

商店街交響 Workers
[053]

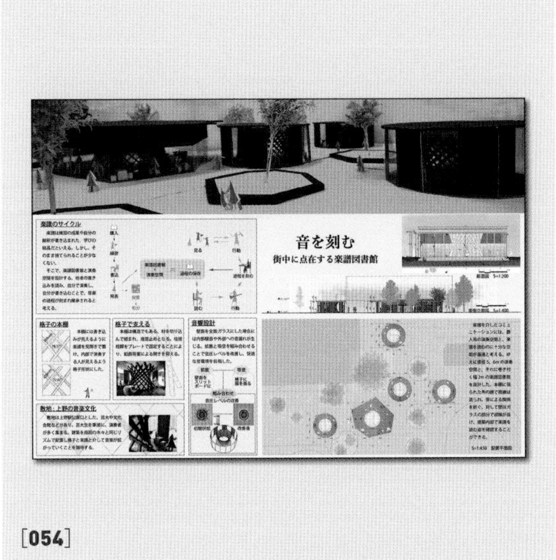
音を刻む
街中に点在する楽譜図書館
[054]

忘れない、けれど生きるということ。
生きるために忘れる都市。
死角での開発。
北大門
町宿
[055]

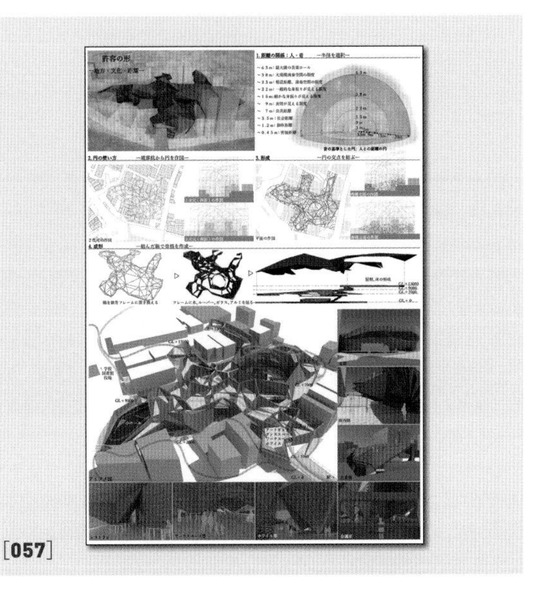
許容の形
[057]

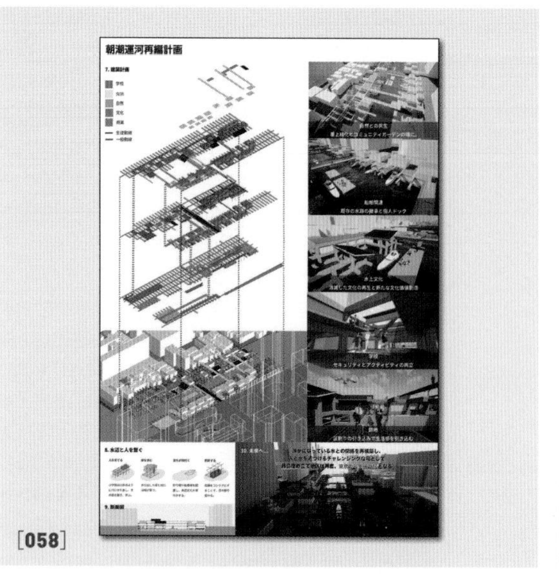
朝潮運河再編計画

[058]

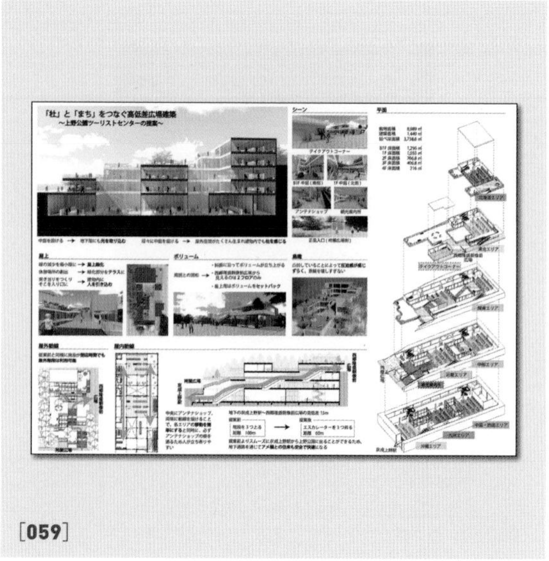
「杜」と「まち」をつなぐ高低差広場建築
～上野公園ツーリストセンターの提案～

[059]

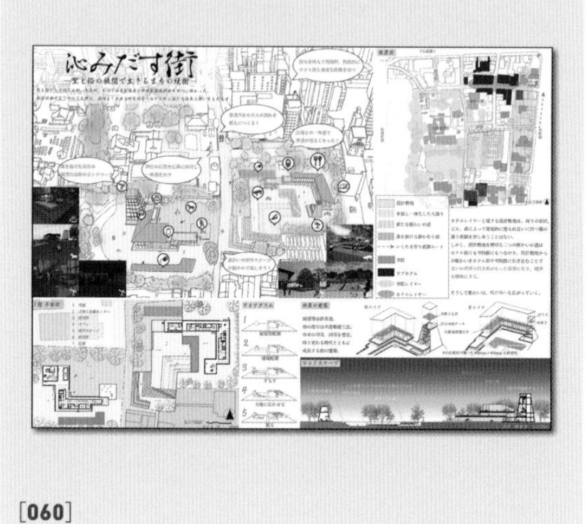
沁みだす街

[060]

[061]

058【朝潮運河再編計画】中畑 佑真[M1]、林 和輝[M1]、藤原 裕子[M1] 千葉大学大学院 融合理工学府 地球環境科学専攻 都市計画研究室／**059**【「杜」と「まち」をつなぐ高低差広場建築 ～上野公園ツーリストセンターの提案～】安慶名 駿太[B4] 芝浦工業大学 建築学部 建築学科 都市デザイン研究室／**060**【沁みだす街-聖と俗の狭間で生きるまちの緩衝-】中山 結衣[B4] 京都工芸繊維大学 工芸科学部 デザイン・建築学課程 米田・中村研究室／**061**【結水の郷】徳畑 菜々[B3]、福原 ほのか[B3]、鈴木 大河[B3]、山崎 拓[B3]、檀崎 心風[B3]、本田 有紗[B3] 長岡造形大学 造形学部 建築環境デザイン 佐藤研究室／**062**【新宿プロムナード計画】赤木 拓真[B4] 東京大学 工学部 建築学科 権藤研究室／**063**【山手の翼廊】川本 純平[M2] 慶應義塾大学大学院 理工学研究科 開放環境科学専攻 ラドヴィッチ研究室／**064**【総湯に集う～地方における外国人居住者と地域住民のつながりを考える～】上野山 波粋[B4] 芝浦工業大学 建築学部 建築学科 プロジェクトデザイン研究室／**066**【図らずも、序章。ー都市における「本との出会い」を生む偶発的空間の提案ー】旭 智哉[B4] 神戸大学 工学部 建築学科 栗山研究室／**067**【インフラが走る斜面の街 -再開発に対する建築の介入とその意図-】井川 日生李[B4] 関東学院大学 建築環境学部 建築環境学科 柳澤研究室／**068**【あてまげ道の先に。-伝統的な街路形態を活用したまちづくり-】浅野 愛莉[B4] 大阪工業大学 ロボティクス&デザイン工学部 空間デザイン学科 建築デザイン研究室

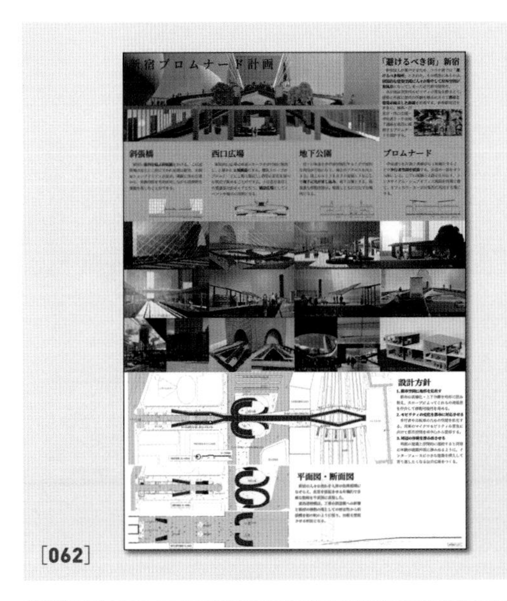

[062]

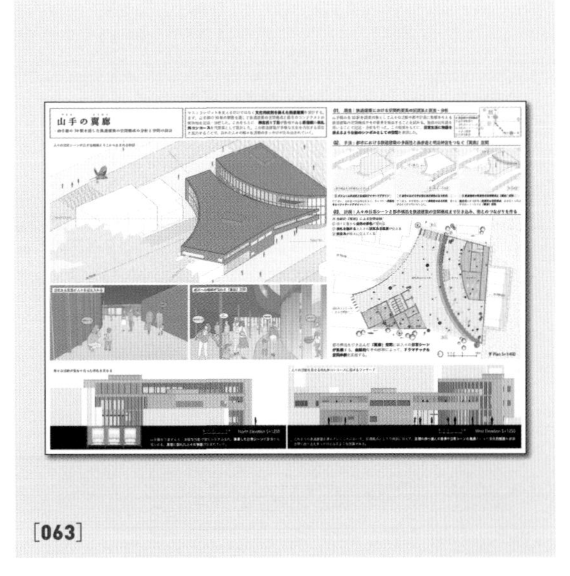
山手の翼廊

[063]

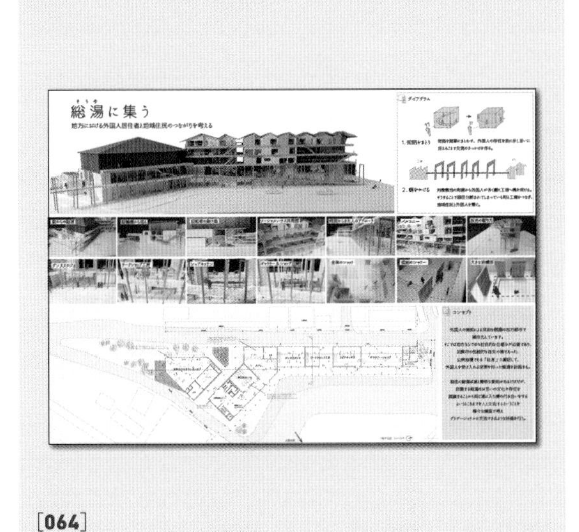
総湯に集う

[064]

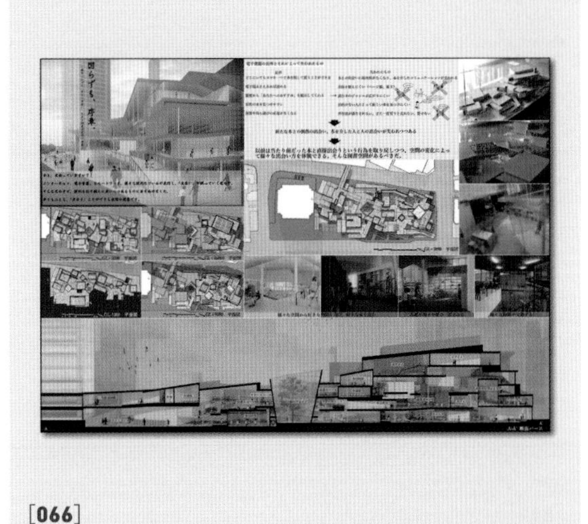

[066]

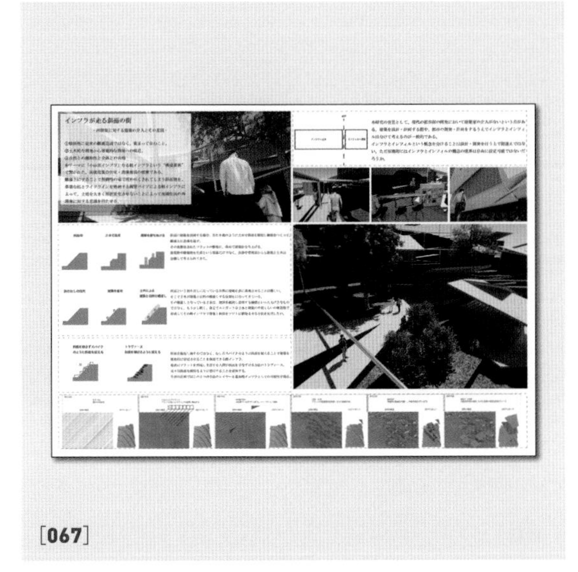

[067]

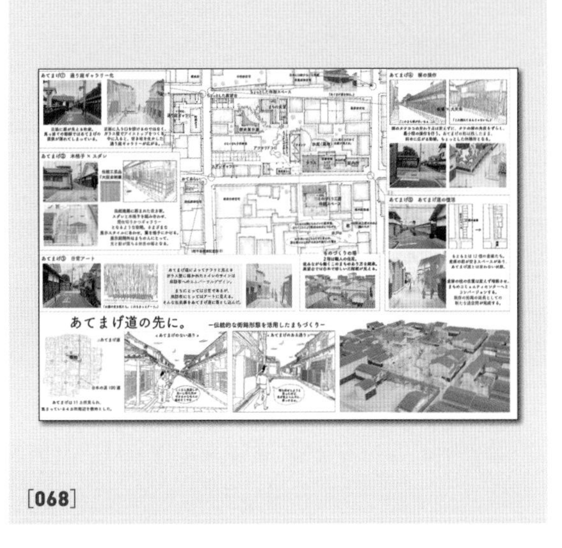
あてまげ道の先に。

[068]

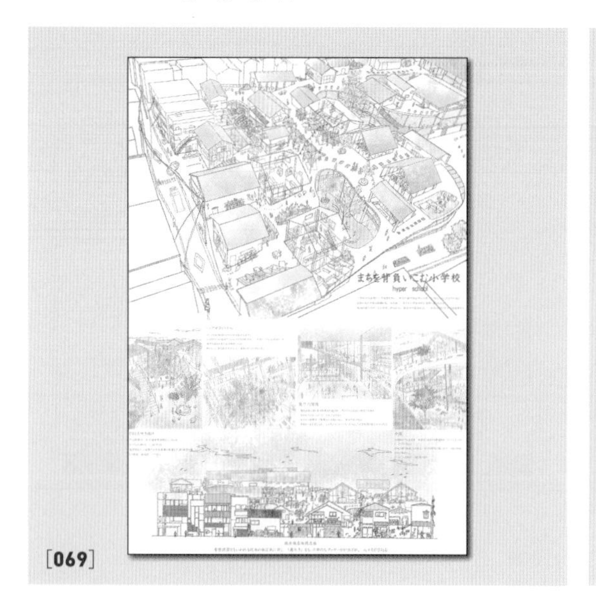
まちを背負いこむ小学校
hyper school

[069]

池袋サンクチュアリ
ーゴミと共に歩むー

[071]

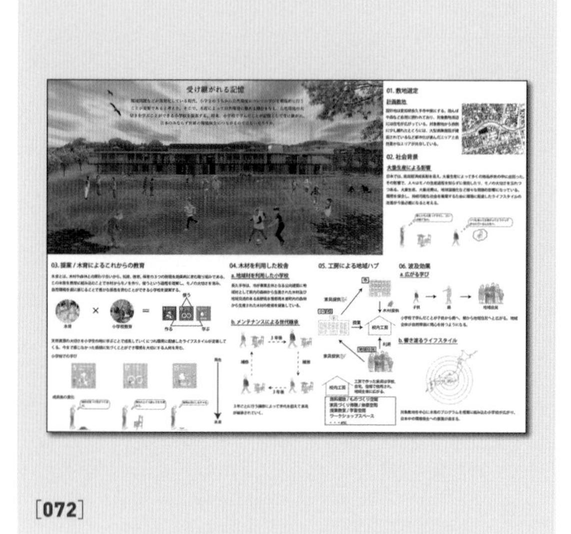
受け継がれる記憶

[072]

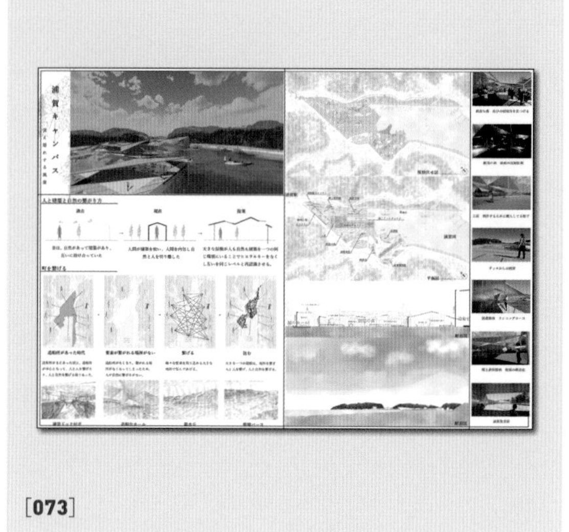

[073]

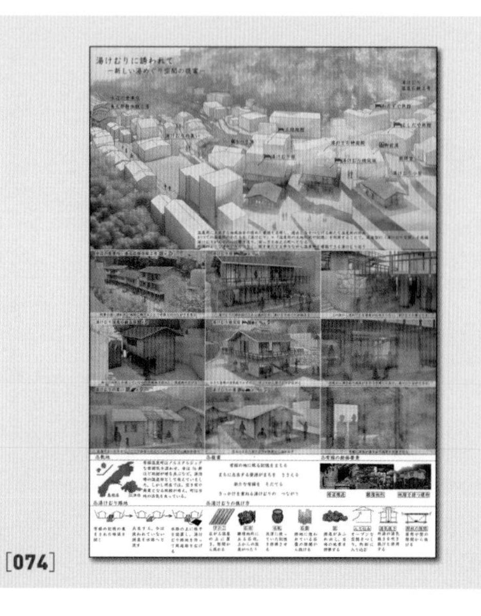
湯けむりに誘われて

[074]

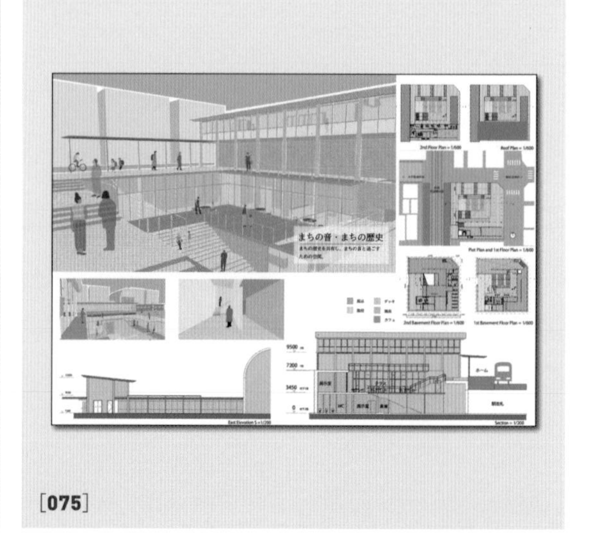
まちの音・まちの歴史

[075]

波のゆくえ
先人たちの声が響く。
潮騒が響く。
住民の声が響く。
まちに響く。

[076]

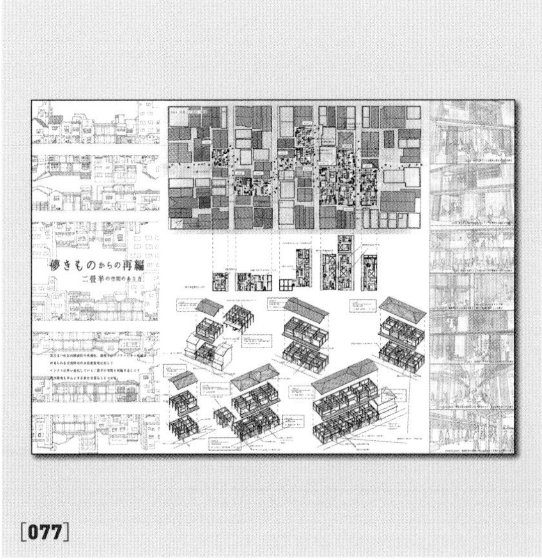

[077]

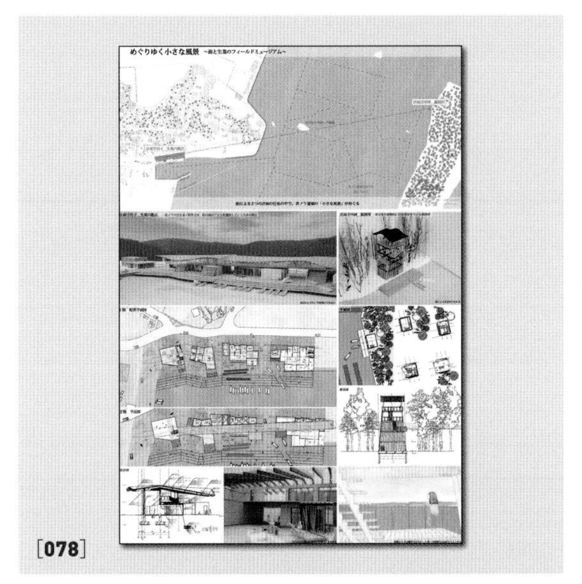

[078]

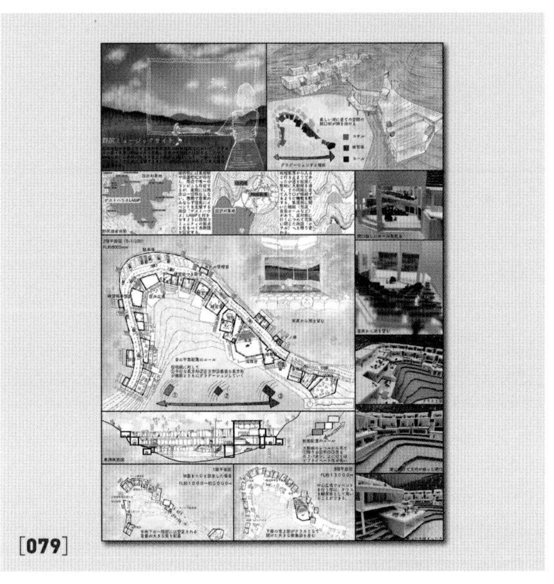

[079]

069【まちを背負いこむ小学校】笹原 瑠生[B3] 早稲田大学 創造理工学部 建築学科 有賀研究室／**071**【池袋サンクチュアリ ーゴミと共に歩むー】上杮 光平[B4]、高橋 知希[B4]、赤間 悠斗[B4] 早稲田大学 創造理工学部 建築学科 有賀研究室、小岩研究室、長谷見研究室／**072**【受け継がれる記憶】永嶋 太一[B3] 愛知工業大学 工学部 建築学科 安井研究室／**073**【浦賀キャンパス ～見え隠れする風景～】野口 航[B4] 関東学院大学 建築環境学部 建築環境学科 柳澤研究室／**074**【湯けむりに誘われて -新しい湯めぐり空間の提案-】丹野 友紀子[B4] 島根大学 総合理工学部 建築生産設計工学科 井上研究室／**075**【まちの音・まちの歴史】八十川 天音[B3] 京都府立大学 生命環境学部 環境デザイン学科 建築計画学研究室／**076**【波のゆくえ 震災から10年、安心と豊かな景観の両立について問う。】門倉 多郎[B3]、寺岡 宗一郎[B3] 芝浦工業大学 建築学部 建築学科 前田研究室、郷田研究室／**077**【儚きものからの再編　二畳半の空間のあり方】長岡 杏佳[B4] 法政大学 デザイン工学部 建築学科 赤松研究室／**078**【めぐりゆく小さな風景 ～潟と生業のフィールドミュージアム～】村井 遥[B4]、吉田 悠哉[B4]、田中 大貴[B4] 早稲田大学 創造理工学部 建築学科 後藤研究室、古谷・藤井研究室、早部研究室／**079**【野尻ミュージックサイト】森田 修平[M1] 信州大学大学院 総合理工学研究科 工学専攻 建築学分野 寺内研究室

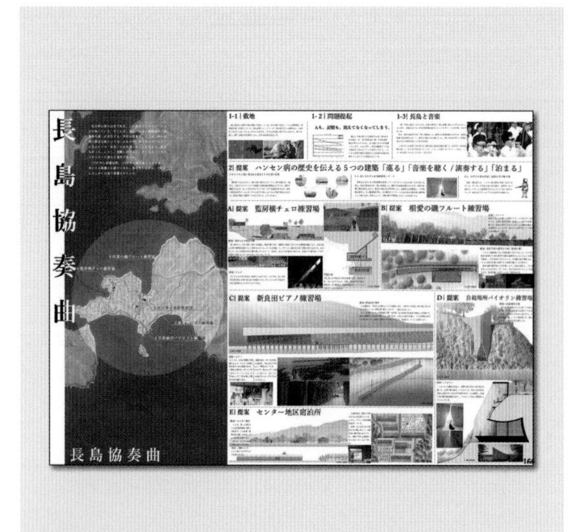
長島協奏曲
1-1 敷地
1-2 問題提起
1-3 長島と音楽
2 提案　ハンセン病の歴史を伝える５つの建築「巡る」「音楽を聴く／演奏する」「泊まる」
A 提案　監房横チェロ練習場
B 提案　相愛の磯フルート練習場
C 提案　新良田ピアノ練習場
E 提案　センター地区宿泊所
長島協奏曲

[080]

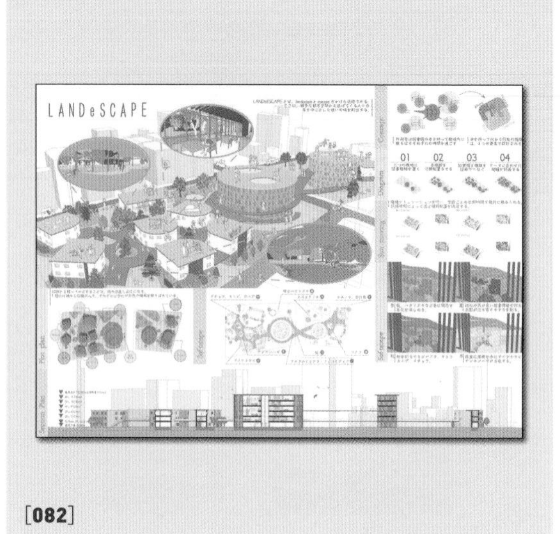
LANDeSCAPE

[082]

湯を浴み、街を編む

[085]

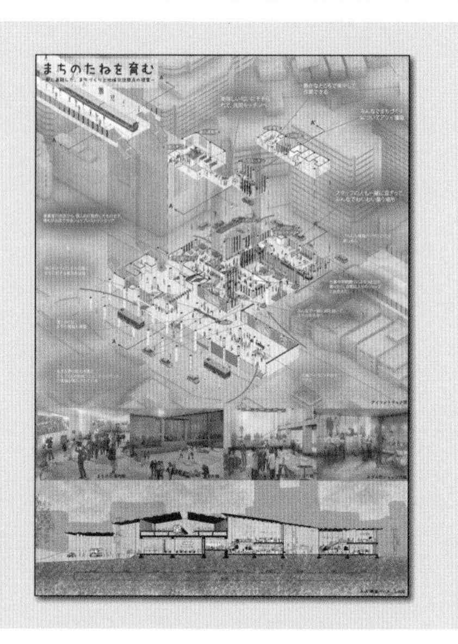
まちのたねを育む

[086]

080【長島協奏曲】篠山 航大［B4］神戸大学 工学部 建築学科 遠藤研究室／**082**【LANDeSCAPE】李 一諾［B3］、畑板 梢［B3］、淺井 希光［B3］、熊谷 勇輝［B3］九州大学 工学部 建築学科／**085**【湯を浴み、街を編む ―温泉観光地で働くライフスタイル―】鈴木 啓大［B4］芝浦工業大学 建築学部 建築学科 山代研究室／**086**【まちのたねを育む ―駅に直結した、まちづくりと地域交流拠点の提案】萩生田 汐音［B4］東京工業大学 工学部 建築学系 那須研究室／**087**【記憶の欠片をそっとすくう 人間魚雷「回天」の歴史を巡る出会いと別れの島】磯永 涼香［B4］東洋大学 ライフデザイン学部 人間環境デザイン学科 櫻井研究室／**088**【富岡再考計画 -世界遺産のあるまちが抱える課題への提案-】根岸 大祐［B4］秋田県立大学 システム科学技術学部 建築環境システム学科 込山研究室／**089**【WORKSCAPESTUDY-神田すずらん通りの新しいカタチ-】白鳥 蘭子［B4］長岡造形大学 造形学部 建築環境デザイン学科 佐藤研究室／**090**【集う家々】大野 裕崇［専4］浅野工学専門学校 建築工学科／**091**【本でうまれる ―本で生まれる出会いと本で埋まれる建築―】福村 玲奈［B4］東京理科大学 理工学部 建築学科 垣野研究室／**092**【インダストリアルなインセンティブ―日々の暮らしと溶け合った働き方―】鎌田 栞［B4］東京理科大学 理工学部 建築学科 垣野研究室

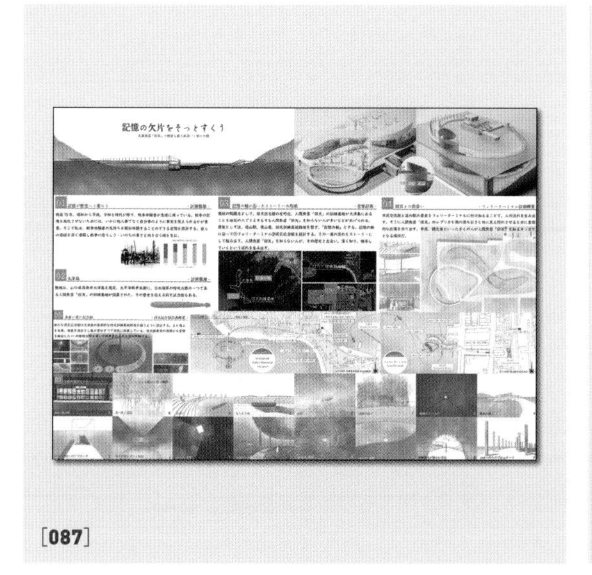
記憶の欠片をそっとすくう

[087]

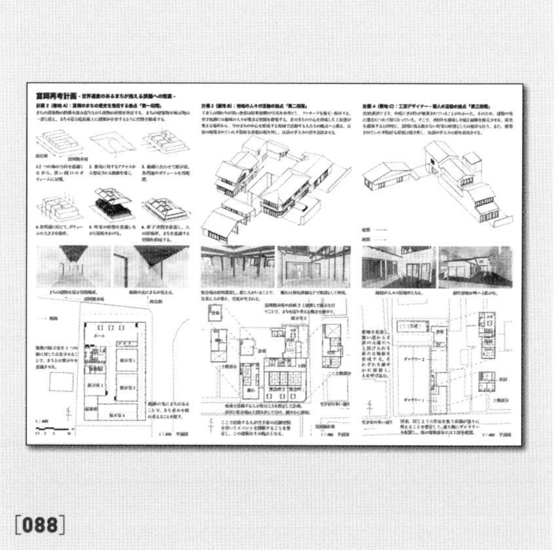
富岡再考計画 - 世界遺産のあるまちが抱える課題への提案 -

[088]

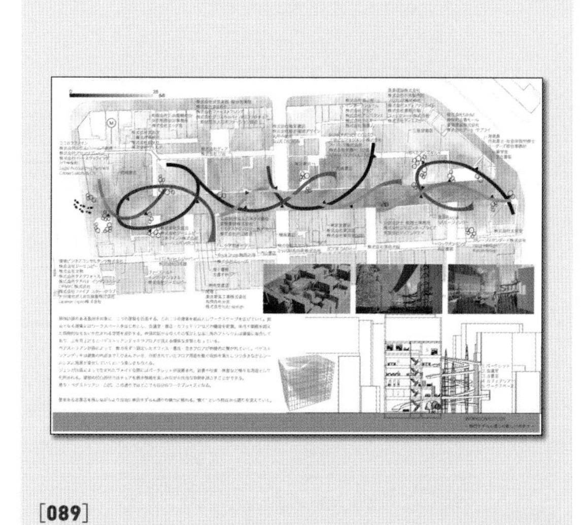

[089]

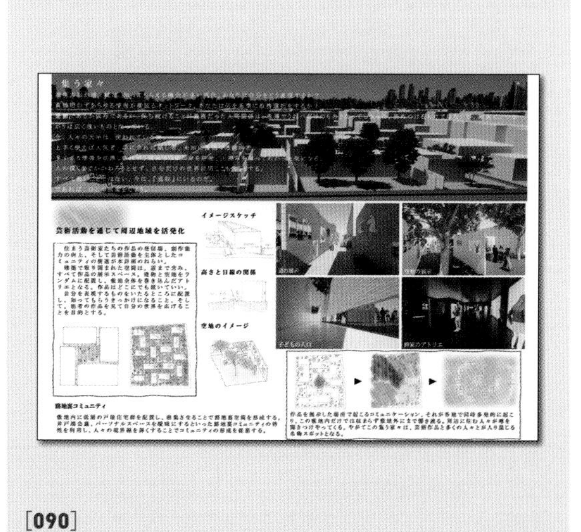
集う家々
芸術活動を通じて周辺地域を活発化
イメージスケッチ
高さと目線の関係
空地のイメージ
路地裏コミュニティ

[090]

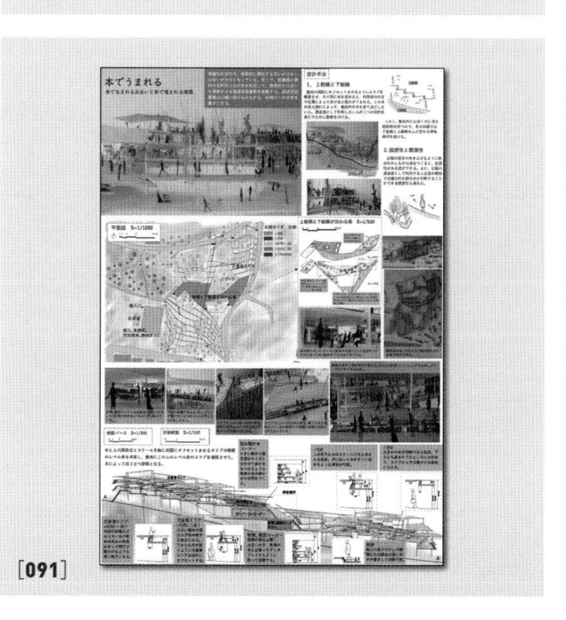
本でうまれる
設計手法
平面図 S=1/1000

[091]

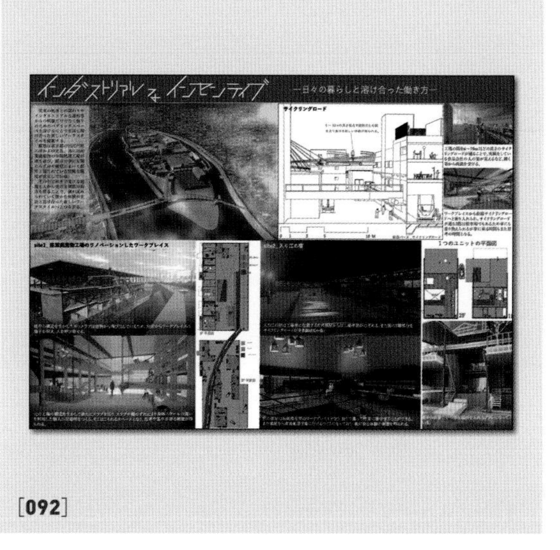
-日々の暮らしと溶け合った働き方-
サイクリングロード
1つのユニットの平面図

[092]

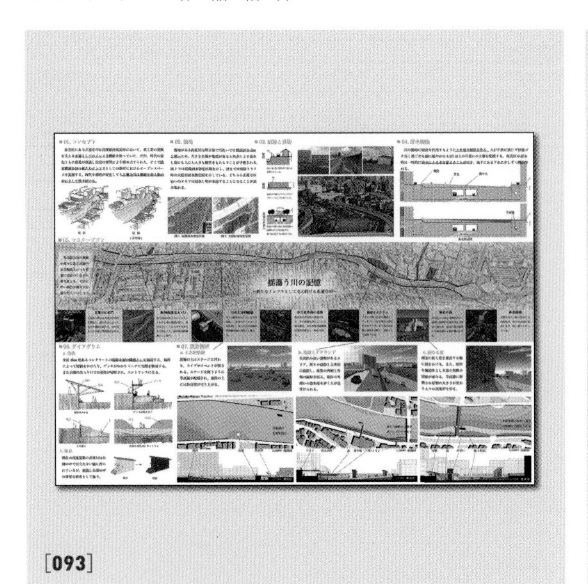

[093]

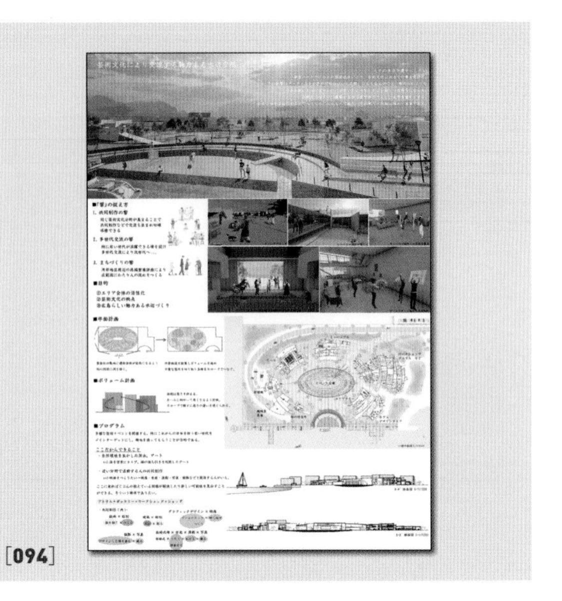

[094]

都市のエネルギーコンバージョン -新宿西口広場解放計画-

[095]

National Ecosystem Service Center

[096]

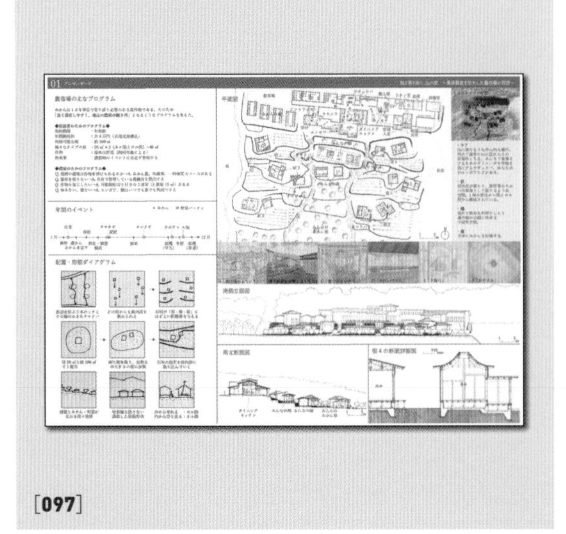

[097]

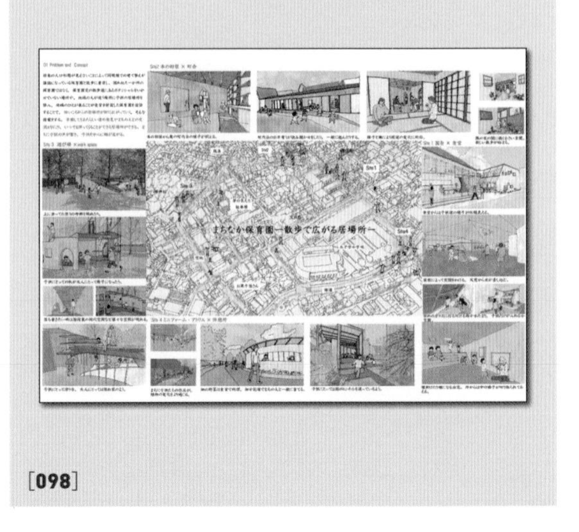
まちなか保育園ー散歩で広がる居場所ー

[098]

093【揺蕩う川の記憶ー新たなインフラとして支え続ける正蓮寺川ー】江馬 良祐[M1] 京都工芸繊維大学大学院 工芸科学研究科 建築学専攻 長坂研究室／**094**【芸術文化により交流する魅力ある水辺空間】笹川 莉桜菜[B4] 広島工業大学 環境学部 建築デザイン学科 平田研究室／**095**【都市のエネルギーコンバージョン ー新宿西口広場解放計画ー】吉田 彩華[B4]、吉崎 柚帆[B4]、松村 直哉[B4] 早稲田大学 創造理工学部 建築学科 中谷研究室、小林研究室、早部研究室／**096**【National Ecosystem Service Center -Landscape for Ecosystem-based adaptation-】宮園 侑門[B4] 東京大学 工学部 都市工学科 都市デザイン研究室／**097**【畑と寄り添う、山の宿 ～集落調査を活かした農宿場の設計～】久保田 章斗[B4] 長岡造形大学 造形学部 建築・環境デザイン学科 北研究室／**098**【まちなか保育園―散歩で広がる居場所―】坂本 愛理[B4] 東京理科大学 工学部 建築学科 坂牛研究室／**099**【しおかぜそーそど ー離島におけるインクルーシブな共生社会の可能性ー】濱田 有里[B4] 長岡造形大学 造形学部 建築環境デザイン学科 佐藤研究室／**101**【瀬戸に刻む交舎 ーマチと産業の再編ー】中田 貴也[B4] 日本大学 工学部 建築学科 建築計画研究室／**102**【ものまちづくり】戸松 拓海[B3] 愛知工業大学 工学部 建築学科 益尾研究室／**103**【響き合う音楽堂「ASOBUS」】柚木 茉莉香[専2]、水元 彩美[専2]、古澤 雪菜[専2] 青山製図専門学校 インテリア学部 商空間デザイン科

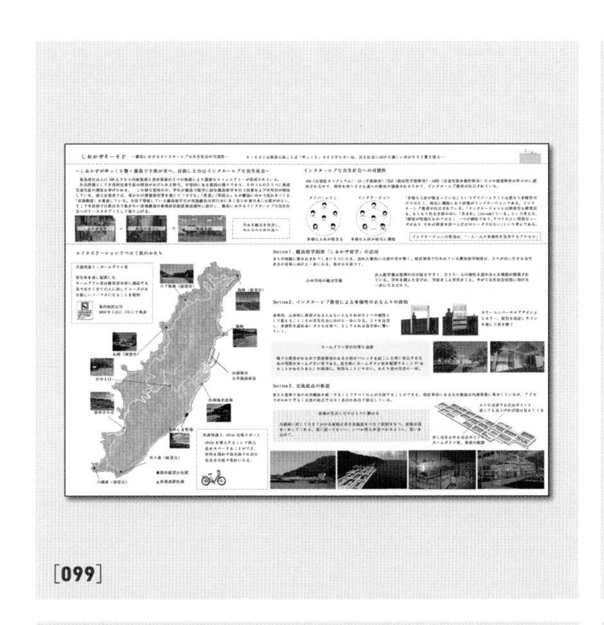
しおかぜそーそど

[099]

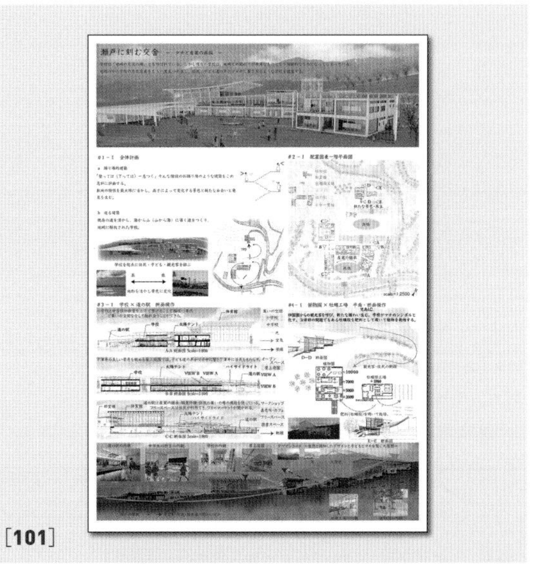
瀬戸に刻む交舎

[101]

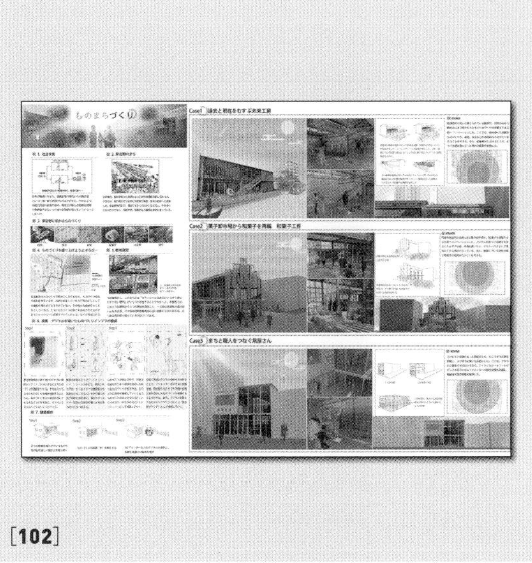
ものまちづくり
Case1
Case2
Case3

[102]

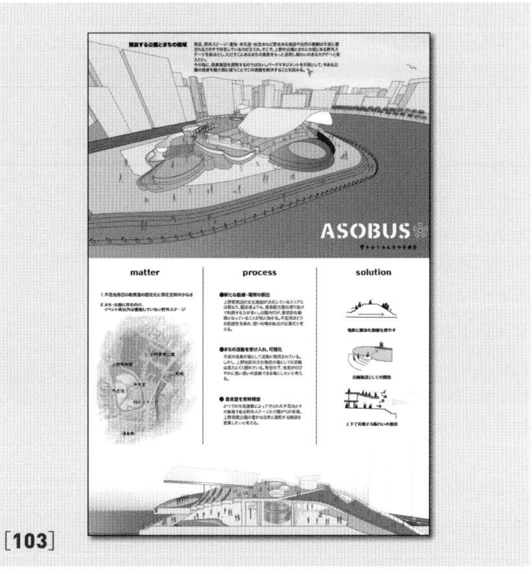
ASOBUS
matter
process
solution

[103]

海抜０メートル地帯水没計画

[105]

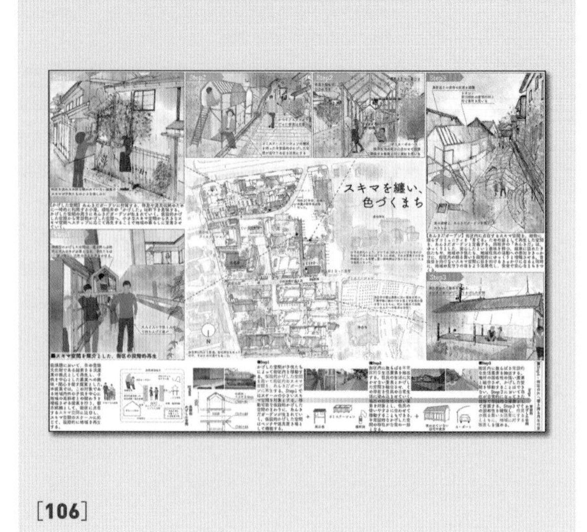
スキマを纏い、
色づくまち

[106]

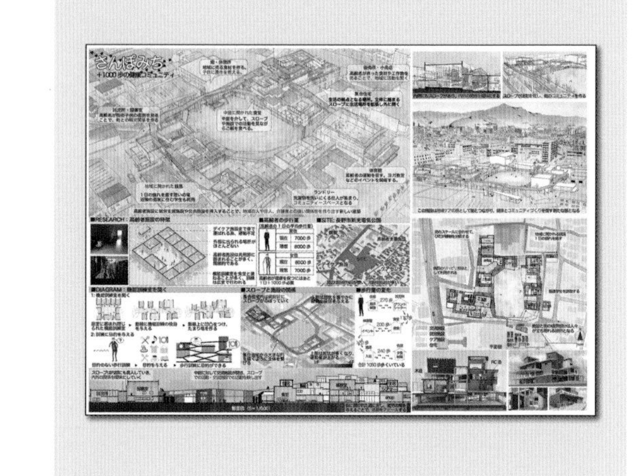

[107]

[108]

105【海抜0メートル地帯水没計画 -東京東部低地における2100年の新たな住まい方-】中村 正基[B4] 日本大学 理工学部 海洋建築工学科 佐藤研究室／**106**【スキマを纏い、色づくまち】奥羽 未来[B3] 信州大学 工学部 建築学科／**107**【さんぽみち　＋1000歩の健康コミュニティ】奥村 拓実[M2] 信州大学大学院 総合理工学研究科 工学専攻 寺内研究室／**108**【二人六脚ー西宮市街地の公共空間としての協働犬訓練施設ー】吉本 美春[B4] 神戸大学 工学部 建築学科 栗山研究室／**109**【伝統工芸を活かした文化的な交流のための場づくりの構想 ～さいたま市岩槻区における江戸木目込み人形製作所の拠点施設～】陳 鈞鴻[M2] 日本工業大学大学院 工学研究科 建築デザイン学専攻 佐々木研究室／**110**【改近する水圏～川と共生する持続的郊外都市の提案～】佐藤 椋太[M1] 北海道大学大学院 工学院 建築都市空間デザイン専攻 建築デザイン学研究室／**111**【重奏する都市 ―音風景から感じる風土―】杉山 楓[B4] 武庫川女子大学 生活環境学部 建築学科 鳥巣・田中研究室／**112**【創音郊外　～サイクリングによる新幹線リノベーション～】山井 駿[B3] 京都大学 工学部 建築学科／**113**【空と地の結節点 ものづくりのまちの拠点~技術の見本市~】石原 稜大[M1] 立命館大学大学院 理工学研究科 環境都市専攻 建築計画研究室／**114**【都市の虫眼鏡--重慶市の再構築ー都市のIN-BETWEEN SPACE】楊 美鷺[B4] 足利大学 工学部 創生工学科 大野研究室

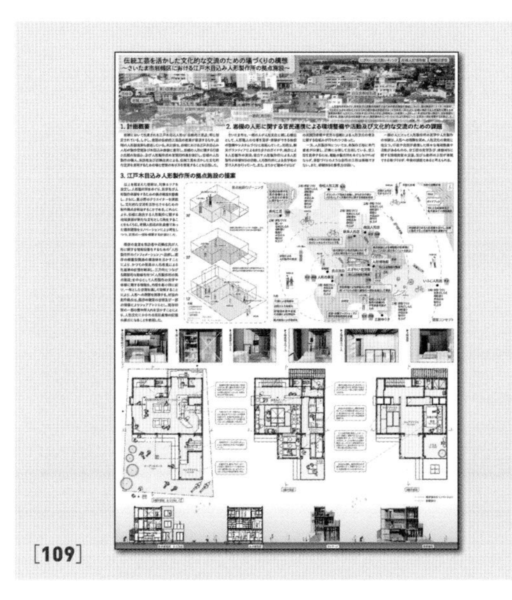

[109]

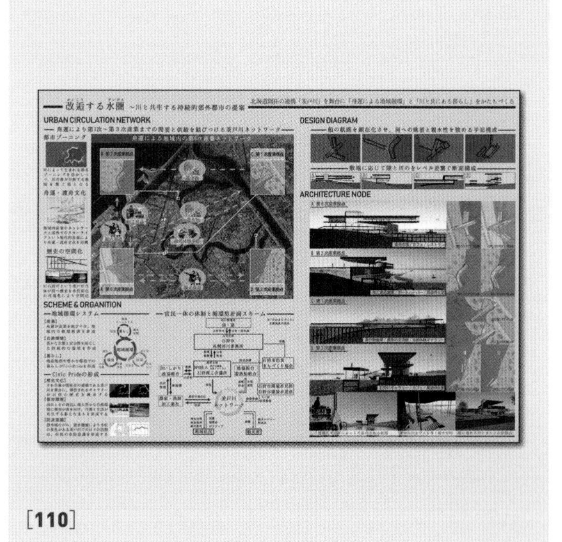
URBAN CIRCULATION NETWORK
DESIGN DIAGRAM
ARCHITECTURE NODE
SCHEME & ORGANITION

[110]

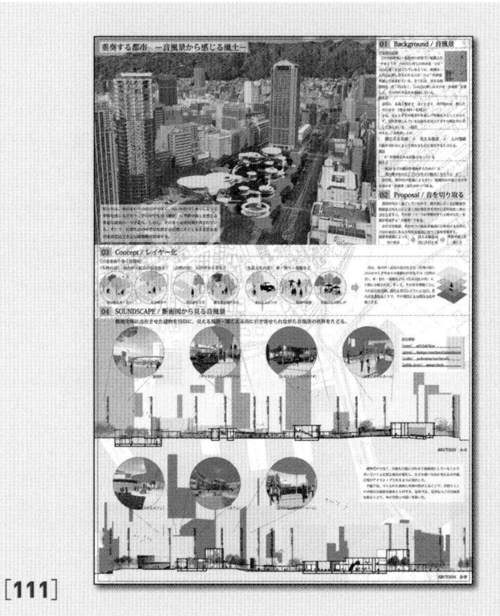

[111]

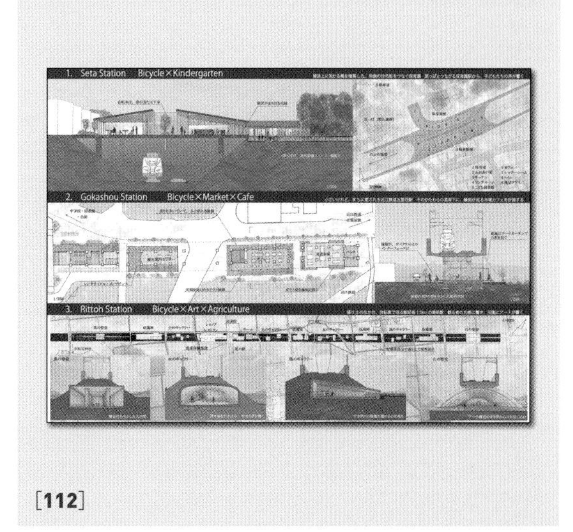
1. Seta Station Bicycle×Kindergarten
2. Gokashou Station Bicycle×Market×Cafe
3. Rittoh Station Bicycle×Art×Agriculture

[112]

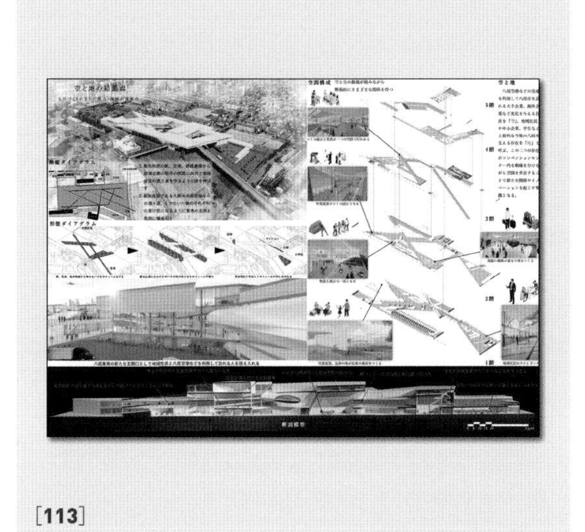

[113]

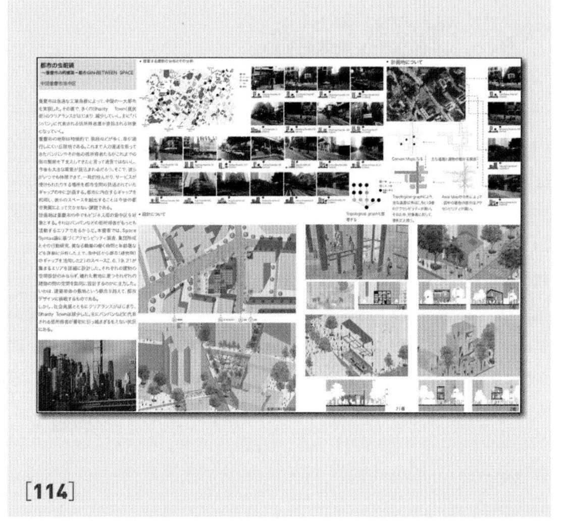

[114]

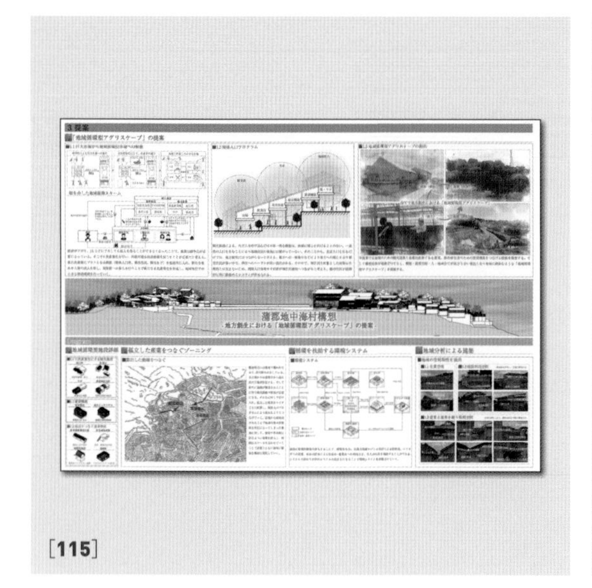
蒲郡地中海村構想
-地方創生における「地域循環型アグリスケープ」の提案-

[115]

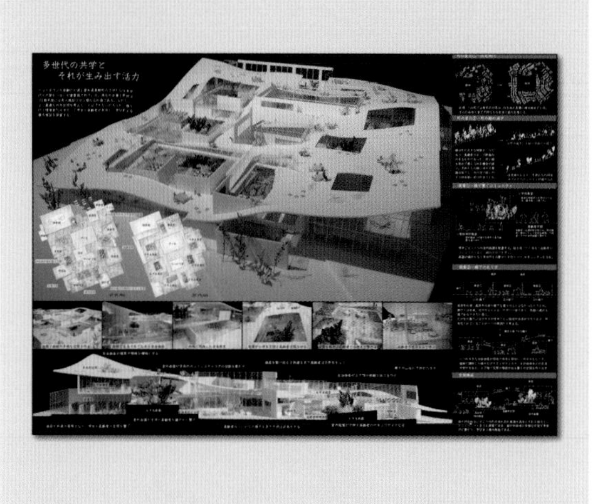
多世代の共学と
それが生み出す活力

[116]

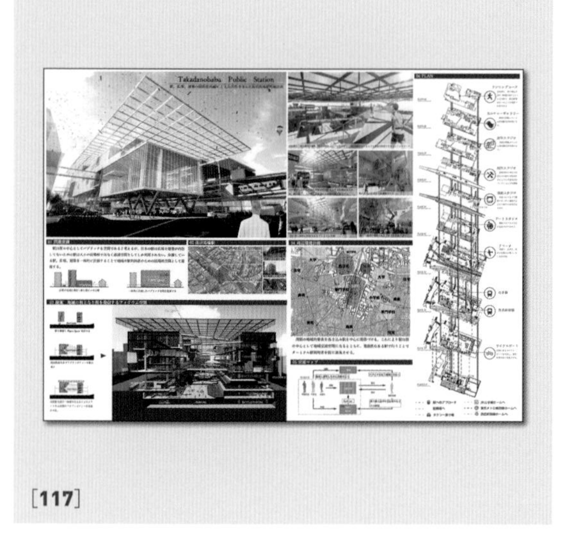
Takadanobaba Public Station

[117]

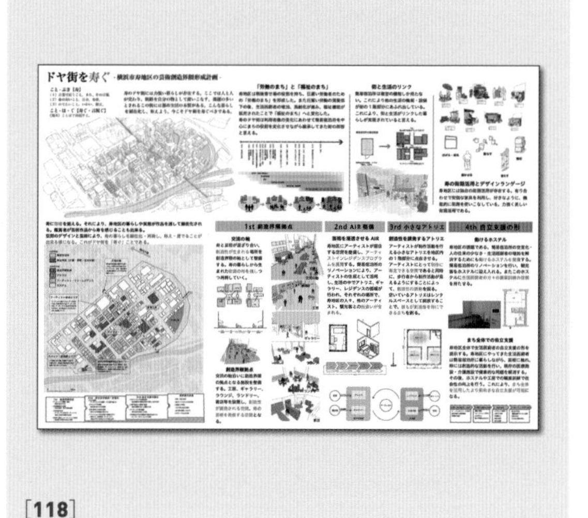
ドヤ街を寿ぐ

[118]

115【蒲郡地中海村構想 -地方創生による、「地域循環型アグリスケープ」の提案-】山本 拓[B4]、稲葉 魁士[B4] 愛知工業大学 工学部 建築学科 安井研究室／**116**【多世代の共学とそれが生み出す活力】児玉 征士[B3] 法政大学 デザイン工学部 建築学科 小堀研究室／**117**【Takadanobaba Public Station～駅、広場、建築の関係性再編による公共性を孕んだ高田馬場駅再編計画～】相川 文成[B4] 日本大学 理工学部 建築学科 今村研究室／**118**【ドヤ街を寿ぐ -横浜市寿地区の芸術創造界隈形成計画-】沼尾 航平[B4] 東京都市大学 都市生活学部 都市生活学科 都市空間生成研究室／**119**【Pavilion -川に沿って連なる複合文化施設-】池田 怜[B4] 武庫川女子大学 生活環境学部 建築学科 鳥巣・田中研究室／**120**【旧河岸宿場町における排水機場とまち全体ミュージアム ー小さなものが大きく響くー】橋本 侑果[B4] 芝浦工業大学 建築学部 建築学科 都市デザイン研究室／**121**【段々と、結う。】寺嶋 啓介[M1] 北海道大学大学院 工学院 建築都市空間デザイン専攻 都市地域デザイン学研究室／**122**【偶察のエウレカ】藤井 海[B4]、上甲 勇之介[B4] 早稲田大学 創造理工学部 建築学科 高口研究室、有賀研究室／**123**【Apartment - Energy Plant ゴミュニティをつくるゴミ処理場】山本 康揮[B4] 大阪工業大学 ロボティクス&デザイン工学部 空間デザイン学科 朽木研究室／**124**【情の再構築~ 失われた"らしさ" を得られた空地に~】冨村 郁斗[B4] 立命館大学 理工学部 建築都市デザイン学科 都市空間デザイン研究室

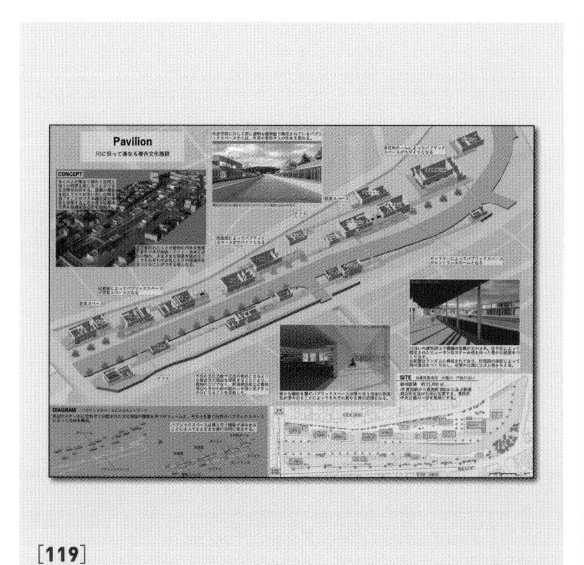
Pavilion
CONCEPT
SITE
DIAGRAM

[119]

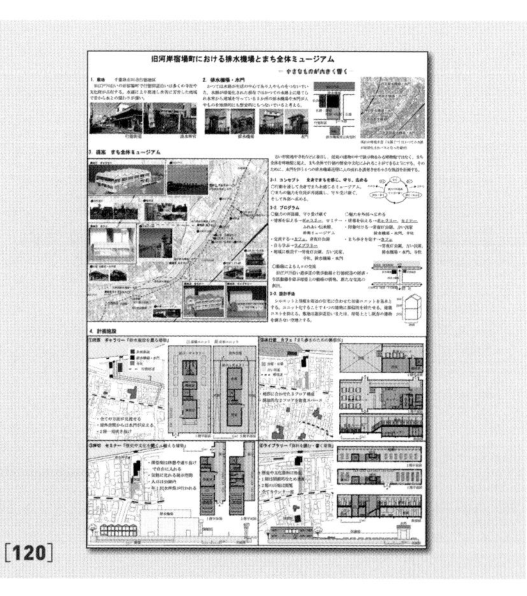
旧河岸宿場町における排水機場とまち全体ミュージアム

[120]

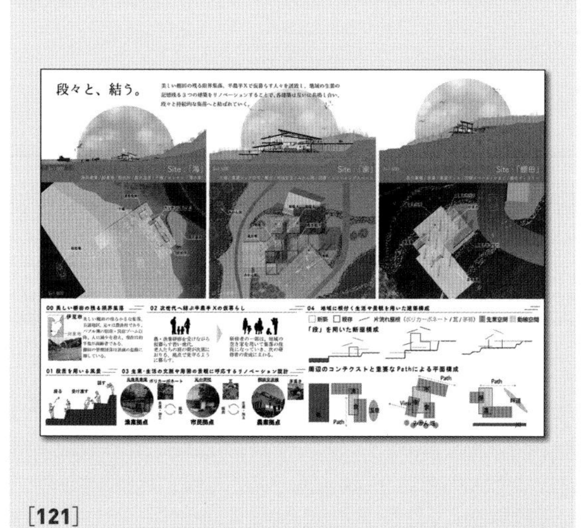
段々と、結う。

[121]

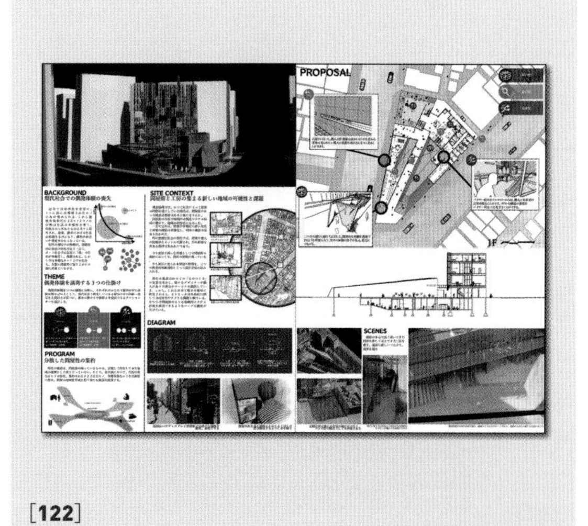
PROPOSAL
BACKGROUND
SITE CONTEXT
THEME
PROGRAM
DIAGRAM
SCENES

[122]

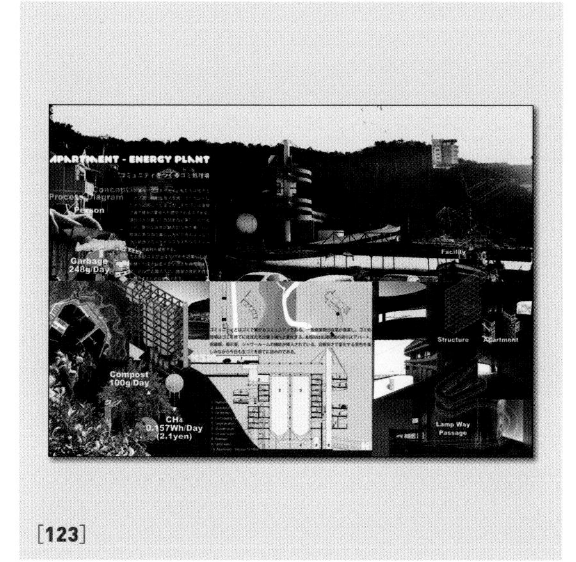
APARTMENT - ENERGY PLANT
Garbage 248g/Day
Compost 100g/Day
Structure
Apartment
Lamp Way Passage

[123]

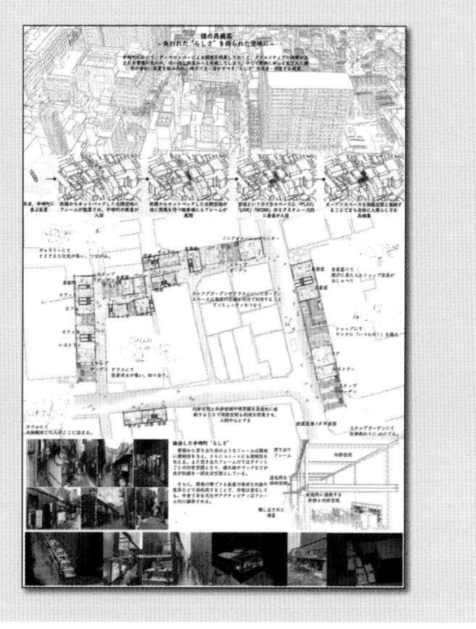

[124]

下町のPassage
―東京千住における街区更新計画―

[126]

EXPERIENCE HUB

[127]

農が掛ける都市の橋

[128]

[130]

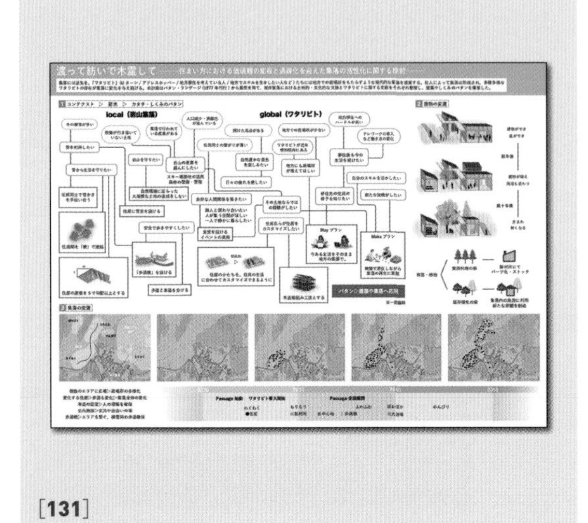

[131]

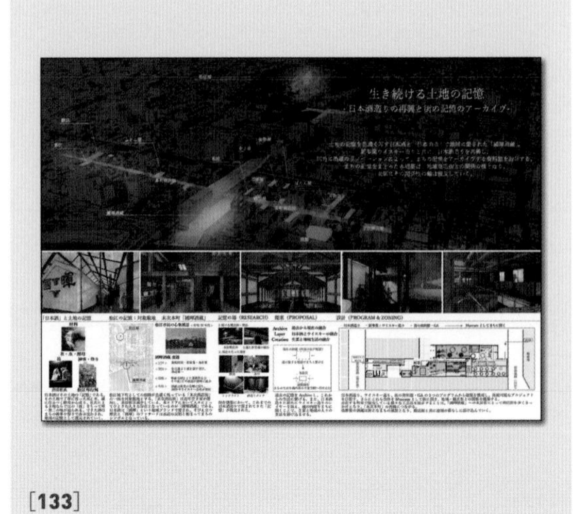
生き続ける土地の記憶

[133]

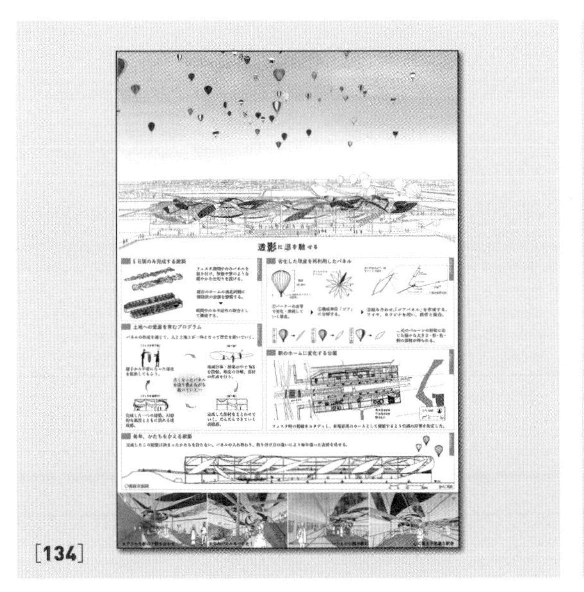
透影に想を馳せる
[134]

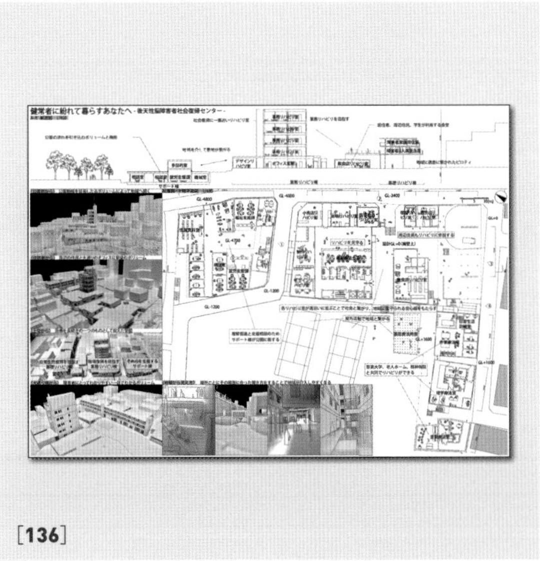
[136]

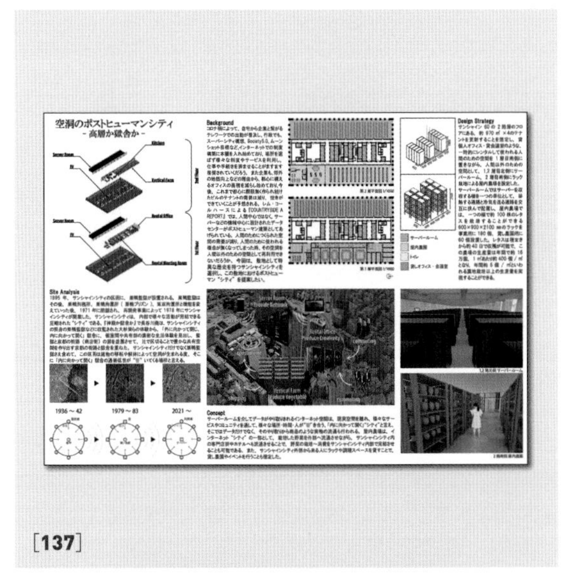
空洞のポストヒューマンシティ
- 高層か獄舎か -
Background
Design Strategy
Site Analysis
Concept
1936～42
1979～83
2021～
[137]

拡大する賑わい
[139]

126【下町のPassage -東京千住における街区更新計画-】藤田 泰佑[B4] 日本大学 理工学部 建築学科 今村研究室／**127**【EXPERIENCE HUB -過密都市における体験型事業共有拠点の提案-】山本 裕也[B2] 愛知工業大学 工学部 建築学科 安井研究室／**128**【農が掛ける都市の橋】有薗 真一[B4] 京都工芸繊維大学 工芸科学部 造形科学域デザイン・建築学課程 武井研究室／**130**【川辺のコミュニティ・キッチン -東京都青梅市釜の淵公園における地域食事業の提案-】伊藤 亜沙人[B4] 芝浦工業大学 建築学部 建築学科 都市デザイン研究室／**131**【渡って紡いで木霊して ―住まい方における価値観の変容と過疎化を迎えた集落の活性化に関する検討―】岩野 郁也[B3] 長岡造形大学 造形学部 建築・環境デザイン学科 北研究室／**133**【生き続ける土地の記憶 ―日本酒造りの再興と街の記憶のアーカイブ―】古澤 太晟[B4] 島根大学 総合理工学部 建築・生産設計工学科 千代研究室／**134**【透影に想を馳せる】伊賀屋 幹太[B4] 九州大学 工学部 建築学科 志賀研究室／**136**【健常者に紛れて暮らすあなたへ -後天性脳障害者社会復帰センター-】小島 健士朗[B4] 芝浦工業大学 建築学部 建築学科 西沢研究室／**137**【空洞のポストヒューマンシティ ―高層か獄舎か―】島崎 耀[M1]、笠原 彬永[M1] 明治大学大学院 理工学研究科 建築・都市学専攻 I-AUD、鞍田研究室／**139**【拡大する賑わい -商店街保存の為の段階的更新-】高山 徹也[B4] 明治大学 理工学部 建築学科 都市計画研究室

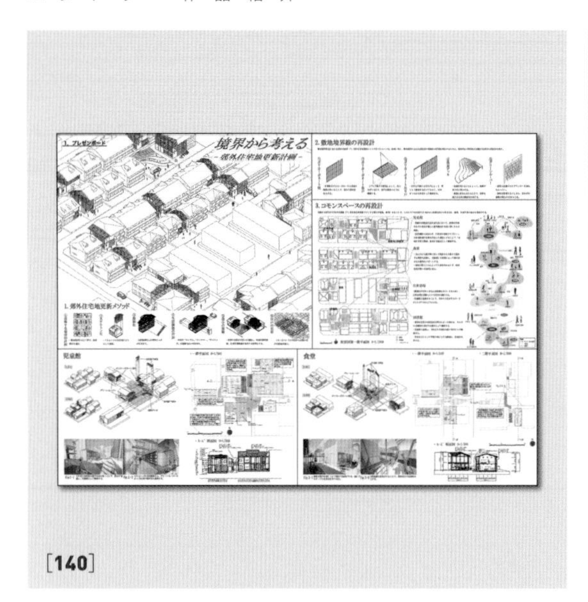
境界から考える

[140]

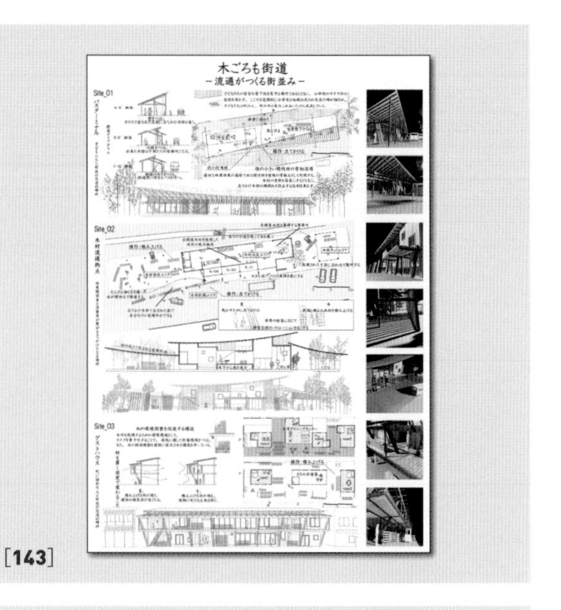
木ごろも街道
－流通がつくる街並み－
Site_01
Site_02
Site_03

[143]

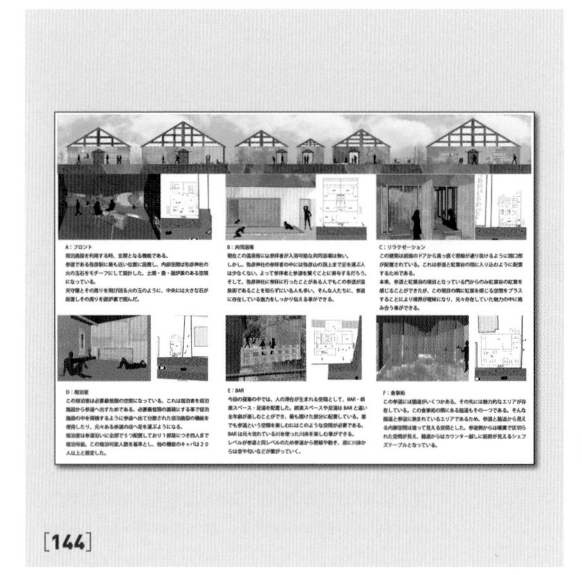

[144]

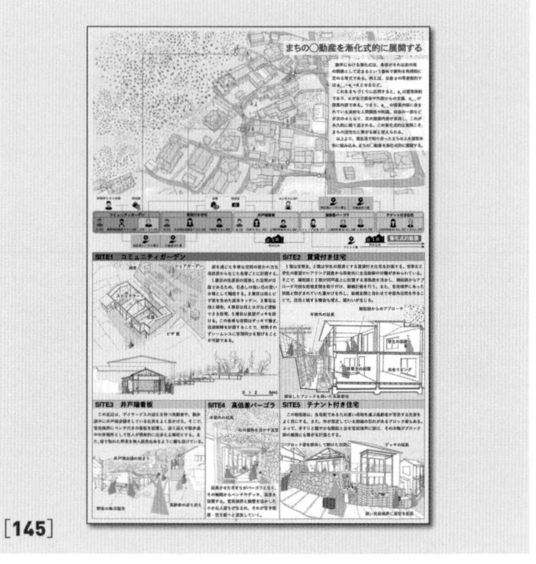
まちの◯動産を漸化式的に展開する
SITE1 コミュニティガーデン
SITE2 賃貸付き住宅
SITE3 井戸端看板
SITE4 高低差パーゴラ
SITE5 テナント付き住宅

[145]

140【境界から考える-郊外住宅地更新計画-】今野 琢音[B4] 東北工業大学 工学部 建築学科 竹内研究室／**143**【木ごろも街道ー流通がつくる街並みー】阿部 杏華[B4] 日本大学 工学部 建築学科 建築計画研究室／**144**【謦咳の流れるみち】飯塚 達也[B4] 新潟工科大学 工学部 工学科 倉知研究室／**145**【まちの◯動産を漸化式的に展開する】須藤 悠[M1] 信州大学大学院 工学部 建築学科 佐倉研究室／**146**【大地称揚】濱本 遥奈[B4] 札幌市立大学 デザイン学部 デザイン学科 山田ゼミ／**148**【まちの小さなコモンズたちの物語-雑司ヶ谷に根付く場所愛-】遠山 大輝[B4] 法政大学 デザイン工学部 建築学科 北山研究室／**149**【まちを守ろうとする公民館の話。】城井 愛子[B4] 工学院大学 建築学部 建築デザイン学科 冨永研究室／**150**【菌床のマチ -木密地域の糀文化再生による手前暮らしの提案-】青山 剛士[B4] 立命館大学 理工学部 建築都市デザイン学科 景観建築研究室

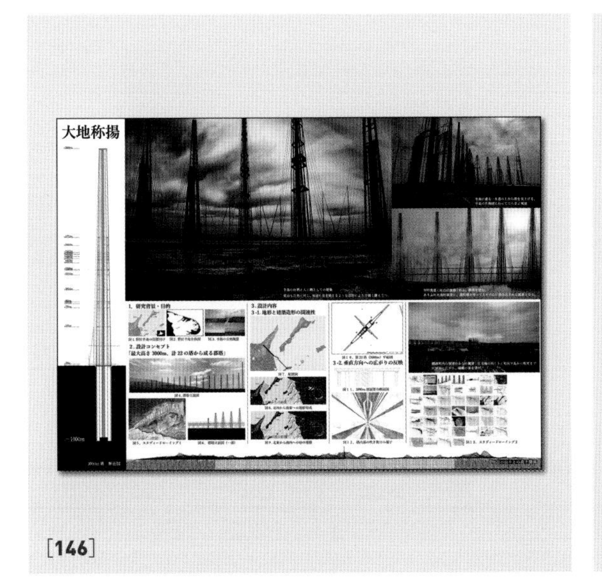
大地称揚

[146]

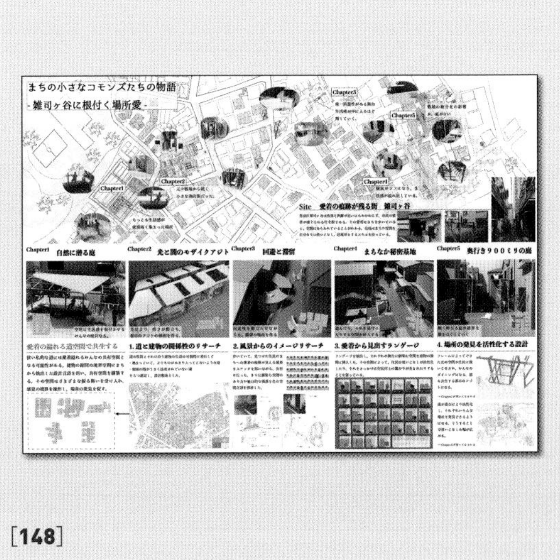
まちの小さなコモンズたちの物語
- 雑司ヶ谷に根付く場所愛 -

[148]

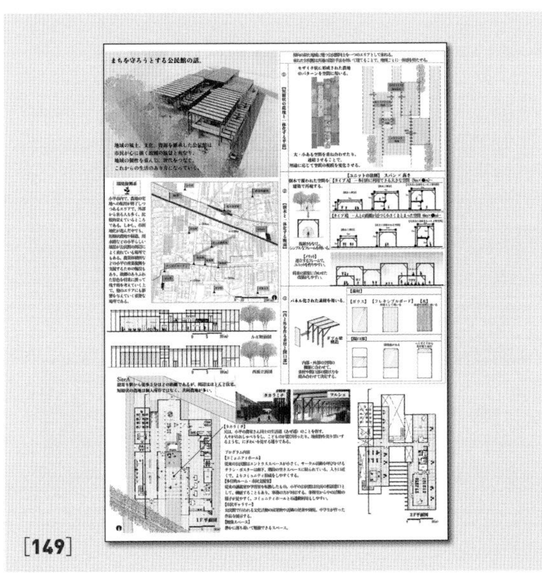
まちを守ろうとする公民館の話。

[149]

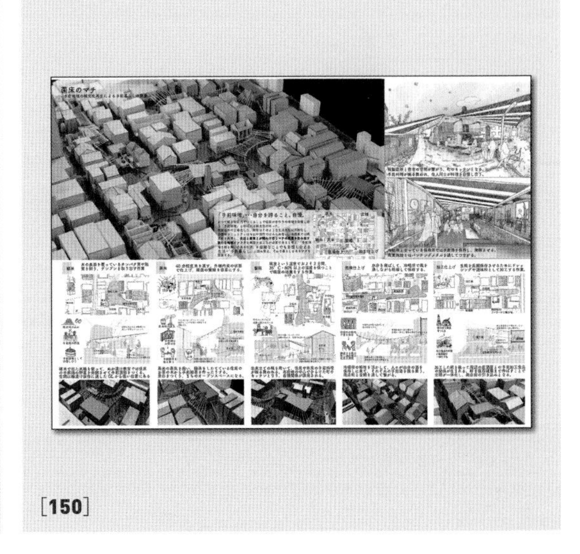

[150]

[151]

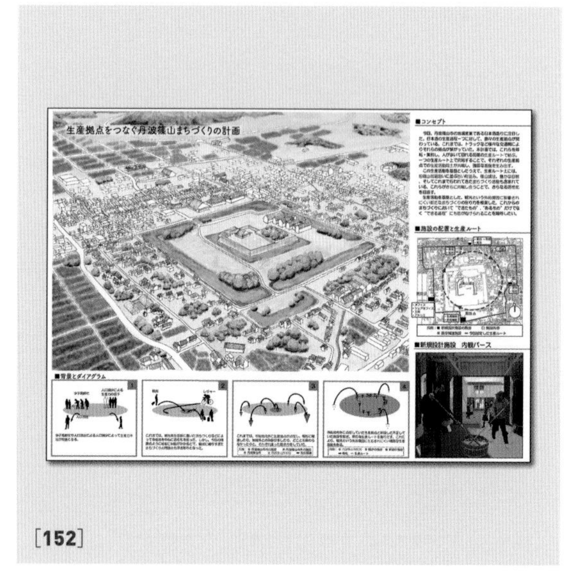
生産拠点をつなぐ丹波篠山まちづくりの計画
■コンセプト
■施設の配置と生産ルート
■新規設計施設　内観パース
■背景とダイアグラム

[152]

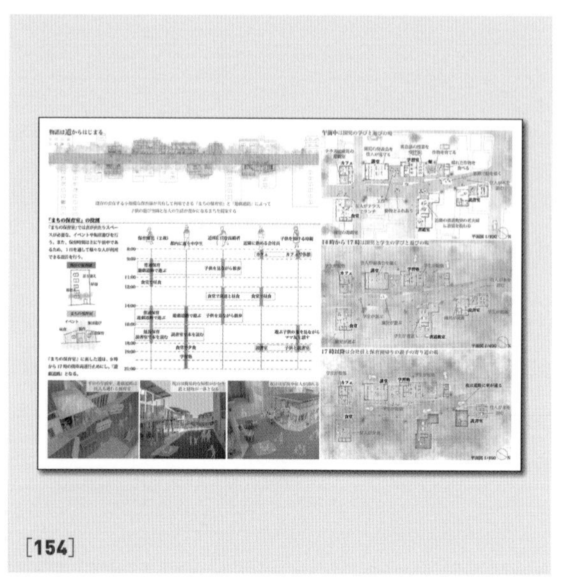
物語は道からはじまる

[154]

151【ともに響く―波止から続く職住観一体の暮らし―】春口 真由[B4] 京都工芸繊維大学 工芸科学部 デザイン・建築学課程 米田・中村研究室／**152**【生産拠点をつなぐ丹波篠山まちづくり計画】肝付 成美[B4] 京都府立大学 生命環境学部 環境デザイン学科 河合研究室／**154**【物語は道からはじまる】山田 日菜子[B4] 法政大学 デザイン工学部 建築学科 赤松研究室／**156**【積層してゆく0番地 ―高瀬川を主軸とする人権教育のまちづくり計画】末田 響己[B4]、加藤 桜椰凪[B4]、張 啓帆[B4] 早稲田大学 創造理工学部 建築学科 有賀研究室、高口研究室、小林研究室／**157**【速度と共鳴するアートセンター】坂 朋香[B4] 日本女子大学 家政学部 住居学科 片山研究室／**158**【汀―共同体と場所に寄り添う様態―】内藤 楽[B4]、猪飼 健[B4]、神作 希[B4] 早稲田大学 創造理工学部 建築学科 渡邊研究室、田邊研究室、後藤研究室／**159**【地域習合論 -日本文化論から見る雑種型都市の提案-】坂本 慶太[B4] 大阪市立大学 工学部 建築学科 建築計画研究室／**160**【道の駅「木工所」-清川村の地域活性化と林業発展-】山崎 一慧[B4] 芝浦工業大学 建築学部 建築学科 建築デザイン研究室／**161**【ナラティブを紡ぐネットワーク】結城 和佳奈[B4] 東京理科大学 理工学部 建築学科 伊藤研究室

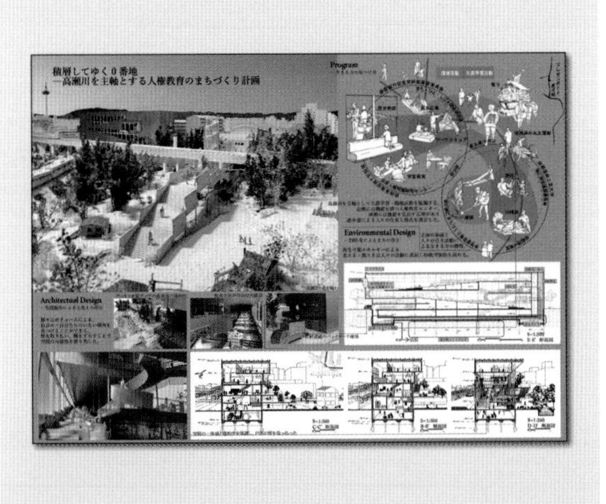
積層してゆく0番地
—高瀬川を主軸とする人権教育のまちづくり計画
Program
Environmental Design
Architectual Design

[156]

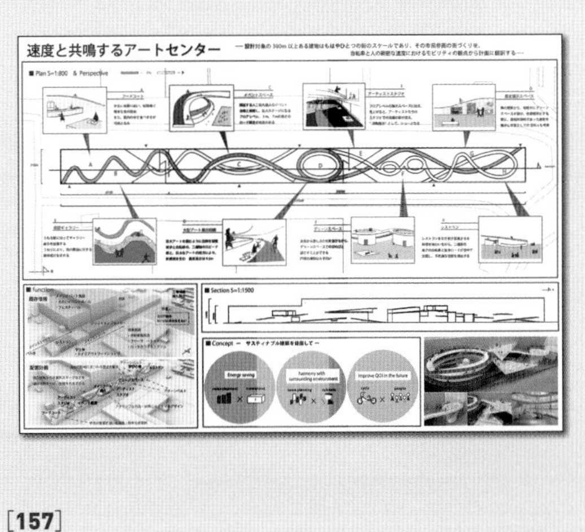
速度と共鳴するアートセンター
— 設計対象の 300m 以上ある建物はもはやひとつの街のスケールであり、その市民参画の街づくりを、
自転車と人の緻密な速度におけるモビリティの観点から計画に翻訳する —
Plan S=1:800 & Perspective
Function
Section S=1:1500
Concept — サステイナブル建築を提案して —
Energy saving
harmony with surrounding environment
Improve QOL in the future

[157]

汀 −共同体と場所に寄り添う様態−
人々は「汀」という様態を介して、海と接してきた。
海と共に暮らす共同体にて紡がれてきた「汀」を採取・分析することで汀の3条件を抽出した。
その3条件に基づいて一対の建築を設計し、
機能や目的ではなく、場所や共同体に寄り添う様態としての建築を提案する。
それらによって
9.7mの防潮堤に対する今後の復興のあり方と漁村の未来を提示する。
観念の汀
実践の汀

[158]

地域習合論

[159]

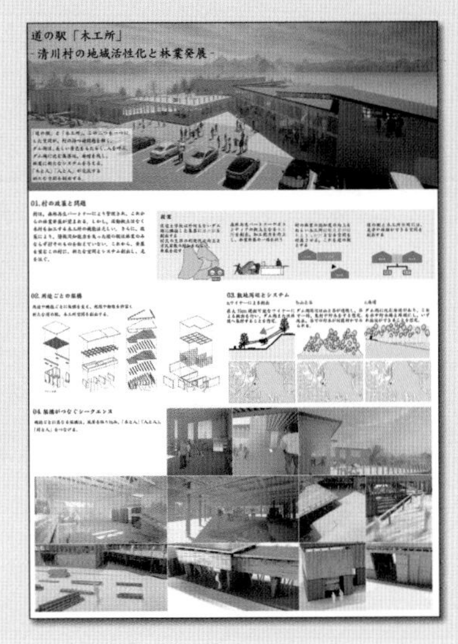
道の駅「木工所」
-清川村の地域活性化と林業発展-
01.村の政策と問題
02.用途ごとの架構
03.敷地周辺とシステム
04.架構がつなぐシークエンス

[160]

[161]

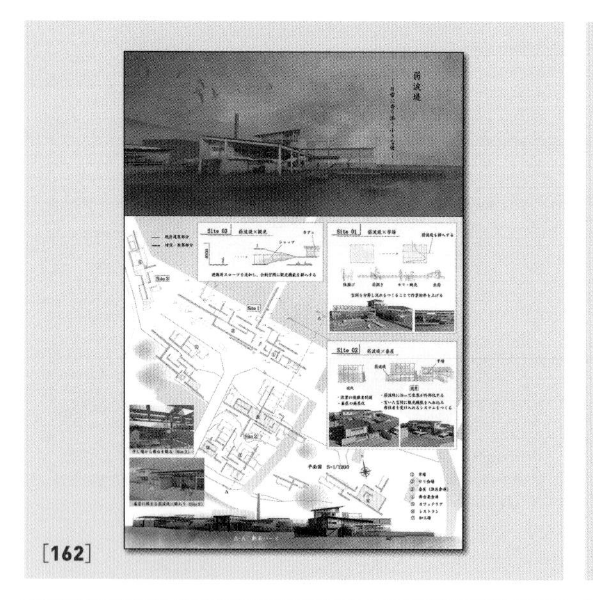

[162]

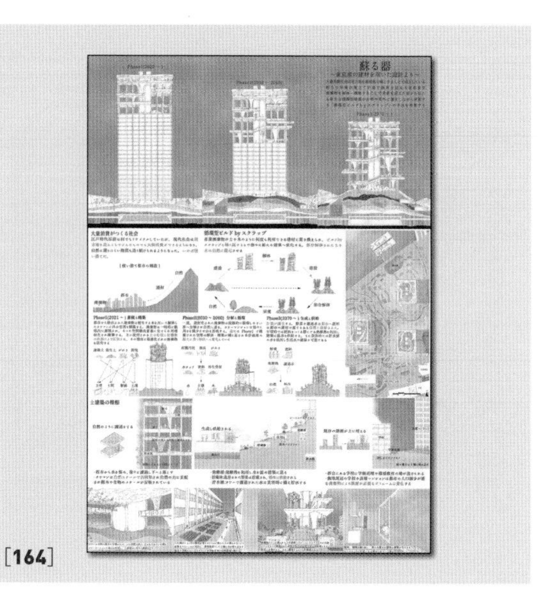

[164]

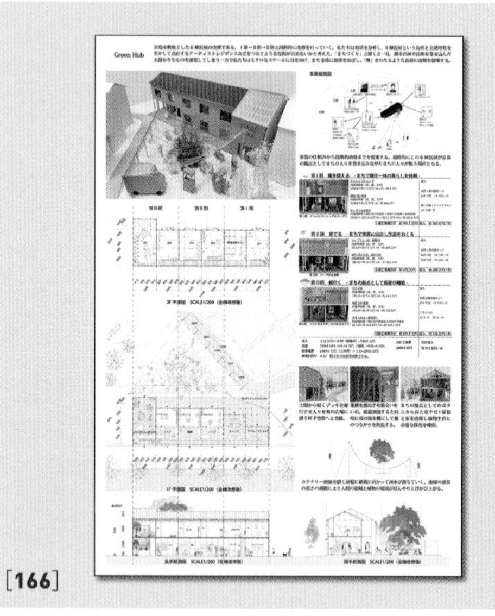

[166]

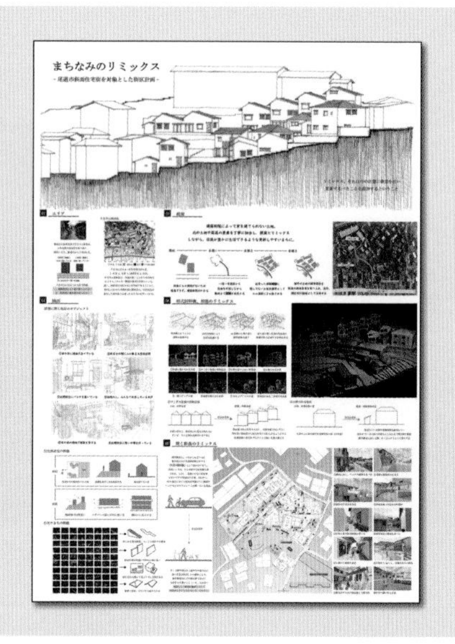

[167]

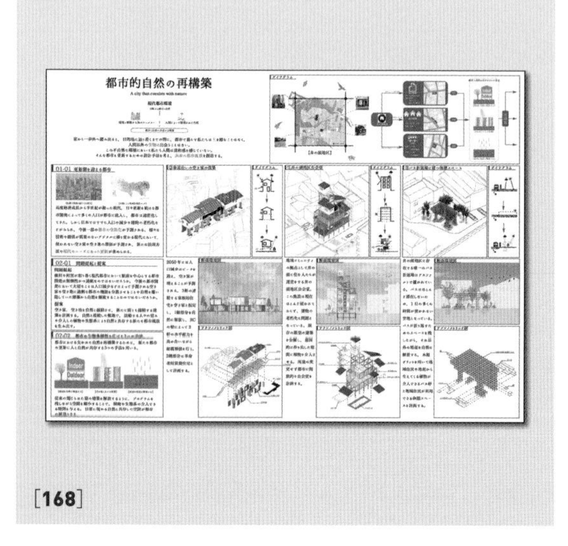
都市的自然の再構築
A city that coexists with nature

[168]

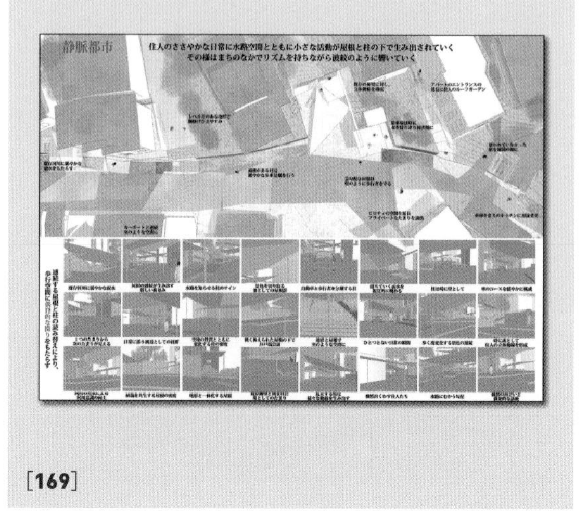
静脈都市
住人のささやかな日常に水路空間とともに小さな活動が屋根と柱の下で生み出されていく
その様はまちのなかでリズムを持ちながら波紋のように響いていく

[169]

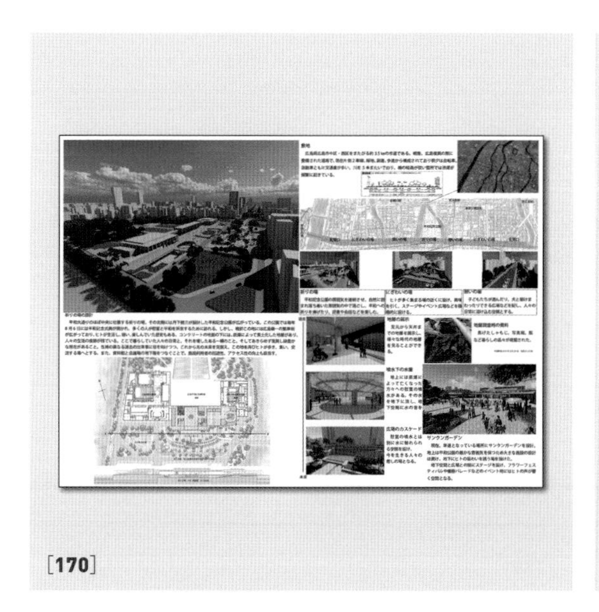

[170]

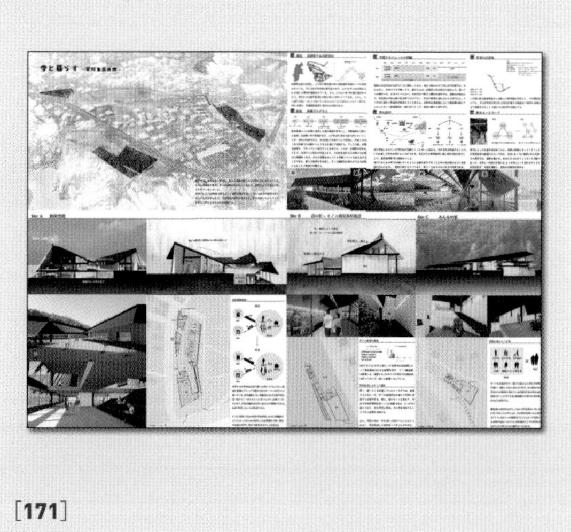

[171]

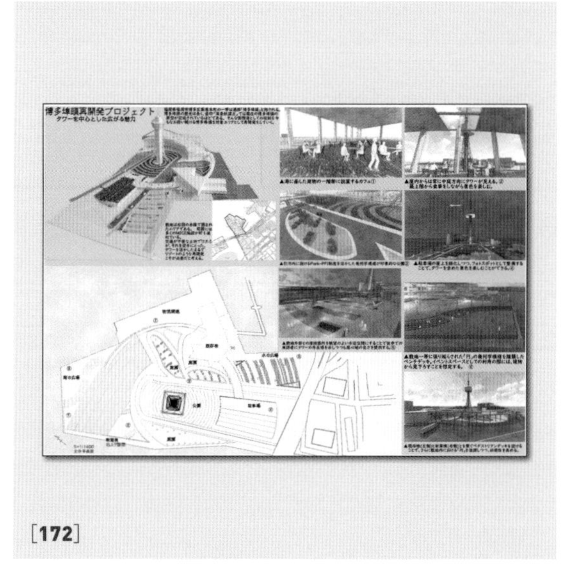
博多埠頭再開発プロジェクト

[172]

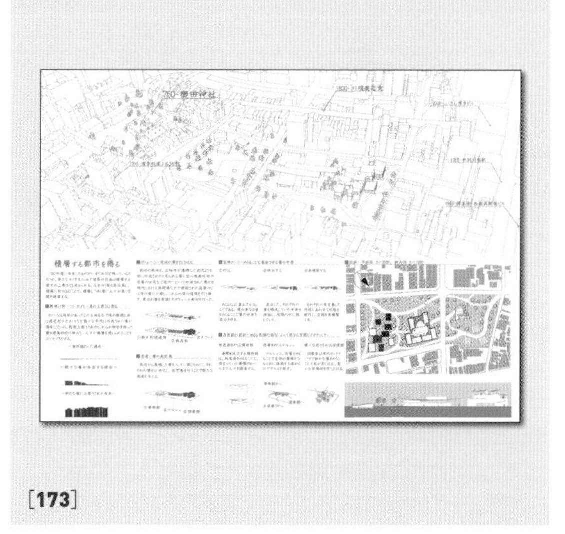
積層する都市を捲る

[173]

162【弱波堤ー日常に寄り添う小さな堤ー】 奥山 翔太[B4] 日本大学 工学部 建築学科 建築計画研究室／**164【蘇る器～東京産の建材を用いた設計より～】** 藤田 大輝[B4] 日本大学 理工学部 海洋建築工学科 佐藤研究室／**166【Green Hub】** 菊地 裕基[M1]、勝部 直人[M1]、川上 真由[M1] 明治大学大学院 理工学研究科 建築・都市学専攻 構法計画研究室、建築史・建築論研究室、建築空間論研究室／**167【まちなみのリミックス-尾道市斜面住宅街を対象とした街区計画-】** 石井 健成[B4] 工学院大学 建築学部 建築デザイン学科 西森研究室／**168【都市的自然の再構築】** 菅原 陸[B4] 千葉工業大学 創造工学部 建築学科 今村研究室／**169【静脈都市】** 瀬戸山 優希[B4] 信州大学 工学部 建築学科 佐倉研究室／**170【ヒトの声であふれるストリート ークルマ優先からヒト中心へー】** 和田 稀弥華[B4] 広島工業大学 環境学部 建築デザイン学科 平田研究室／**171【雪と暮らす -栄村集落再興-】** 滝田 兼也[B4] 神戸大学 工学部 建築学科 北後研究室／**172【博多埠頭再開発プロジェクト】** 森下 裕[B3] 九州大学 芸術工学部 環境設計学科／**173【積層する都市を捲る】** 上杉 真子[B3]、松永 真梨子[B3]、来 新石[B3] 九州大学 工学部 建築学科

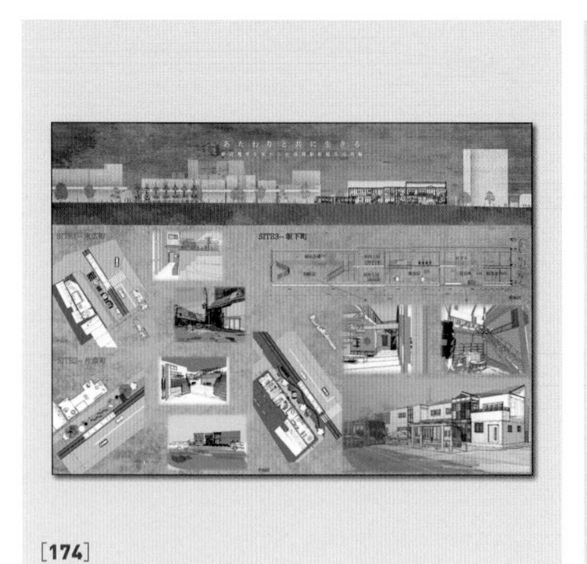
あたわりと共に生きる

[174]

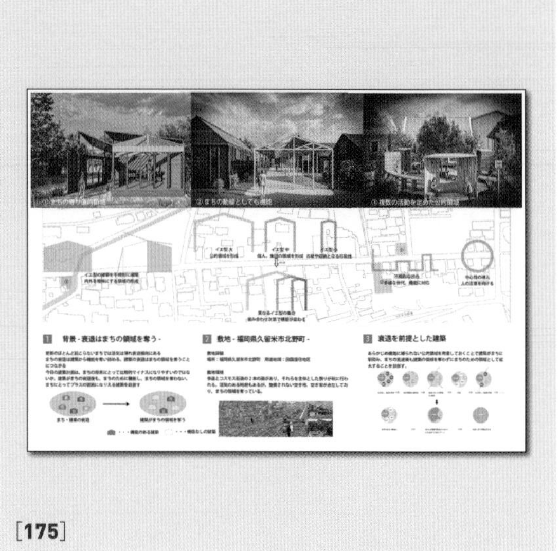

[175]

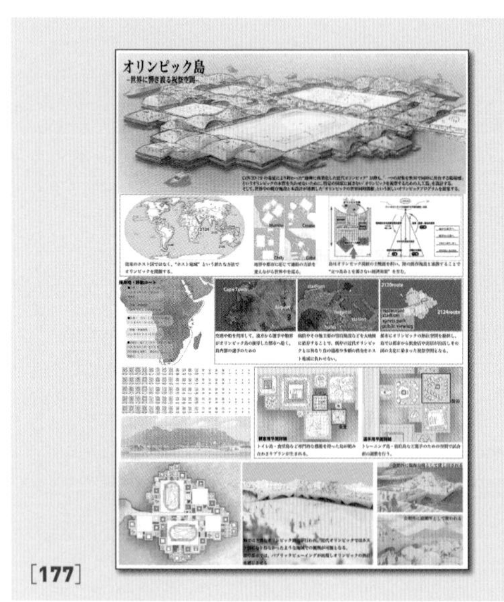
オリンピック島

[177]

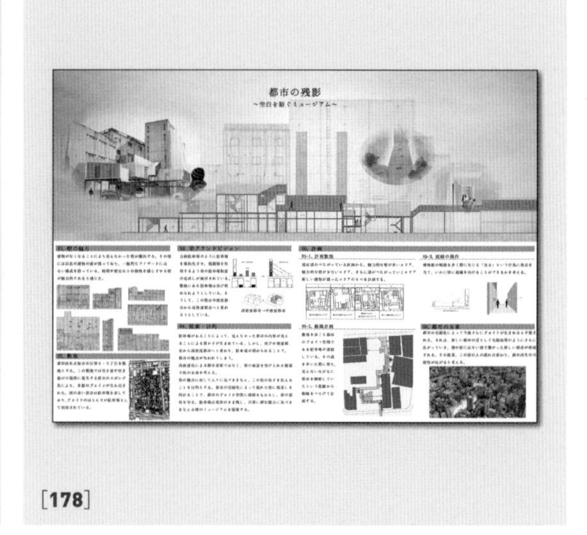
都市の残影

[178]

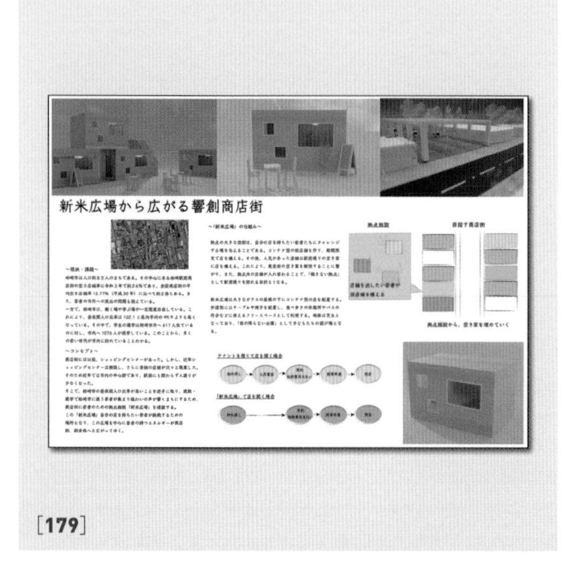
新米広場から広がる響創商店街

[179]

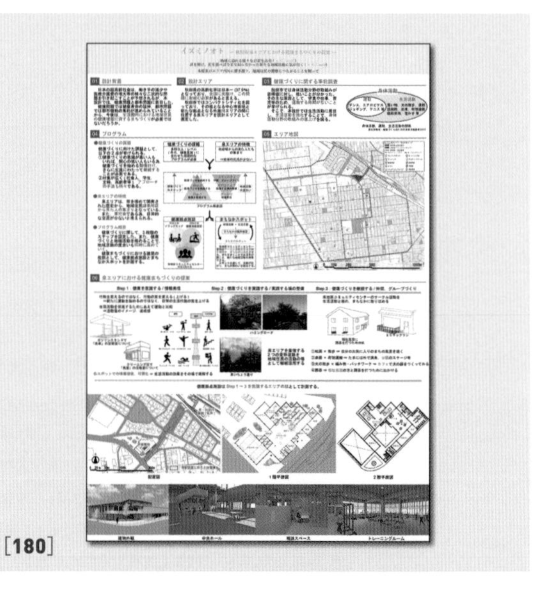

[180]

霊園都市
～未来歩ム過去～

[181]

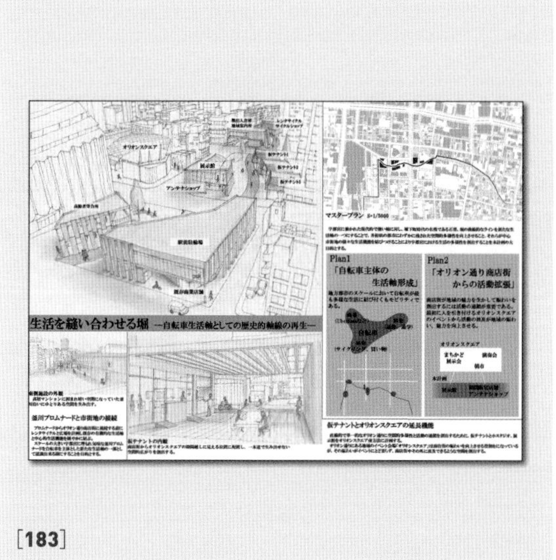
生活を縫い合わせる堀 ―自転車生活軸としての歴史的軸線の再生―
Plan1
「自転車主体の生活軸形成」
Plan2
「オリオン通り商店街からの活動拡張」
マスタープラン

[183]

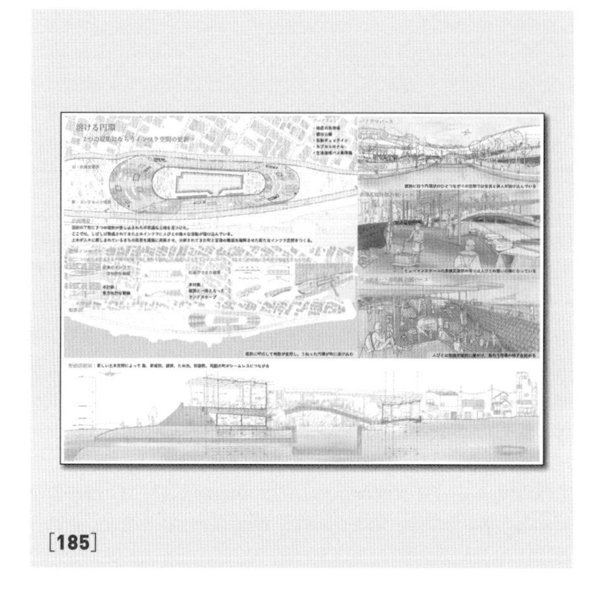
溶ける円環

[185]

174【あたわりと共に生きる ―路面電車を活かした高岡駅前通りの再編―】中田 海央[B4] 東京工業大学 環境・社会理工学院 建築学系 真野研究室／**175**【遺る建築】岩崎 海[B3]、米倉 捺生[B3]、熊本 亮斗[B2]、犬丸 桃花[B2]、レードック タイン[B2]、原 仁之丞[B1]、長谷 洋祐[B1] 九州産業大学 建築都市工学部 建築学科 矢作研究室／**177**【オリンピック島 -世界に響き渡る祝祭空間-】兵頭 璃季[B4]、二上 匠太郎[B4]、松尾 和弥[B4] 早稲田大学 創造理工学部 建築学科 小林研究室、中谷研究室、田辺研究室／**178**【都市の残影 ～空白を紡ぐミュージアム～】渡邉 拓也[B4] 名城大学 理工学部 建築学科 谷田研究室／**179**【新米広場から広がる響創商店街】長井 香那[B3]、石川 あずさ[B3]、小林 なこ[B3]、茂野 健太郎[B3]、関口 香紀[B3]、三田 直己[B3]、湯田坂 透[B3] 新潟工科大学 工学部 工学科 樋口研究室／**180**【イズミノオト ―秋田市泉エリアにおける健康まちづくりの提案―】工藤 徹[M1] 秋田県立大学大学院 システム科学技術研究科 建築環境システム学専攻 環境計画学研究グループ／**181**【霊園都市 ～未来歩ム過去～】森谷宙来[B3] 芝浦工業大学 建築学部 建築学科UAコース 谷口研究室／**183**【生活を縫い合わせる堀】猪股 雅貴[B4] 早稲田大学 創造理工学部 建築学科 有賀研究室／**185**【溶ける円環 ―2つの堤防にならうインフラ空間の更新―】米澤 実紗[B4]、三村 彩夏[B4]、片岡 暁[B4] 早稲田大学 創造理工学部 建築学科 吉村研究室、後藤研究室、早部研究室

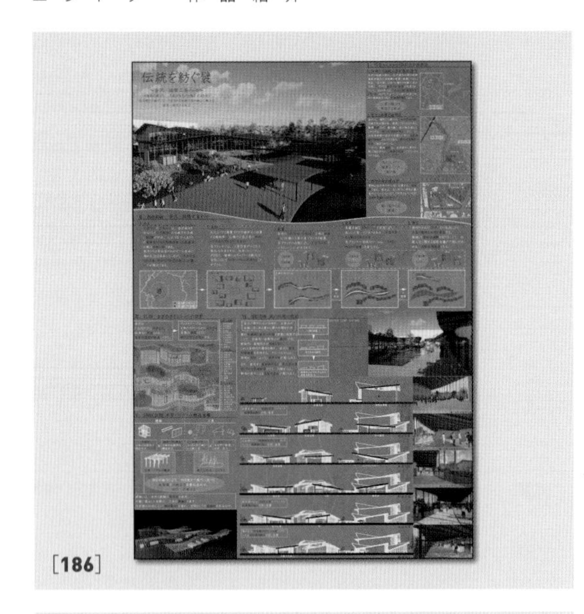
伝統を紡ぐ襞

[186]

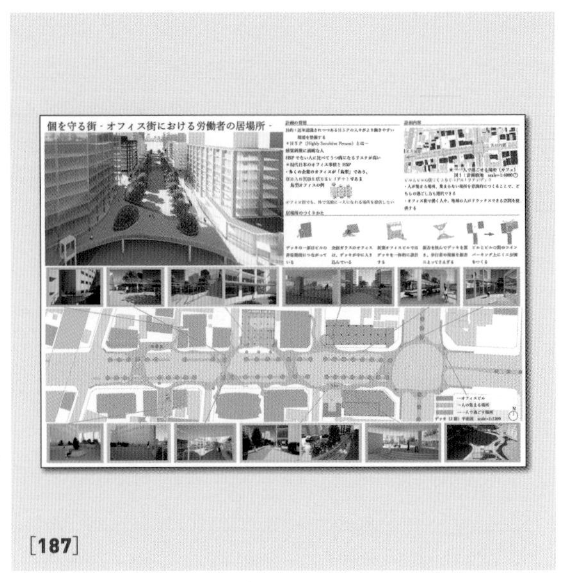
個を守る街 - オフィス街における労働者の居場所 -

[187]

現代葬送空間
〜観光地借景〜

[188]

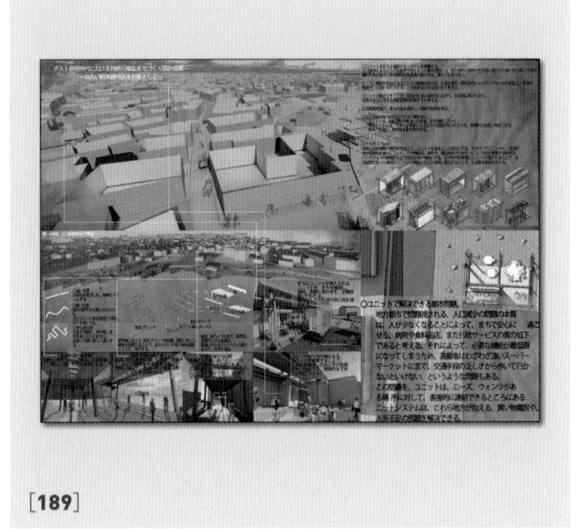

[189]

186【伝統を紡ぐ襞 〜金沢・国際工芸メッセ〜】原 和奏［B4］武庫川女子大学 生活環境学部 建築学科 鳥巣・田中研究室／**187**【個を守る街-オフィス街における労働者の居場所-】松浦 彩華［B4］名古屋市立大学 芸術工学部 建築都市デザイン学科 志田研究室／**188**【現代葬送空間】杉山 弘樹［B4］東京理科大学 理工学部 建築学科 山名研究室／**189**【ポスト原発時代における持続可能なまちづくり設計提案〜おおい町本郷区を対象として〜】芳田 知紀［B4］立命館大学 理工学部 建築都市デザイン学科 都市空間デザイン研究室／**190**【死承転生　淘汰の先にある都市】陸 楽晨［B4］、野尻 紗絵香［B4］、伊藤 舞花［B4］椙山女学園大学 生活科学部 生活環境デザイン学科 加藤研究室／**191**【職住融合のパブリックスペース】坪井 悠里子［B4］、堀松 杏樹［B4］東京都市大学 工学部 建築学科 天野研究室／**192**【灘浜酔蒸乃蔵〜近未来における酒造業×地熱発電の提案〜】中村 幸介［B4］神戸大学 工学部 建築学科 遠藤研究室／**193**【Life Learning Shelter】稲荷 悠［M2］東京藝術大学大学院 美術研究科 建築設計専攻 藤村研究室／**194**【BLUE PARK計画〜プラスチック問題と人・島の連携〜】小久保 美波［B4］、樋口 愛純［B4］、坂西 悠太［B4］早稲田大学 創造理工学部 建築学科 有賀研究室、古谷研究室、高口研究室／**195**【仕掛ける躯体】野田 夢乃［B4］早稲田大学 創造理工学部 建築学科 吉村研究室

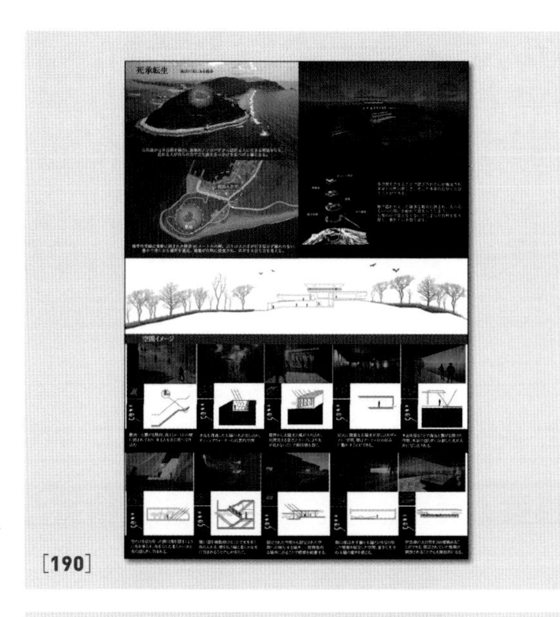

[190]

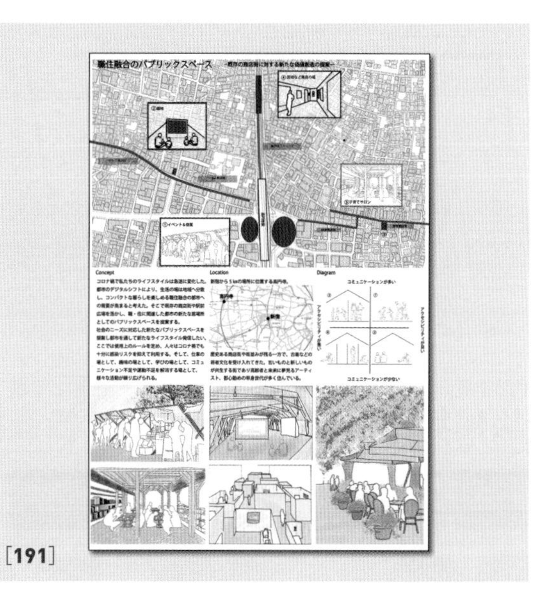

[191]

[192]

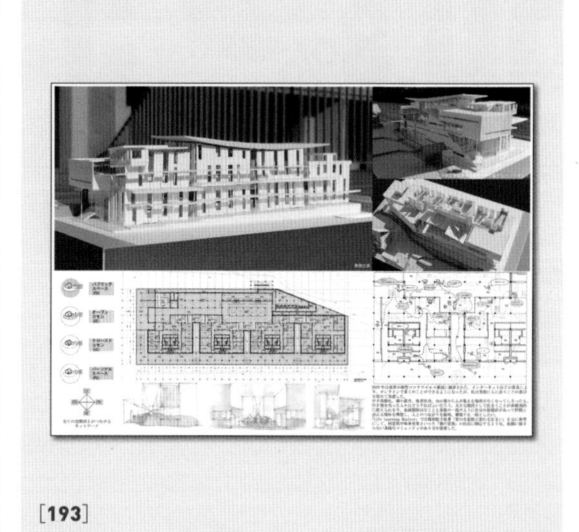

[193]

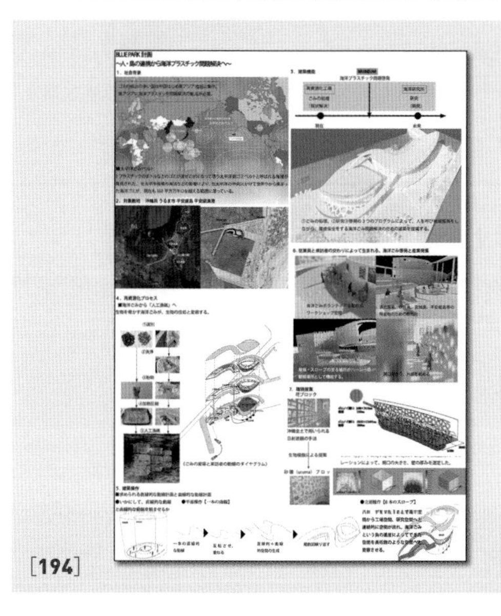

[194]

[195]

1級建築士試験
全国
合格者占有率
No.1

総合資格学院は、
「今」最も合格者

令和2年度
1級建築士 学科・設計製図試験
全国 ストレート合格者占有率
60.8%
他講習利用者＋独学者 / 当学院当年度受講生
全国ストレート合格者1,809名中／当学院当年度受講生1,099名
〈令和2年12月25日現在〉

令和2年度
1級建築士 設計製図試験
全国 合格者占有率
53.8%
他講習利用者＋独学者 / 当学院当年度受講生
全国合格者3,796名中／当学院当年度受講生2,041名
〈令和2年12月25日現在〉

令和3年度
1級建築士 学科試験
全国 合格者占有率
45.6%
全国合格者4,832名中／当学院当年度受講生2,202名
〈令和3年9月7日現在〉

令和3年度
2級建築士 学科試験
当学院基準達成 当年度受講生合格率
94.0%
全国合格率 42.0%
8割出席・8割宿題提出・総合模擬試験正答率6割達成
当年度受講生763名中／合格者717名
〈令和3年8月24日現在〉

令和2年度
2級建築士 設計製図試験
当学院基準達成 当年度受講生合格率
82.6%
その差 31.9%
当学院基準達成者以外の合格率 50.7%
8割出席・8割宿題提出・模試2ランクI達成
当年度受講生841名中／合格者695名
当学院当年度受講生合格者数**1,974名** 〈令和2年12月10日現在〉

令和3年度
1級建築施工管理 第一次検定
当学院基準達成 当年度受講生合格率
81.4%
その差 45.4%
過去10年で最も低い全国合格率 36.0%
6割出席・6割宿題提出
当年度受講生440名中／合格者358名
〈令和3年7月16日現在〉

令和3年度
建築設備士 第一次試験
当学院基準達成 当年度受講生合格率
75.0%
全国合格率の2倍以上
全国合格率 32.8%
8割出席・8割宿題提出
当年度受講生40名中／合格者30名
〈令和3年7月29日現在〉

令和3年度 （前期）
2級建築施工管理 第一次検定
当学院基準達成 当年度受講生合格率
75.7%
全国合格率の2倍
全国合格率 37.9%
8割出席・8割宿題提出
当年度受講生103名中／合格者78名
〈令和3年7月6日現在〉

令和3年度
1級土木施工管理 第一次検定
当学院基準達成 当年度受講生合格率
82.4%
全国合格率 60.6%
6割出席
当年度受講生102名中／合格者 84名
〈令和3年8月19日現在〉

※当学院のNo.1に関する表示は、公正取引委員会「No.1表示に関する実態調査報告書」に沿って掲載しております。 ※全国合格者数・全国ストレート合格者数は、(公財)建築技術教育普及センター発表に基づきます。 ※学科・製図ストレート合格者とは、令和2年度1級建築士学科試験に合格し、令和2年度1級建築士設計製図試験にストレートで合格した方です。 ※総合資格学院の合格実績には、模擬試験のみの受験生、教材購入者、無料の役務提供者、過去受講生は一切含まれておりません。

総合資格学院
東京都新宿区西新宿1-26-2 新宿野村ビル22階 TEL.03-3340-2810

総合資格 検索

スクールサイト https://www.shikaku.co.jp
コーポレートサイト http://www.sogoshikaku.co.jp
Twitter ⇒「@shikaku_sogo」 LINE ⇒「総合資格学院」 Facebook ⇒「総合資格 fb」で検索!

おかげさまで総合資格学院は「合格実績日本一」を達成しました。
これからも有資格者の育成を通じて、業界の発展に貢献して参ります。

総合資格学院学院長 岸 隆司

を輩出しているスクールです！

令和2年度 1級建築士 設計製図試験 卒業学校別実績

卒業生合格者20名以上の学校出身合格者のおよそ6割は当学院当年度受講生！

卒業生合格者20名以上の学校出身合格者合計2,263名中／当学院当年度受講生合計1,322名

下記学校卒業生 当学院占有率 **58.4%**

他講習利用者＋独学者
当学院当年度受講生

学校名	卒業合格者	当学院受講者数	当学院占有率
日本大学	162	99	61.1%
東京理科大学	141	81	57.4%
芝浦工業大学	119	73	61.3%
早稲田大学	88	51	58.0%
近畿大学	70	45	64.3%
法政大学	69	45	65.2%
九州大学	67	37	55.2%
工学院大学	67	31	46.3%
名古屋工業大学	65	38	58.5%
千葉大学	62	41	66.1%
明治大学	62	41	66.1%
神戸大学	58	27	46.6%
京都大学	55	28	50.9%
大阪工業大学	55	34	61.8%
東京都市大学	52	33	63.5%
京都工芸繊維大学	49	23	46.9%
関西大学	46	32	69.6%
熊本大学	42	23	54.8%
大阪市立大学	42	22	52.4%
東京工業大学	42	17	40.5%
名城大学	42	27	64.3%
東京電機大学	41	25	61.0%
広島大学	38	29	76.3%
東北大学	38	26	68.4%

学校名	卒業合格者	当学院受講者数	当学院占有率
東洋大学	37	24	64.9%
大阪大学	36	13	36.1%
金沢工業大学	35	16	45.7%
名古屋大学	35	22	62.9%
東京大学	34	16	47.1%
神奈川大学	33	22	66.7%
立命館大学	33	25	75.8%
東京都立大学	32	21	65.6%
横浜国立大学	31	15	48.4%
千葉工業大学	31	19	61.3%
三重大学	30	16	53.3%
信州大学	30	16	53.3%
東海大学	30	16	53.3%
鹿児島大学	27	18	66.7%
福井大学	27	11	40.7%
北海道大学	27	13	48.1%
新潟大学	26	18	69.2%
愛知工業大学	25	17	68.0%
中央工学校	25	12	48.0%
京都建築大学校	23	19	82.6%
武庫川女子大学	23	13	56.5%
大分大学	21	12	57.1%
慶応義塾大学	20	9	45.0%
日本女子大学	20	11	55.0%

※卒業学校別合格者数は、試験実施機関である（公財）建築技術教育普及センターの発表によるものです。※総合資格学院の合格者数には、「2級建築士」等を受験資格として申し込まれた方も含まれている可能性があります。〈令和2年12月25日現在〉

開講講座一覧
1級・2級建築士
構造設計/設備設計1級建築士
建築設備士
1級・2級建築施工管理技士
1級・2級土木施工管理技士
1級・2級管工事施工管理技士
1級造園施工管理技士
宅地建物取引士
賃貸不動産経営管理士
インテリアコーディネーター

法定講習
一級・二級・木造建築士定期講習
第一種電気工事士定期講習
宅建登録講習
管理建築士講習
監理技術者講習
宅建登録実務講習

都市
まちづくり
コンクール

発 行 日　2021年12月13日

編　　著　都市・まちづくりコンクール実行委員会
株式会社 総合資格

発 行 人　岸 隆司
発 行 元　株式会社 総合資格　総合資格学院
〒163-0557　東京都新宿区西新宿1-26-2 新宿野村ビル22F
TEL 03-3340-6714（出版局）
株式会社 総合資格 http://www.sogoshikaku.co.jp/
総合資格学院 https://www.shikaku.co.jp/
総合資格学院 出版サイト https://www.shikaku-books.jp/

編　　集　株式会社 総合資格 出版局（梶田悠月）
デザイン　株式会社 総合資格 出版局（三宅 崇）
印　　刷　シナノ書籍印刷 株式会社

本書の一部または全部を無断で複写、複製、転載、あるいは磁気媒体に入力することを禁じます。

ISBN 978-4-86417-429-9
Printed in Japan
©都市・まちづくりコンクール実行委員会／株式会社 総合資格